"校企合一"新课程系列教材

U0791513

钳工理论与实操

（中级与考证）（第二版）

张富建　主编

清华大学出版社
北京

内 容 简 介

本书紧紧围绕《国家职业标准——钳工》及钳工中级最新的职业技能鉴定国家题库试卷，以职业院校机械类专业为基础，并参照大、中、小型企业技术工人的实际操作而编写。本书精选了钳工中级理论、实操考级试题，实操题目配有坯料尺寸和工具、量具、刃具清单及相应的评分标准，并且介绍了相应的操作工艺。

本书具有较高的使用价值，是钳工操作及考证人员的必备用书，并可作为职业院校机械类专业及职业技能鉴定培训机构相关专业的教材，也可作为相关专业技术人员的岗前培训用书和企业工人技术等级考核的辅导用书。

图书在版编目(CIP)数据

钳工理论与实操：中级与考证/张富建主编. --2 版. --北京：清华大学出版社，2015(2026. 1重印)
"校企合一"新课程系列教材
ISBN 978-7-302-40828-4

Ⅰ. ①钳… Ⅱ. ①张… Ⅲ. ①钳工—教材 Ⅳ. ①TG9

中国版本图书馆 CIP 数据核字(2015)第 163116 号

责任编辑：张 弛
封面设计：傅瑞学
责任校对：袁 芳
责任印制：宋 林

出版发行：清华大学出版社
网 址：https://www.tup.com.cn，https://www.wqxuetang.com
地 址：北京清华大学学研大厦 A 座 **邮 编**：100084
社 总 机：010-83470000 **邮 购**：010-62786544
投稿与读者服务：010-62776969，c-service@tup. tsinghua. edu. cn
质量反馈：010-62772015，zhiliang@tup. tsinghua. edu. cn
课件下载：https://www.tup.com.cn，010-62795764
印 装 者：河北龙大印务有限公司
经 销：全国新华书店
开 本：185mm×260mm **印 张**：17 **字 数**：387 千字
版 次：2012 年 8 月第 1 版 2015 年 8 月第 2 版 **印 次**：2026 年 1 月第 7 次印刷
定 价：49.00 元

产品编号：065182-02

丛书序

为落实《国务院关于大力发展职业教育的决定》中提出的“以服务为宗旨，以就业为导向”的办学方针，经过大量的社会需求、企业用工和人才市场的调研，我们组织编写了这套针对“校企合一”的职业教育系列教材。

“校企合一”教学模式是指在教学过程中，推行“学校即企业，课室即车间，教师即师傅，学生即员工”的人才培养模式。本系列教材结合国家级课题“‘校企合一’高技能型紧缺人才培养模式研究”，按照专业工种分别编写，其中，部分教材内容已经过学校实践试用，使学生实现了模拟到真实、技能到技术、学生到员工的三个转变，取得了良好效果。

全球金融危机的蔓延给世界经济带来了一定影响，在社会经济形势和政策环境的双重催化下，为“校企合一”高技能人才培养模式提供了坚实的条件和丰沃的土壤。

致力于用“校企合一”双元制，为“中国创造”培养“技术英才”，还原职业教育原本的功能，探索符合中国国情的教学模式，编写符合“校企合一”教学模式的教材是我们的责任与使命。

本套教材的推出，为我国职业技术教育课程教学和教材开发开创了一种新的模式，在职业技术教育课程模式和培养模式的根本性转变上，具有十分积极的意义。

本套教材的组织编写是“校企合一”以及“双元制”教材开发的一次有益尝试，是在市场调研、教学总结、方案研讨、编者培训、实地考察，以及与具有丰富实践经验的企业领导和一线人员进行座谈的基础上进行的。编写委员会的成员、职业教育方面的专家和教师、企业界的技术管理人员均为本套教材的编写倾注了心血和力量。

希望本套教材的出版，能为推动我国职业技术教育课程及教材改革作出贡献。

本系列教材从2008年年初开始筹备编写，2009年9月起陆续在清华大学出版社出版。虽然我们尽了最大努力，但由于编者水平有限，本套丛书仍有种种不足之处，敬请读者批评、指正，欢迎广大师生、专家学者、企业工人、技术人员、人力资源领导等提出宝贵建议，欢迎大家一起参与编写，联系邮箱：gdutjian@163.com。

丛书编委会

2009年9月

第二版前言

本书第一版于2012年8月出版，因体系新颖、符合职业院校教学实际，出版3年来得到了不少职业院校的认可。师生反映本书是一本内容全、材料新、体系好的教材，同时也指出本书的一些缺点，如“中级考试理论试题精选”一章随着题库的更新，需要补充新的题目，有的图片缺乏立体效果，学生不容易理解等。

随着相关知识及教学理念的更新，发现教材中存在一些疏漏之处，为更加适应教学之需，本书编者在广泛征求师生意见的基础上，结合所在院校课程和教学改革实际，对本书第一版进行了修订。修订时，我们在保持第一版特色的基础上，努力更新内容，特别着力于增加教材的实践性、实用性，以利于各院校使用。

第二版主要做了如下修改。

(1) 保留了原书的内容及组织结构，修改了书中存在的错误。尽管一些知识比较陈旧，如锥套的研磨，但考虑实际教学中依然可能用到，所以仍保留了这些内容，读者可以酌情选用。

(2) 对于一些实际中使用较少的内容进行了精简，如钳工中级考证理论试题；对于新的考级题库中没有出现的“内燃机的构造和工作原理”部分进行了删除。

(3) 补充、更新了一些内容，使读者更容易理解和掌握，如对加工图纸增加三维立体图等。

(4) 从“学以致用”的教学理念出发，为了更好地体现“上学如上班、上课如上岗”，对书中的操作训练做了部分改动。

尽管进行了一些修改，但仍可能有疏漏之处，望广大读者给予批评、指正。作者E-mail：gdutjian@163.com。

编　者

2015年4月

前言

根据国家劳动和社会保障部2006年4月14日发布的“劳社厅函[2006]134号”文件提出的钳工鉴定全部使用新版《职业技能鉴定国家题库试卷》的要求，结合目前教学设备的改善、多媒体教学的普及给“一体化教学”提供的条件及采用“一体化教学”和“校企合一”教学模式的新形势，依据教学大纲及参照最新的职业技能鉴定标准，在总结《钳工理论与实操(入门与初级考证)》的基础上，我们编写了本书。

所谓“校企合一”，是指学校在教学期间建立“学校即企业，课室即车间，教师即师傅，学生即员工”的人才培养模式，实现学生从学校学习到企业工作的无缝对接。

本书充分借鉴了近年来国内职业院校“校企合一”的最新成果，认真总结和汲取了国内职业院校在培养新时期技术应用型专门人才方面所取得的成功经验，以适应教学改革、生产实际需要为目标，重点突出实用性、针对性，力求从内容到形式都有一定的突破和创新，同时满足考证人员的需求。

由于篇幅有限，本书在各章节具体内容的处理上，以必需和够用为原则，对内容做了必要的精简，以理论为引导，围绕实践展开，删繁就简；针对目前职业院校学生的基础和学习特点，打破了原来系统性、完整性的旧模式；实习依据理论来设置，着重培养学生的实践动手能力及解决问题的能力，从最简单的理论知识、安全知识、基本操作到强化综合技能训练；理论知识和实操内容紧密结合当前的生产实际，及时将新技术、新知识、新工艺、新方法纳入本书，将目前企业的实用知识编入本书，为学生今后就业及适应岗位打下扎实的基础。

本书是钳工中级技能鉴定考证的学习用书，是考证人员的良师益友，并可供职业院校师生使用，还可供企业岗前培训及相关专业技术人员参考。

本书由张富建主编，由钳工资深考评员郭英明、叶汉辉审定。在本书的编写过程中，余文宇、张志雄、曾联、胡松、刘贤文、陆伟漾、罗志明、陈永锭、吕俊流、梁嘉、熊邦宏、赵吉泽、林少宏、李楚樱等提出了许多宝贵意见，其中，熊邦宏协助编写了电工常识的内容，陆伟漾协助编写了钳工中级考试实操试题工艺分析的内容，郑伟浩协助制作了部分3D图；广州市柴油机厂郭欣霖等给予了大力支持、指导和帮助；编者的学生提供了部分理论和实操考题，广东省佛山市星光传动机械有限公司和广东省佛山市东兴齿轮减速机厂提供了部分技术资料，广州超软科技有限公司提供了无纸化通用理论考试系统的部分资料，在此一并致谢！

由于本书涉及内容较多，新技术、新装备发展较迅速，加之编者水平有限，书中不足之处在所难免，恳请广大读者提出宝贵的意见和建议，以便修订时补充更正。

编　者

2012年6月

目录

第3部分 钳工中级考级知识

INTRODUCTION

绪　论

知识要点：钳工“中级”主要有哪些内容？怎样评定学生的实操成绩？怎样通过钳工“中级”鉴定考核？绪论对上述内容做了介绍。

1. 钳工“中级”主要有哪些内容

在钳工中级“校企合一”教学中，继续推行“学校即企业，课室即车间，教师即师傅，学生即员工”的“校企合一”人才培养模式；按生产实际过程的工艺流程进行，根据工作过程，将实操作业按零件加工工艺来考核，实现知识学习到技能培训的转变。在钳工入门与初级的教学中，钳工实操指导老师对学生的出勤情况进行检查，检查工作服、帽、鞋等是否符合安全操作要求；对学生进行安全操作规程、文明生产的教育；老师分析图样，介绍加工过程，帮助学生准备每次实习所需要的材料及工具、量具、刃具等，并且指导制订加工工艺。经过钳工入门与初级的学习，学生已经有了一定的安全知识和意识，已经初步养成良好的职业习惯。良好职业习惯是做好安全文明生产的前提和保障。在钳工中级的教学中，继续培养学生养成良好的职业习惯，在管理上继续推行企业化管理，像企业员工一样对学生进行管理。

根据教学大纲，钳工中级的主要内容（节选）如表 0-1 所示。

表 0-1　钳工中级的主要内容

职业功能	工作内容	技能要求	相关知识
1. 工艺准备	(1) 读图与绘图	① 能读懂较复杂的零件图 ② 能读懂较复杂的装配图	① 标准件和常用件的规定画法、技术要求及标准表示方法 ② 读装配图的方法
	(2) 制订工艺	① 能够提出简单工具、模具、夹具的装配方案 ② 能够根据机床部件的技术要求，确定其装配工艺	① 装配工艺规程的基本知识 ② 提高机床精度的装配要点 ③ 编制机械设备装配工艺规程的基本知识

续表

职业功能	工作内容	技能要求	相关知识
2. 加工装配及维护	(1) 划线	能进行复杂零件或箱体类零件的划线	① 箱体工件的划线方法 ② 大型和畸形工件的划线操作要点
	(2) 锉削	在100mm×50mm范围内锉削平面、曲面,尺寸公差为0.03mm,表面粗糙度为*Ra*1.6	锉削的加工方法
	(3) 钻孔、铰孔及攻螺纹	能按图样要求钻复杂工件上的小孔、斜孔、深孔、盲孔、多孔、相交孔	小孔、斜孔、深孔、盲孔、多孔、相交孔的加工方法
	(4) 刮削与研磨	① 能够刮削平板、方箱及燕尾形导轨,并达到下述要求:25mm×25mm范围内接触点数不少于16点,表面粗糙度为*Ra*0.8,直线度公差每米长度内为0.015～0.02mm ② 能够刮轴瓦,并达到下述要求:磨床磨头主轴轴瓦在25mm×25mm范围内接触点数16～20点,同轴度为ϕ0.2mm,表面粗糙度为*Ra*1.6 ③ 能够研磨ϕ80mm×400mm的孔,并达到下述要求:圆柱度为ϕ0.015mm,表面粗糙度为*Ra*0.4	① 导轨刮削的基本方法及检测方法 ② 曲面刮削的基本方法及检测方法 ③ 孔的研磨方法及检测方法
	(5) 旋转体的静平衡	能够对旋转体进行静平衡	旋转体静平衡的基本知识和方法
	(6) 工艺装备的组装	① 能装配、调试普通机床部件,并符合技术要求 ② 能装配、调试小型柴油机,并符合技术要求	① 连接件、传动件、密封件的装配工艺知识 ② 通用机械的工作原理和构造 ③ 装配滑动轴承和滚动轴承的方法 ④ 装配尺寸链的知识
	(7) 工具设备的使用与维护	① 能正确使用与维护高精度工具和检具 ② 能正确使用与维护各类常用加工设备 ③ 能及时排除常用设备的机械故障	① 机械摩擦、磨损的知识 ② 润滑油的知识 ③ 设备保养的知识 ④ 通用设备的工作原理和结构
3. 精度检查	(1) 工件质量检验	能够正确使用万能角度尺、正弦规等测量工件的角度和锥度	① 万能角度尺、正弦规的结构、工作原理及使用方法 ② 常用量仪的结构和使用方法
	(2) 装配、维修质量检查	① 能够进行新装设备空运转试验 ② 能够正确使用常用量具对试件进行检验 ③ 能够进行设备的几何精度检验	① 通用机械精度检验项目和检验方法 ② 常用设备精度超差的分析方法

钳工中级除了用到常用的工量具外，还需要自制工量具，例如，制作錾子、刮刀，磨窄锯条，制作燕尾样板，制作内外圆弧样板等；另外，也需要用到 40×50 量块、ϕ10 测量棒、60°量块、ϕ28 量块、套筒、软钳口等。

从上述内容可以看出，作为一名中级钳工，除了要掌握各项钳工初级的基本操作技能外，还要掌握零部件和产品的装配、修理和调试的技能，本书将重点讲述装配知识。

2. 学生实操成绩评定办法

在“校企合一”人才培养模式中，学生实操成绩是对学生在实训过程中的操作技能、实践能力、文明生产和解决现场问题能力的客观反映，是对学生实操过程的综合评价。为了配合“校企合一”教学模式的改革，将学生实操成绩由老师评定变为由学生自己获取，从而提高实操效率和社会效益。学生实操成绩采用以下的评定办法。

① 实操成绩按百分制计，即总分为 100 分；实操成绩 60 分以上(含 60 分)为合格。

② 实操成绩由两个模块组成：实操技能(占 50%)＋平时成绩(占 50%)。两个模块都按百分制计算，然后折算出实操成绩。

③ 实操技能模块的成绩根据学生的实训技能考核情况获得。实训老师根据实训大纲的要求制订本实训模块的量化考核方案。

④ 平时成绩模块的成绩根据实操过程中学生的出勤率、纪律、学习态度、作业、安全操作、卫生、设备保养等表现获得。

3. 怎样通过钳工“中级”鉴定考核

学生在学好钳工中级的理论和实操技能后，通过技能鉴定获得钳工中级证书。据编者了解，近年来，大部分技能鉴定中心(站)的钳工技能考核采用国家新题库。

目前，广州等多个地区的技能鉴定中心理论考核已经采用无纸化考核，题目以选择题和判断题为主。钳工中级考证理论知识试题涉及面比较广，包括机械制图、机械加工工艺、液压(机械)传动、钳(车)工专业知识，常用设备和工量具、装配工艺、内燃机知识，以及一些常见的电气、起重安全和管理(安全、生产及技术)知识等。实操考核是从实操试题库中选取题目，在现场进行考核。

通过钳工初级的学习，学生已经有了一定的钳工基础。但要想学好钳工技术，还需要多下功夫，勤学勤问，多向师傅(老师)请教，多看一些与钳工有关的技术书籍，从理论方面充实自己；在实操过程中，要不怕苦、不怕累，遇到问题要多动脑筋、举一反三。

要通过考证，除了要在平时的学习中打好基础外，也要从各种渠道多看看历年的理论考试样题，多训练历年的实操考试样题。本书收集了历年部分考证样题，供参考使用。为了更好地指导操作过程，本书采用实际操作过程中的真实图片，图文并茂地介绍操作过程。

钳工属于非特殊工种，不需要考取上岗证。目前，广州市技能鉴定中心钳工中级工报考条件如表 0-2 所示。

表 0-2 钳工中级工报考条件

符合以下条件之一,可报考钳工中级工	报考时需附证明材料
1. 在本职业连续工作 4 年以上者	工龄证明
2. 取得本职业初级证后,经正规中级工培训结业且年满 18 周岁以上	本职业初级证和结业证明
3. 中等职业学校对口专业第四学期学生或已毕业学生	毕业证或教务部门提供证明
4. 高等院校二年级或技校 5 年制高职班三年级对口专业学生	教务部门提供证明

第1部分

钳工中级安全知识

CHAPTER 1

第1章

钳工操作安全文明生产介绍

知识要点：介绍安全文明生产知识，目的是建立起安全生产的环境，所有的工作应建立在安全的前提下。不管从事什么职业，都要遵守相关的安全操作规程，本系列教材之《钳工理论与实操(入门与初级考证)》已经介绍了“职业道德与安全知识”。本章将介绍6S管理、钳工安全操作规程、电工常识等知识。

技能目标：掌握6S管理的相关要求。

学习建议：在学习了钳工初级的基础上，逐步树立起严格规范的安全意识，为即将参加工作做好准备。

1.1 安全文明生产知识

1. 安全知识概述

企业对技术人才的需求越来越大，对技术人才的要求也越来越高，这就要求学生不但要掌握各种工艺流程，更要具有牢固的安全意识，掌握安全操作技能，在钳工实操中遵守安全操作规程，认识到安全的重要性。

短时间就能树立严格、规范的安全意识是不现实的。在钳工知识的整个学习过程中，从钳工入门到中级、高级，甚至到技师、高级技师，中间的每一项操作，都有不同的安全内容，每一项的操作都必须规范。

良好的职业习惯是安全文明生产的前提和保障，是学好钳工操作技能的基础。在钳工初级的学习过程中，大家已经初步养成了良好的职业习惯，例如，整齐摆放、轻拿轻放工量具；左手用工具放在台虎钳左侧，右手用工具放在台虎钳右侧，不常用的工具放在工具箱中；工作结束后，清理台虎钳、钳工桌、台钻，打扫实习场地卫生，关闭设备总电源，关好门窗等。在学习钳工中级时，要继续保持并更加规范这样的习惯。

为了让学生了解真实的工作环境，指导老师和学生应该一起下厂参观学习，感受工作氛围、生产环境，了解厂里的厂纪、厂规，以及对工人的技术要求。

规范化操作、人身安全、设备安全问题是学习中的重要工作。在实操中，一定要严守安全操作规程，关爱生命，注重安全。

2. 6S 管理知识介绍

6S 管理由日本企业的 5S 管理扩展而来，是现代企业行之有效的现场管理理念和方法。其作用是：提高效率，保证质量，使工作环境整洁有序，预防为主，保证安全。

6S 管理包括以下具体的内容。

① 整理(SEIRI)——将工作场所的任何物品区分为有必要的和没有必要的，除了将有必要的留下来，其他的都清除掉。目的：腾出空间，空间活用，防止误用，塑造清爽的工作场所。

② 整顿(SEITON)——把留下来的必要的物品依规定位置摆放，并放置整齐，加以标识。目的：工作场所一目了然，减少寻找物品的时间，清除过多的积压物品，塑造整齐的工作环境。

③ 清扫(SEISO)——将工作场所内看得见与看不见的地方清扫干净，保持工作场所干净、亮丽。目的：稳定品质，减少工业伤害。

④ 清洁(SETKETSU)——将整理、整顿、清扫进行到底，并且制度化，经常保持环境处在美观的状态。目的：创造明朗现场，维持前 3S 的成果。

⑤ 素养(SHITSUKE)——每位成员养成良好的习惯，并遵守规则做事，培养积极主动的精神(也称习惯性)。目的：培养有好习惯、遵守规则的员工，营造团队精神。

⑥ 安全(SAFETY)——重视安全教育，每时每刻都有安全第一的观念，防患于未然。目的：建立起安全生产的环境，所有的工作应建立在安全的前提下。

可用以下简短的语句描述 6S，也方便记忆。

整理：要与不要，一留一弃。

整顿：科学布局，取用快捷。

清扫：清除垃圾，美化环境。

清洁：形成制度，贯彻到底。

素养：养成习惯，以人为本。

安全：安全操作，生命第一。

因前 5 个内容的日文罗马标注发音和后一项内容(安全)的英文单词都以 S 开头，所以简称 6S。

6S 之间彼此关联，整理、整顿、清扫是具体内容；清洁是指将前 3S 实施的做法制度化、规范化，并贯彻执行及维持结果；素养是指培养每位员工养成良好的习惯，并遵守规则做事。开展 6S 容易，但长时间维持必须靠素养的提升；安全是基础，要尊重生命，杜绝违章。管理的提升是一个积累的过程，只有扎实管理的根基，企业才能发展壮大。现在国内许多企业都在推行 6S 管理，也有的企业在 6S 管理的基础上，增加节约(saving)、服务(service)、客户满意(satisfaction)等扩展为 7S、8S、9S 管理。就企业而言，推行的是哪种管理并不重要，重要的是所做的管理内容和所评估的业绩应当是在持续优化和规范生产现场的同时，达到不断提高生产效率和降低生产成本的目的。

6S 管理流程图如图 1-1 所示，其中，虚线框中的内容是 6S 管理的过程。

香港地区某学校老师设计的工具放置架及某齿轮厂的 6S 挂图如图 1-2 所示。

6S 管理呈现的效果如表 1-1 所示。

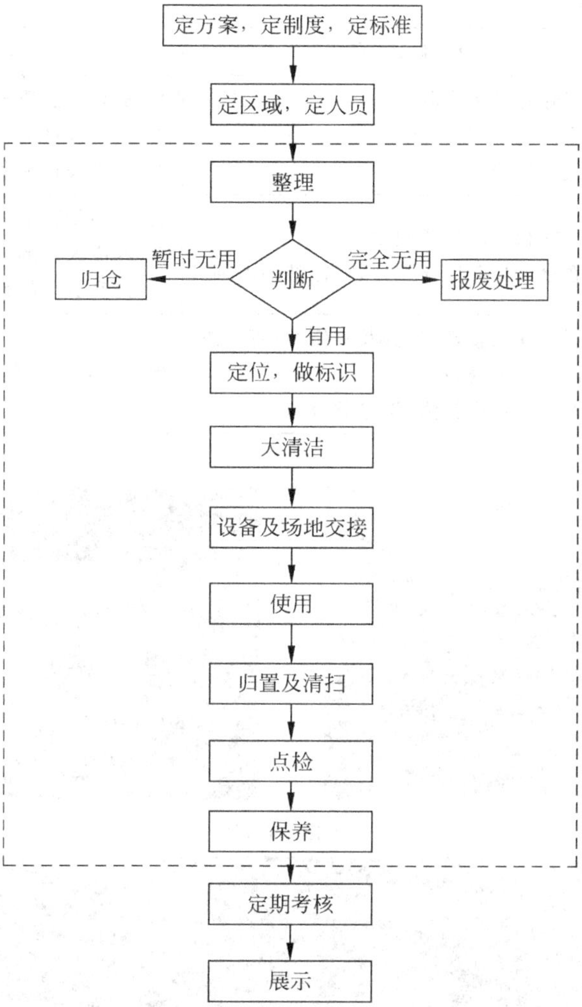

图 1-1 6S 管理流程图

表 1-1 6S 管理呈现的效果

6S	对象	实施内容	呈现的效果
整理	物品 空间	1. 区分要与不要物品 2. 丢弃或处理不要的物品 3. 保管要的物品	1. 减少空间上的浪费 2. 提高物品架(柜)的利用率 3. 降低材料、半成品、成品的库存成本
整顿	时间 空间	1. 物有定位 2. 空间标识 3. 易于归位	1. 缩短换线时间 2. 提高生产线的作业效率
清扫	设备 空间	1. 扫除异常现象 2. 实施设备自主保养	1. 维持责任区的整洁 2. 落实机器设备维修保养计划 3. 降低机器设备故障率

续表

6S	对象	实 施 内 容	呈现的效果
清洁	环境	1. 清除各种污染源 2. 保持前 3S 的结果 3. 减少浪费	1. 提高产品质量，减少返工 2. 提升人员的工作效能 3. 提升公司形象
素养	人员	1. 建立相关的规章制度 2. 教育人员养成守纪律、守标准的习惯	1. 消除管理上的突发状况 2. 养成人员的自主管理 3. 提升员工的素养、士气
安全	人员	1. 通过现场整理、整顿及实施 6S 管理来消除安全隐患 2. 通过现场审核法，消除危险源	实现全面安全管理

(a) 工具放置架

(b) 6S挂图

图 1-2　6S 管理图片

1.2　钳工安全操作规程

1. 装配钳工安全操作规程

① 遵守“一般钳工”安全操作规程，严格按照钳工常用工具和设备安全操作规程进行操作。

② 工作前应严格检查工具是否完整、可靠，工作单位的安全设施是否齐备、牢固。将要装配的零件有秩序地放在零件存放架或装配工位上。如用机械化运输设备输送零件时，应先检查或向运输人员了解运输设备是否正常，然后可向装配线负责人发出可以装配的信号。

③ 按照装配工艺文件要求安装零部件并进行测量。如需在按节拍强迫流水装配线上进行装配，必须在装配每一节拍完结之前，将工具、卡具、量具从产品上取下，并将本工位装配情况通知下一个工位。

④ 在总装输送线步移或连续运行时，不得横跨装配线行走或传递物件。

⑤ 使用电动或风动工具，应遵守有关安全操作规程。不用时应立即关闭电门、气门，并将工具放到固定位置，不准随地乱放。

⑥ 采用压床压配零件，零件要放在压头中心位置，底座要牢靠，压装小零件要用夹持工具。不准将手伸入两件工件连接的通孔，以防工件移位挤伤手指。

⑦ 采用加热炉、加热器或感应电炉加热零件时，应遵守有关安全操作规程并采用专用夹具夹持零件。工作台板上不准有油污，工作场地附近不准有易燃易爆物品，用热套配合法安装好的组件不得随地乱放，以免发生烫伤事故。

⑧ 实行冷装时，对盛装液氮或其他制冷剂的压力容器气瓶的使用、保管，应严格按气瓶安全操作规程进行。取放工件必须使用专用夹具，戴隔热手套，人体不得接触液氮或冷却了的工件。洒在地上的液氮要用扫帚扫到低处，用硬板盖上，不准用手直接清扫。

⑨ 多人操作装配大型产品时，要有一人指挥，同行车工、挂钩工要密切配合。高处作业应按规定设登高平台，并遵守有关安全操作规程。停止装配时，不许有大型零部件吊悬于空中或放置在有可能滚滑的位置上，中间休息应将未安装就位的大型零件用垫块支稳。

⑩ 进行零件动平衡工作时，要遵守动平衡机安全操作规程。无关人员不得接近运行中的动平衡机。静平衡时，不准拭摸工件转轴，也不要抬着工件的轴头装、取工件，以免轧伤手指。

⑪ 不可用锤直接打击工件，应用木头或软金属垫着打击。使用大锤、手锤时应检查锤头是否牢固，打锤时不准戴手套，前后不能站人。

⑫ 登高作业要先检查梯子是否结实，拴好安全带，工具、材料不准直接放在人字梯等可移动的设施上，以免坠物伤人。

⑬ 使用手持电动工具时，应检查是否有漏电现象，工作时应接上漏电开关，并且注意保护导电软线，避免发生触电事故；使用电钻时严禁戴手套工作。电气设备故障修理必须找维修电工，不准擅自拆卸插座、插头，不准直接将电线插入插座使用。

⑭ 产品试车前应将各防护、保护装置安装牢固，并检查机器内是否有遗留物；严禁将安全保护装置有问题的产品交付试车。设备试车前，必须详细检查各转动部件、电气部件符合安装要求，并对在场人员发出警示，然后按书面说明书的要求进行试车。

⑮ 用汽油清洗工件时，要在通风良好的地方进行，并严禁烟火；清洗完后应将废汽油集中在指定的安全地点。

⑯ 拧紧螺栓时，要检查扳手或螺钉有无裂纹、损坏，拧紧时不要用力过猛，必须看其材质、大小及松紧程度来决定是否套上管子来使用工具。

⑰ 工作场地要清洁、整齐，拆卸零件要存放好，搞好文明生产。工作完毕后，台虎钳不准夹有工件，所有使用过的工具应擦拭干净并按指定地方分别存放，不得杂乱无章地堆

放在一个工具箱中。工件堆放整齐,清扫好现场后再离开。

2. 机修钳工安全操作规程

① 工作开始前,先检查电、液、气动力源是否断开。在开关处挂“正在修理,禁止开动”的警示牌。必要时应将开关箱上锁或设人监护。在机器与动力未切断时,禁止工作。

② 在装拆侧面机件时,如齿轮箱的箱盖,应先拆下部螺钉,装配时应先紧上部螺钉;重心不平衡的机件拆卸时,应先拆离重心远的螺钉,装配时先装离重心近的螺钉;装拆弹簧时,应注意防止弹簧崩出伤人。

③ 拆卸下来的零件,应尽量放在一起,并按规定安放稳妥,不要乱丢乱放;有回转机构的零件应将其卡死,不让其转动。

④ 用人力移动机件时,人员要妥善配备;多人搬抬时应有一人统一指挥,动作要一致;抬轴杆、螺杆、管子和大梁时,必须同肩,要稳起、稳放、稳步前进;搬运机床或吊运大型、重型机件,应严格遵守起重工、搬运工的安全操作规程。

⑤ 铲刮设备或机床导轨面时,工件底部要垫平稳,结合面应保持水平;用千斤顶时,支承面要垫牢实,以保安全。

⑥ 刮研操作时,被刮工件必须稳固,不得窜动,校准工具必须装有固定拿手环或吊环。两人以上做同一工件时,必须注意刮刀方向,不得对着人体部位挑刮。往复研合时,手指不准伸向研合面,研合板运行位置应适应其重心,不得超出工件研合面范围,防止滑落。机动研合时,需有专人看守电气开关或装有联锁装置。

⑦ 使用工具时,应按钳工常用工具安全操作规程正确操作。

⑧ 工作地点要保持清洁,油液、污水不得流在地上,以防滑倒伤人。

⑨ 清洗零件时,严禁吸烟、点火或进行其他明火作业。不准用汽油清洗零件和擦洗设备或地面。废油要倒在指定容器内,定期回收,不准倒入下水道。

⑩ 机器设备上的安全防护装置在安装好之前,不准试车,不准移交生产。

⑪ 检修机械或拆卸机械前应切断电源,电气部分由电工进行。机械在试运转前对所安装的零件、安全设施以及各传动系统等应进行详细检查,合格后方可试运转。如多人参加试车,应由专人负责,明确分工。试运转时,不应让非工作人员入内。

⑫ 检修有毒、易燃、易爆物品的容器,事先必须经过卸压、清洗、置换或中和,清除室器内气、液、渣,并采取通风措施方可操作。

⑬ 遵守“一般钳工”安全操作规程。

3. 学生实操守则

① 实操前按要求穿工作服及按工种穿戴其他劳保用品(如防护眼镜、帽子等),严禁穿背心、凉鞋、拖鞋及戴围巾进入实操场地。

② 践行 6S 管理,文明实操,不准迟到、早退、旷课;自觉维护场所环境卫生,地面不得乱摆工件、杂物和工具箱,严禁乱涂乱画、随地吐痰、丢垃圾;保持实操场所和仪器设备的整齐清洁。

③ 要有高度的安全防范意识。首次实操前要通过安全文明学习,填写《安全、文明教育登记表》,未参加安全文明学习者不得进行实操。

④ 进入实操场所后应保持安静,不得高声喧哗和打闹。

⑤ 实操时必须严格遵守各工种实操规章制度和操作规程,认真聆听教师讲解实操目标、

步骤、设备性能、操作方法、程序和注意事项，服从实操指导教师的指导，按要求进行操作。

⑥ 爱护实操设备，节约使用材料。认真填写设备交接表，发现问题应及时报告。未经许可不得动用与本实操项目无关的仪器设备及其他物品，严禁将实操设备和物品带出实操场地。

⑦ 操作时必须注意安全，按照实操要求做好准备工作，经指导教师检查许可后，方可接通电源或启动设备；掌握出现险情的应急处理办法，避免发生安全事故，防止损坏仪器设备，若出现问题应立即向指导教师报告，待查明原因并排除故障后方可继续操作。

⑧ 实操完毕后，必须切断电源、关闭水源、熄灭火源，并将仪器设备、工具及场地整理复原，值日人员要认真打扫卫生，整理好实操区。经实操教师查验合格后，方可离开实操区。

⑨ 实操完毕后要认真完成实训周记，不得乱凑或抄袭他人实操结果。

⑩ 对违反实操规章制度、操作规程而造成事故或损坏仪器设备者，视情节轻重按有关规定给予处理。

1.3　电 工 常 识

1. 电工安全知识

1）高压与低压

按照中华人民共和国行业标准 DL 408—1991《电业安全工作规程》的规定，电气设备的电压分为高压和低压两种：设备对地电压在 250V 以上为高压，设备对地电压在 250V 及以下为低压。

可见，我们平常使用的 220V 系统的对地电压在 250V 以下，是低压系统；10kV 系统的对地电压在 250V 以上，是高压系统。

2）安全电压

为了防止触电事故而采取的特定电源供电的电压系列，是制订安全措施的依据。国际电工委员会规定 50V 以下的交流电压为安全电压，并规定采用 24V 以上的安全电压时需要考虑采取防电击的安全措施。安全电压等级有 42V、36V、24V、12V、6V。

3）人体触电形式

（1）单相触电

单相触电是指人体的某一部位与单相电源或带电体接触引起触电，如图 1-3 所示。

（2）两相触电

两相触电是指人体的两个部位分别与两相电源或两相带电体同时接触引起触电，如图 1-4 所示。

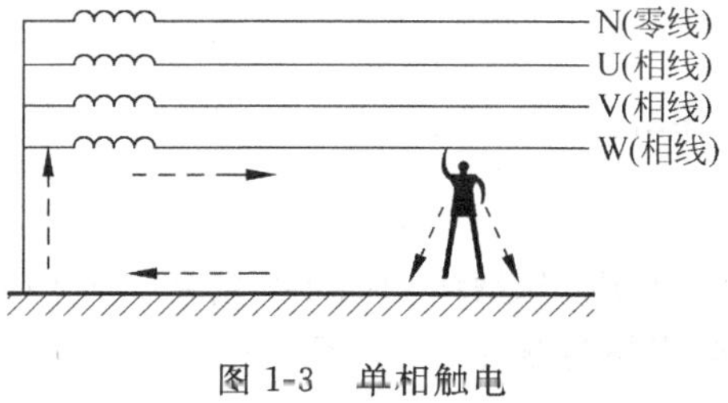

图 1-3　单相触电

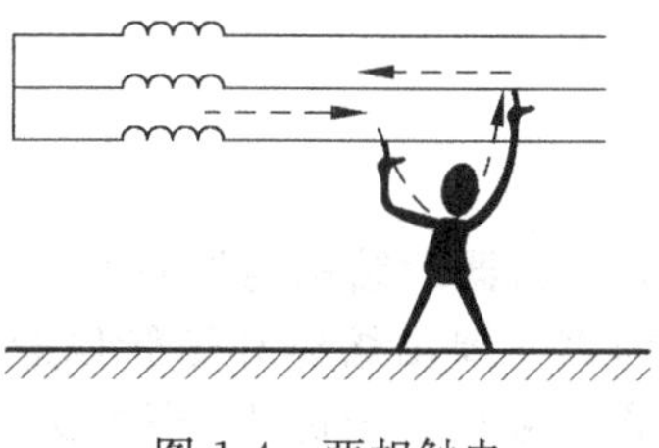

图 1-4　两相触电

单相触电与两相触电的基本常识如下。

① 人体的电阻。皮肤干燥时，人体的电阻比较大，一般为10Ω～10kΩ；皮肤潮湿、多汗时，人体的电阻比较小。

② 电流与电压。电流与电压加到人体上最终表现为通过人体电流的大小。据统计，人体通过50mA以下的电流一般不会造成电击，36V为安全电压；若在潮湿场所及金属构架上工作，安全电压则降至24V或12V。

③ 持续时间。持续时间长，危险性大。

④ 触电电流的途径。电流通过头部会使人立即昏迷，若电流通过大脑，会对大脑造成严重损伤；电流通过脊髓会造成瘫痪；电流通过心脏会引起心室颤动，甚至心脏停止跳动。

(3) 跨步电压触电

如果人站在距离电线落地点8～10m以内就可能发生触电事故，这种触电叫作跨步电压触电，如图1-5所示。

人受到较高的跨步电压作用时，双脚会抽筋，使身体倒在地上。人倒地后电流在体内持续作用2s就会致命。

跨步电压触电一般发生在高压电线落地时，但对低压电线落地也不可麻痹大意。根据试验，当牛站在水田里，如果前后跨步之间的跨步电压达到10V左右，牛就会倒下。电流会流经牛的心脏，触电时间长了，牛会死亡。

图1-5 跨步电压触电

当一个人发觉跨步电压威胁时，应赶快把双脚并在一起，然后马上用一条腿或两条腿跳离危险区。

2. 熔断器

(1) 熔断器简介

熔断器是当电流超过规定值一段时间后，以其自身产生的热量使熔体熔化，从而使电路断开的一种电流保护器。作为一种短路和过电流的保护器，熔断器广泛应用于高低压配电系统、控制系统以及用电设备中，是应用最普遍的保护器件之一。熔断器的外形和电路符号如图1-6所示。

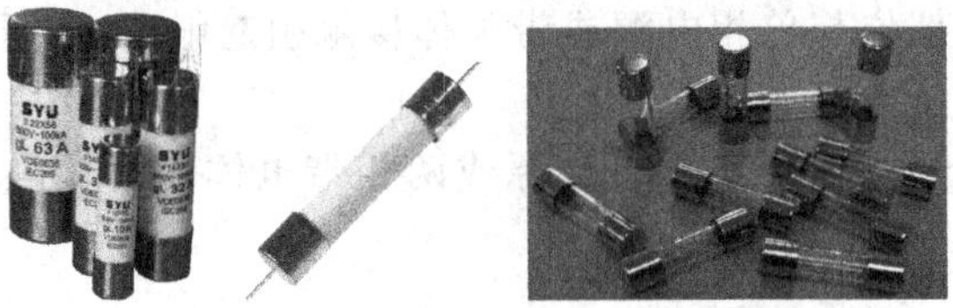

(a) 外形

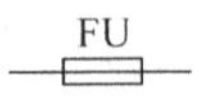

(b) 电路符号

图1-6 熔断器

(2) 熔断器的结构与原理

熔断器主要由熔体和熔管以及外加填料等组成，其结构如图1-7所示。使用时，将熔断器串联于被保护电路中，当被保护电路的电流超过规定值，并经过一定时间后，由熔体自身产生的热量熔断熔体，使电路断开，从而起到保护的作用。其中，熔体是控制熔断特性的关键元件。

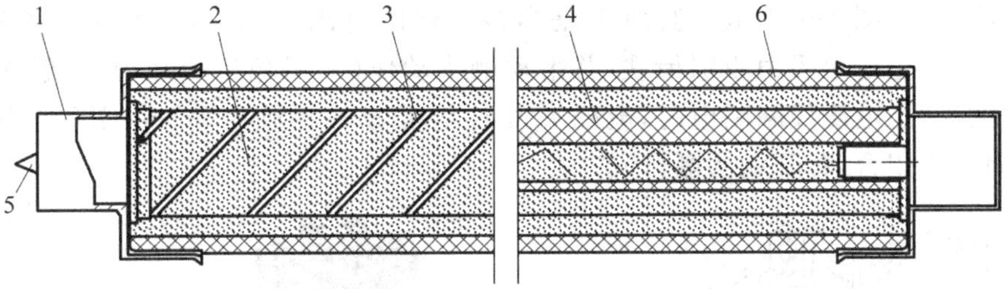

图 1-7　熔断器结构图

1—金属端盖；2—灭弧材料；3—熔体；4—固定柱；5—触发器；6—熔管

(3) 熔断器的分类

① 根据使用电压，可分为高压熔断器和低压熔断器。

② 根据保护对象，可分为保护变压器和一般电气设备的熔断器、保护电压互感器的熔断器、保护电力电容器的熔断器、保护半导体元件的熔断器、保护电动机的熔断器和保护家用电器的熔断器等。

③ 根据结构，可分为敞开式、半封闭式、管式和喷射式熔断器。

(4) 熔断器的使用注意事项

① 熔断器的保护特性应与被保护对象的过载特性相适应，考虑到可能出现的短路电流，应选用相应分断能力的熔断器。

② 熔断器的额定电压要适应线路电压等级，熔断器的额定电流要大于或等于熔体额定电流。

③ 线路中各级熔断器熔体额定电流要相应配合，保持前一级熔体额定电流必须大于下一级熔体额定电流。

④ 要按要求使用相配合的熔体，不允许随意加大熔体或用其他导体代替熔体。

3. 接触器

(1) 接触器简介

接触器是利用线圈流过电流产生磁场，使触头闭合，以达到控制负载的电器。接触器不仅能接通和切断电路，还具有低电压释放保护作用。接触器控制容量大，适用于频繁操作和远距离控制。接触器是自动控制系统中的重要元件之一，经常应用于电动机的控制，也可用于控制设备、电热器、工作母机和各种电力机组等电力负载。接触器的外形和电路符号如图 1-8 所示。

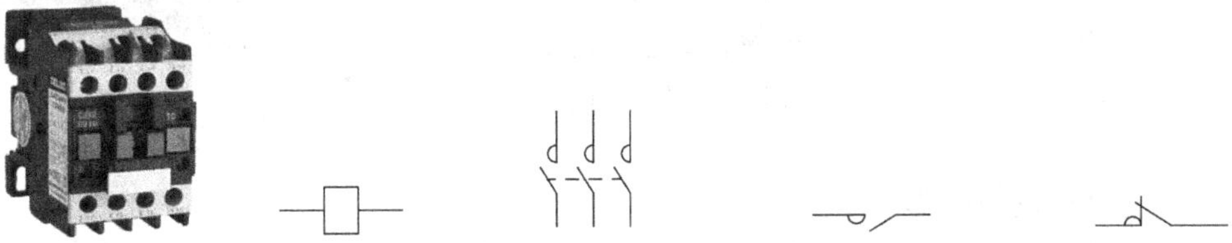

(a) 外形　(b) 接触器线圈的电路符号　(c) 接触器主触头的电路符号　(d) 接触器常开辅助触头的电路符号　(e) 接触器常闭辅助触头的电路符号

图 1-8　接触器

(2) 接触器的结构与原理

接触器由电磁系统(动铁芯、静铁芯、电磁线圈)、触头系统(常开触头和常闭触头)和灭弧装置组成,如图 1-9 所示。其原理是当接触器的电磁线圈通电后,会产生很强的磁场,使静铁芯产生电磁吸力吸引衔铁,并带动触头动作(常闭触头断开,常开触头闭合,两者是联动的)。当电磁线圈断电时,电磁吸力消失,衔铁在释放弹簧的作用下释放,使触头复原(常闭触头闭合,常开触头断开)。

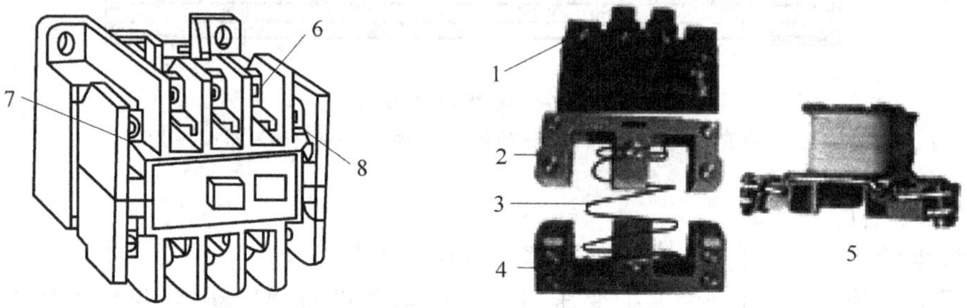

图 1-9　接触器的结构

1—触头;2—动铁芯;3—弹簧;4—静铁芯;5—电磁线圈;6—主触头端子;7,8—辅助触头端子

(3) 接触器的分类

接触器可大致分为以下两类。

① 交流接触器。交流接触器利用主触头开闭电路,用辅助触头导通控制回路。主触头一般是常开触头,而辅助触头常有两对常开触头和常闭触头。小型的接触器也经常作为中间继电器配合主电路使用。交流接触器的触头由银钨合金制成,具有良好的导电性和耐高温烧蚀性。

② 直流接触器。一般用于控制直流电器设备,线圈中通以直流电,其动作原理和结构基本上与交流接触器是相同的。

4. 直流电动机

(1) 直流电动机简介

直流电动机是将直流电能转换为机械能的电动机,因其良好的调速性能而在电力拖动中得到广泛应用,其外形如图 1-10 所示。

图 1-10　直流电动机外形

(2) 直流电动机的结构

直流电动机分为定子与转子两部分,如图 1-11 所示。定子包括主磁极、机座、换向磁极、电刷装置等;转子包括电枢铁芯、电枢绕组、换向器、转轴和风扇等。

(3) 直流电动机的分类

直流电动机的励磁方式是指对励磁绕组如何供电及如何产生励磁磁通势而建立主磁场的问题。根据励磁方式的不同,直流电动机可分为以下几种类型。

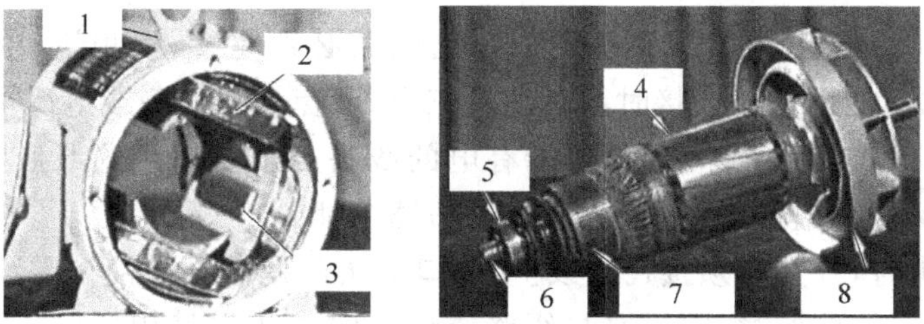

(a) 定子　　(b) 转子

图 1-11　直流电动机结构

1—机座；2—主磁极；3—换向磁极；4—电枢；5—轴承；6—转轴；7—换向器；8—风扇

① 他励直流电动机。励磁绕组与电枢绕组无连接关系，而由其他直流电源对励磁绕组供电的直流电动机称为他励直流电动机。永磁直流电动机也可看作他励直流电动机。

② 并励直流电动机。并励直流电动机的励磁绕组与电枢绕组相并联。作为并励发电机来说，是电机本身发出来的端电压为励磁绕组供电；作为并励电动机来说，励磁绕组与电枢共用同一电源，从性能上讲与他励直流电动机相同。

③ 串励直流电动机。串励直流电动机的励磁绕组与电枢绕组串联后再接直流电源。这种直流电动机的励磁电流就是电枢电流。

④ 复励直流电动机。复励直流电动机有并励和串励两个励磁绕组。若串励绕组产生的磁通势与并励绕组产生的磁通势方向相同称为积复励；若两个磁通势方向相反，则称为差复励。

5. 电工安全技术操作规程

① 工作前先检查防护用品、工具、仪器等是否完好；凡需耐压试验或机械试验的防护用品及工具，必须是试验合格并在有效期内的才准使用。

② 使用梯子时要有人扶持或绑牢，梯子与地面的夹角以 60°为宜；在水泥地面等硬滑地面上使用梯子要有防滑措施；使用人字梯时，拉线必须牢固；不准使用钉子钉成的梯子；梯首尾尽量绑辅助扎线；梯子不准垫高使用。

③ 在高处工作时，上下传递物品不得抛掷，要用吊绳传递。

④ 验电时，必须用电压等级相符并且合格的验电器；验电前，应先在有电设备上试验验电器是否完好。

⑤ 电烙铁必须放在烙铁架上通电，使用时必须检查其外壳是否漏电，使用完毕立即断电，禁止将通电的电烙铁放在桌上和易燃物品附近。

⑥ 使用电压 36V 以上的手持电动工具时，应戴绝缘手套，并站在绝缘物上；电动工具的外壳必须接地良好。严禁将接地线和工作零线拧在一起插入插座，必须用两线带地或三线带地插座，或将接地线单独接到接地线上，接地线不允许有工作电流流过。工具的额定电压与线路电压要相符。

⑦ 移动的电气设备用多股铜芯软线，拖地电线应加防护，电线不应过长。

⑧ 所有电气设备的金属外壳、支架等都必须接地，接地线截面应符合接地装置规程的规定。

⑨ 接地的连接必须是焊接或用螺钉压接。

⑩ 使用接线板临时接线时,插头、插座、熔断器必须完整,按相线、中线、地线分别连接。为延长引线而使用插座驳接时不应超过三个,以免地线松脱或电阻增大。

⑪ 电器、设备或线路拆除之后,可能有电的线头必须及时用绝缘胶布包扎好。高压的电动机或电器、设备拆除后,遗留线头必须短路接地。

⑫ 安装灯头时,开关必须接在火线上,螺口灯头的螺口必须接在零线上。

⑬ 装置熔断器、熔丝时,容量要与线路或设备的安装容量相适应。带电装卸熔断器时,应戴防护眼镜和绝缘手套,必要时使用绝缘夹钳,并站在绝缘垫上。

⑭ 严禁带电检查或检修线路。

1.4 常用工具及设备介绍

1. 手电钻

手电钻是一种以交流电源或直流电池为动力的便携式电动钻孔工具,如图 1-12 所示。在装配、修理工作中,当受工件形状或加工部位的限制不能用钻床钻孔时,则可使用手电钻加工。手电钻主要由钻夹头、输出轴、齿轮、转子、定子、机壳、开关和电缆线等组成。

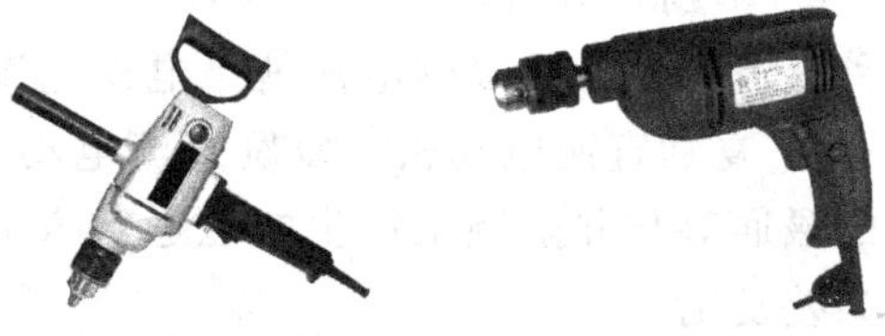

(a) 手提式电钻　　(b) 手枪式电钻

图 1-12　手电钻

手提式电钻的应用非常广泛,主要用于木材的钻孔,也可用于金属构件、塑料等材料的钻孔。手枪式电钻用于金属材料、木材、塑料等的钻孔。

手电钻操作简单,使用灵活,携带方便,是装饰工程施工中必备的电动工具之一。

装有正反转开关和电子调速装置的手电钻,可用作电动螺丝刀。有些手电钻配有充电电池,可在一定时间内,在无外接电源的情况下正常工作。

手电钻使用时应注意以下事项。

① 用手电钻钻孔时,对于不同的钻孔直径、不同的材质应选用相应规格的钻头;装卸钻头时,按操作规程必须用钥匙。

② 使用前要先检查电源是否符合要求,开机后应试验手电钻空转 1min,并检查传动部位是否运转正常,以免造成安全事故。

③ 所用钻头必须锋利,不够锋利的钻头要随时更换;钻孔时不宜用力过猛,以免发生电钻过载现象;凡是遇到电钻转速突然阵低或停机时,必须立即放松压力或立即切断电源。

④ 手电钻虽然采用双重绝缘,但也要采取绝缘措施。使用手电钻时应穿胶鞋,并且戴橡皮手套。

⑤ 使用手电钻时应用手握持手电钻手柄,不能通过拖拉橡胶线缆搬动电钻,以防止线缆破损,发生漏电事故。

2. 电磨头

电磨头属于高速磨削工具，如图 1-13 所示。它适用于在大型工具、夹具、模具的装配调整中，对各种形状复杂的工件进行修磨或抛光；装上不同形状的小砂轮，还可修磨凹模、凸模的成形面；当用布轮代替砂轮使用时，则可进行抛光作业。

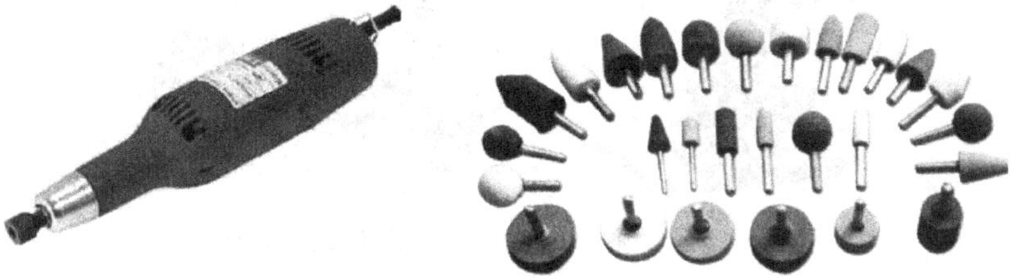

图 1-13 电磨头

使用电磨头时应注意以下几点。

① 操作使用前，应对所用的磨头进行认真检查，严禁使用已破损或开裂的磨头。

② 使用前应开机空转 2～3min，检查旋转声音是否正常，若有异常，则应排除故障后再使用。

③ 在安装软轴或更换磨头的时候，务必保证拔掉电源插头；新装砂轮应修整后使用，否则所产生的惯性力会造成严重震动，影响加工精度。

④ 砂轮外径不得超过磨头铭牌上规定的尺寸。工作时，砂轮和工件的接触力不宜过大，更不能用砂轮冲击工件，以防砂轮爆裂，造成事故。

3. 电剪刀

电剪刀的外形如图 1-14 所示。它使用灵活，携带方便，能用来剪切各种几何形状的金属板材。用电剪刀剪切后的板材，具有板面平整、变形小、质量好的优点。因此，它也是对各种复杂的大型板材进行落料加工的主要工具之一。

图 1-14 电剪刀

使用电剪刀时应注意以下几点。

① 开机前应检查整机各部分螺钉是否紧固，然后开机空转，待运转正常后，方可使用；在进行剪切工作时，操作者要随时注意电源线是否超过线本身距离而拽得太紧，防止电源线被割坏。

② 剪切时，不宜剪切硬物及强行剪切，两刀刃的间距需根据材料厚度进行调试。剪切厚材料时，两刀刃的间距为 0.2～0.3mm；剪切薄材料时，两刀刃的间距为 0.2δ（δ 为板料厚度）；小半径剪切时，须将两刀刃的间距调至 0.3～0.4mm。

③ 电剪刀连续工作一段时间后，刀头内部会产生一些布屑等杂物，为了不影响电剪刀的正常使用，应按时清理刀头内杂物。

④ 工作时如有被卡住现象，应立即松动开关，排除故障后方可使用。

⑤ 更换刀片或磨刀片必须由专人负责，严禁自行更换或磨刀片。

⑥ 禁止自行拆卸电剪刀的机身。

4. 千斤顶

千斤顶是一种小型起重工具,如图 1-15 所示。千斤顶通过顶部托座或底部托爪在行程内顶升重物。

(a) 立式千斤顶　　(b) 卧式千斤顶

图 1-15　千斤顶

千斤顶按形状可分为立式、卧式两种,按结构特征可分为齿条式千斤顶、螺旋式千斤顶和液压式千斤顶等。

齿条式与螺旋式千斤顶的起重量小,操作费力,一般只用于机械维修工作。液压式千斤顶的结构紧凑,工作平稳,有自锁作用,故应用广泛;其缺点是起重高度有限,起升速度慢。

使用千斤顶时应遵守以下操作规程。

① 使用千斤顶前必须检查各部分是否正常,螺母磨损 25%就不能使用。

② 合理选择千斤顶的着力点;千斤顶应垂直安置在重物下面,重物重心要选择适中,底面要垫平,同时要考虑地面的软硬条件,以决定是否要衬垫坚韧的木材;放置要平稳,以免负重下陷或倾斜。

③ 使用齿条式千斤顶时,其止退棘爪必须紧贴棘轮。

④ 使用液压式千斤顶时,调节螺杆不得旋出过长,应严格遵守其参数中的规定,切忌超高、超载。

⑤ 合用几个千斤顶升降重物时,要有人统一指挥,尽量保持几个千斤顶的升降速度和高度一致,以免重物发生倾斜。

5. 单主梁门式起重机

如图 1-16 所示为单主梁门式起重机。

(a) 电动葫芦　　(b) 起重机全图

图 1-16　单主梁门式起重机

在使用单主梁门式起重机时应注意以下操作规程。

① 重物不得超过限制吨位。

② 起吊时工件与电葫芦位置应在一条直线上，不可斜拉工件。

③ 吊运工件时，不可以提升过高。横梁行走时要响铃或吹哨，以引起其他人的注意，操纵者应密切注意前面的人和物。

④ 起吊时吊钩要垂直于重心；绳与地面不垂直时，一般不超过45°。

⑤ 在起吊轻物时，先吊离地面0.5m，经过检查确认稳妥后方可起吊；在起吊重物时，应先将重物吊离地面10cm，经过检查确认情况正常后方可继续起吊。

6. 立式钻床

Z525立式钻床是常用的立式钻床之一，也是钳工中级考证理论考核内容之一，其外形如图1-17所示。Z525立式钻床的最大钻孔直径为25mm，主轴的旋转共有97r/min、140r/min、195r/min、272r/min、392r/min、545r/min、680r/min、976r/min、1360r/min 9种转速。对立式钻床电动机进行二级保养时，要按需要拆洗电动机，更换1号钙基润滑脂，具体见1.5节中的介绍。

图1-17 Z525立式钻床

1.5 设备保养"校企合一"操作训练

设备管理得好坏，对企业产品的数量、质量和成本等经济技术指标，都有着决定性的影响，因此要严格按照设备的运转规律，对设备进行精心维护、科学维护，提高设备完好率。所有实训的学生均要在教师的指导下参加设备保养工作，例如，每天做一次清洁保养，每周做一次小保养，每月做一次中保养，每学期做一次大保养；或者按照设备使用情况（使用时间）进行日常保养、一级保养、二级保养，每次保养都要如实填写如表1-2所示的表格。期末由指导老师对学生参与设备保养的情况进行综合考核评分，并签署指导老师的姓名及日期。

表1-2 设备保养记录

月份	设备名称	保养内容	小组长签名
考核评分			

下面以台虎钳和立式钻床为例,介绍其保养要求。

1. 台虎钳的保养要求

台虎钳的保养要求如下。

① 在每日实习结束后清扫干净台虎钳的钳身、钳口、工作面。

② 每周检查钳身(夹紧盘)有无松动现象,把丝杠松开,把活动钳口部分松出来,进行表面清洁,清理残留在丝杠里面的铁屑。

③ 每月把丝杠松开,把活动钳口部分松出来,检查螺母有无松动,对丝杠、螺母等滑动表面进行清洁,并加油润滑。

④ 每学期末对台虎钳的丝杠、螺母、其他活动表面加油润滑,对台虎钳各表面加机油,必要时候用报纸封存,防止生锈。

2. 立式钻床的保养要求

立式钻床的保养要求如下。

(1) 每天实习前的保养要求

① 擦净外露导轨面及工作台面的灰尘。

② 按规定润滑各部位,油质、油量符合要求。

③ 检查各手柄的灵活性、可靠性。

④ 空车试运转。

(2) 每天实习结束后的保养要求

① 将铁屑全部清扫干净。

② 擦净机床各部位。

③ 部件归位。

④ 认真填写交班记录及其他记录。

(3) 一级保养

立式钻床运行 600h 后(一般为每学期)进行一次一级保养,以学生(操作工人)为主,老师(维修工人)配合进行。

保养时要先切断电源,然后进行保养工作。立式钻床一级保养的内容及要求如表 1-3 所示。

表 1-3 立式钻床一级保养的内容及要求

序号	保养部位	保养内容及要求
1	外保养	① 擦拭床身,应无黄袍、无油污 ② 配齐螺钉、螺母、标牌等 ③ 擦拭附件 ④ 清扫机床周围
2	主轴箱 走刀箱	① 清洗主轴箱、走刀箱表面 ② 检查、调整手柄挡位
3	工作台	① 修光工作台毛刺、锈斑 ② 清洗丝杠、齿条、锥形齿轮

续表

序号	保养部位	保养内容及要求
4	润滑	① 清洗油毡、油线，加润滑油 ② 系统完整，油路畅通，油杯明亮 ③ 检查油质、油量，酌情添加润滑油
5	冷却系统	① 清洗水泵、过滤器、冷却液箱 ② 系统完整，水路畅通，无泄漏
6	电器	① 清扫电动机、电气箱 ② 检查各电气元件触点，要求性能良好

(4) 二级保养

立式钻床运行5000h后进行二级保养，以老师(维修工人)为主，学生(操作工人)配合进行。除执行一级保养的内容及要求外，立式钻床二级保养还应做好如表1-4所示的保养工作，并测绘易损件，提出备品配件。

表1-4 立式钻床二级保养的内容及要求

序号	保养部位	保养内容及要求
1	主轴箱 走刀箱	① 检查并调整主轴间隙、齿轮间隙 ② 修复或更换严重磨损的零件
2	工作台	检查并调整工作台与导轨之间的间隙
3	润滑	清洗油池，更换润滑油
4	电器	① 清洗电动机，更换润滑油 ② 修复或更换损坏的元件 ③ 电器符合设备完好标准要求
5	精度	① 校正机床水平，检查、调整、修复精度 ② 精度符合设备完好标准要求

第2部分

钳工中级应知应会知识

CHAPTER 2

第2章

装配知识

知识要点：机械产品一般是由许多零件和部件，按一定的方法装配起来构成一个系统。这个方法就是装配工艺。本章主要讲述装配前的基础知识和准备工作，为装配打下基础。

技能目标：掌握装配的基础知识、装配前的准备工作、装配的方法与调整、常用的装配量具和量仪的知识等，掌握锥套研磨的操作要领。

学习建议：利用已学的机械制图、机加工等基础知识来理解装配知识，同时学习装配的新知识。

2.1 装配概述

机器设备一般都是由许多零件所组成的，将若干合格的零件按规定的技术要求组合成部件，或将若干个零件和部件组合成机器设备，并经过调整、试验等成为合格产品的工艺过程称为装配。

装配是机器制造中的最后阶段，因此它是保证机器达到各项技术要求的关键。装配工作的好坏，对产品的质量起着重要的作用，在机械产品制造过程中占有非常重要的地位。

1. 机器的组成

① 零件：构成机器的最小单元。

② 部件：两个或两个以上零件结合形成机器的某部分。部件是通称，其划分是多层次的。直接进入产品总装的部件称为组件，直接进入组件装配的部件称为一级分组件，直接进入一级分组件装配的部件称为二级分组件，以此类推。产品越复杂，分组件级数越多。

③ 装配单元：可以独立进行装配的部件称为装配单元。任何一个产品都能分成若干个装配单元。

④ 装配基准件：最先进入装配的零件称为装配基准件，它可以是一个零件，也可以是低一级的装配单元。

2. 装配工艺过程

产品的装配工艺过程包括以下四个阶段。

(1) 装配前的准备工作

① 熟悉产品的装配图、工艺文件和技术要求,了解产品的结构、零件的作用以及相互之间的连接关系。

② 确定装配方法和顺序,准备所需要的工具。

③ 对装配的零件进行清洗,去掉零件上的毛刺、铁锈、切屑、油污。

④ 对某些零件还需要进行刮削等修配工作,对有些特殊要求的零件还要进行平衡试验、密封性试验等。

(2) 装配工作

装配又有组件装配、部件装配和总装配之分,整个装配过程要按次序进行。

① 组件装配:将若干零件安装在一个基础零件上而构成组件,如减速器中的一根传动轴就是由轴、齿轮、键等零件装配而成的组件。

② 部件装配:将若干个零件、组件安装在另一个基础零件上而构成部件(独立机构),如车床的床头箱、进给箱、尾架等。

③ 总装配:将若干个零件、组件、部件组合成整台机器的操作过程称为总装配,如车床就是把箱体等部件、组件、零件组合而成的。

(3) 调整、精度检验和试车

① 调整工作是指调节零件或机构的相互位置、配合间隙、结合程度等,是使机构或机器工作协调,如轴承间隙、齿轮接触点、蜗轮轴向位置等的调整。

② 精度检验包括几何精度检验和工作精度检验等。几何精度通常是指形位精度,如车床总装后要检验主轴中心线和床身导轨的平行度等。工作精度一般指切削试验,如车床进行车外圆或车端面试验等。

③ 试车是试验机构或机器运转的灵活性、震动、工作温升、噪声、转速、功率等性能参数是否符合要求。

(4) 喷漆、涂油、装箱

喷漆、涂油、装箱目的是使装配后的产品美观、防锈和便于运输。

装配工作有以下几个要求。

① 装配时,应检查零件与装配有关的形状和尺寸精度是否合格,检查有无变形、损坏等,并应注意零件上各种标记,防止错装。

② 固定连接的零部件,不允许有间隙;活动的零部件能在正常的间隙下,灵活、均匀地按规定方向运动,不应有跳动。

③ 各运动部件(或零件)的接触表面,必须保证有足够的润滑,若有油路,必须畅通。

④ 各种管道和密封部位在装配后不得有渗漏现象。

⑤ 试车前,应检查个部件连接的可靠性和运动的灵活性,各操纵手柄是否灵活和手柄位置是否在合适的位置,是否有干涉现象,并从低速到高速逐步进行试车。

3. 装配工作的组织形式

(1) 固定式装配

固定式装配是将产品或部件的全部装配工作安排在一个固定的工作地点进行。在装配过程中，产品的位置不变，装配所需要的零件和部件都汇集在工作地附近，主要应用于单件生产或小批量生产中。

单件生产时，产品的全部装配工作均在某一固定地点，由一个工人或一组工人完成。这样的组织形式装配周期长、占地面积大，并要求工人具有综合技能。

小批量生产时，装配工作通常分为部件装配和总装配，每个部件由一个工人或一组工人来完成，然后进行总装配。

(2) 移动式装配

移动式装配是在装配工程中，工作对象按顺序由一个工人转移到另一个工人。移动装配时，利用传送带、滚道或轨道上行走的小车运送装配对象。每个工作地点重复完成固定的工作内容，并且广泛使用专用设备和专用工具，因而装配质量好，生产成本低，适用于大批量生产。

4. 装配工艺的规程和制订

1) 装配工艺规程及其作用

装配工艺规程是指导装配施工的主要技术文件之一。它规定了产品及部件的装配顺序、装配方法、装配技术要求和检验方法及装配所需设备、工具、时间定额等，是推广质量和效率的必要措施，也是组织生产的重要依据。

2) 装配工艺规程的制订

(1) 制订装配工艺规程的基本原则

① 保证产品装配质量。

② 合理安排装配工序，尽量减少装配工作量，减轻劳动强度，提高装配效率，缩短装配周期。

③ 尽可能少占车间的生产面积。

(2) 制订装配工艺所需原始资料

① 产品的总装图和部件的装配图及零件明细表等。

② 产品的验收技术条件，包括试验工作的内容及方法。

③ 产品生产规模。

④ 现有的工艺准备、车间面积、工人技术水平及工时定额标准等。

(3) 制订装配工艺规程的方法和步骤

① 对产品进行分析。

② 确定装配组织形式。

③ 根据装配单元确定装配顺序。

④ 划分装配工序。

3) 装配工艺的制订

在编制装配工艺时，为了便于分析研究，首先要把产品分解，划分为若干装配单元，绘制产品装配系统图，再划分装配工序和工步，从而制订出装配工艺。

(1) 产品装配系统图的绘制

产品装配系统图是划分产品装配单元及其装配顺序的装配图。

绘制产品装配系统图时,先画一条横线,在横线左端画出代表基准件的长方格,在横线右端画出代表产品的长方格,然后按装配顺序从左向右将代表直接装到产品上的零件或组件的长方格从水平线引出,零件画在横线上面,组件画在横线下面。用这一方法可把每一组件及分组件的系统图展开画出。

长方格内要注明零件或组件的名称、编号和件数。

产品装配系统图能反映装配的基本过程和顺序,以及各部件、组件、分组件和零件的从属关系,从中可看出各工序之间的关系和采用的装配工艺等。

(2) 装配工序及装配工步的划分

通常将整台机器或部件的装配工作分成装配工序和装配工步顺序进行。由一个工人或一组工人在不更换设备或地点的情况下完成的装配工作,叫装配工序。用同一工具,不改变工作方法,并在固定的位置上连续完成的装配工作,叫装配工步。部件装配和总装配都是由若干个装配工序组成,一个装配工序可包括一个或几个装配工步。

5. 组件装配工艺实例

(1) 某丝杠调直器的装配工艺实例

某丝杠调直器的实物图及其理想的三维模型如图 2-1 所示。

(a) 产品实物图

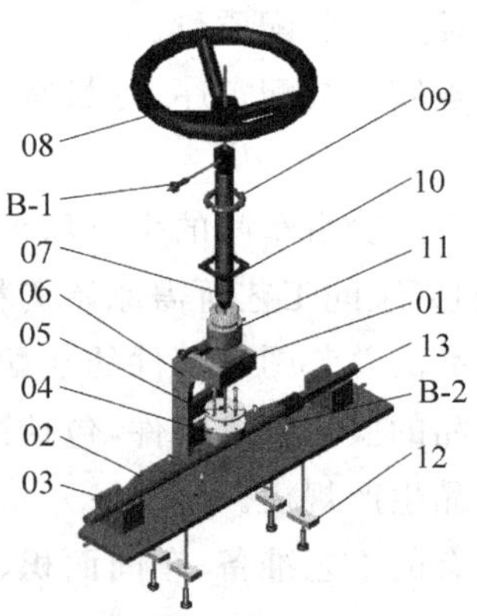

(b) 理想的三维模型

图 2-1 某丝杠调直器

01—根板;02—底板;03—滑动三角铁;04—活三角;05—压块;06—柱板;07—螺杆;08—手轮;09—锁紧螺套;10—螺套定位块;11—螺母;12—限位块;13—尾座;B-1—M8 定位螺钉;B-2—M6 定位螺钉

某丝杠调直器的系统装配单元图如图 2-2 所示。

某丝杠调直器的组件装配图如图 2-3 所示。

某丝杠调直器的组装流程如表 2-1 所示。

(2) 某减速器的装配工艺实例

某减速器的关键加工工艺及其组装流程如图 2-4 所示。

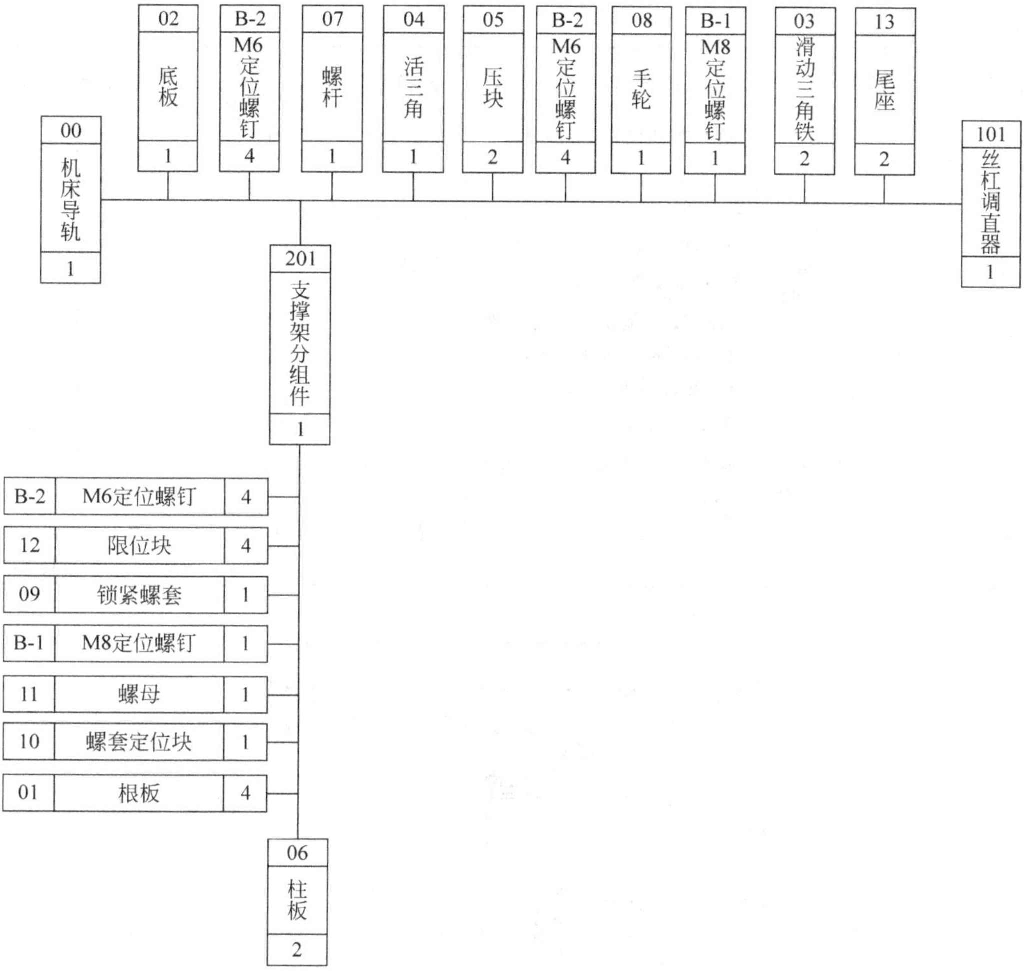

图 2-2 某丝杠调直器的系统装配单元图

表 2-1 某丝杠调直器的组装流程(组件装配工艺卡)

<table>
<tr><td colspan="4" rowspan="3">(某丝杠调直器的组件装配图)</td><td colspan="5">装配技术要求</td></tr>
<tr><td colspan="5">1. 组装时,各装入零件应符合图样要求</td></tr>
<tr><td colspan="5">2. 组装后,螺杆应转动灵活,无轴向窜动</td></tr>
<tr><td colspan="2" rowspan="2">(厂名)</td><td colspan="2" rowspan="2">装配工艺卡</td><td>产品型号</td><td colspan="2">部件名称</td><td colspan="2">装配图号</td></tr>
<tr><td></td><td colspan="2">支撑架</td><td colspan="2"></td></tr>
<tr><td colspan="2">(车间名称)</td><td>工段</td><td>班组</td><td>工序数量</td><td colspan="2">部件数</td><td colspan="2">净重</td></tr>
<tr><td colspan="2">(装配车间)</td><td></td><td></td><td>4</td><td colspan="2">1</td><td colspan="2"></td></tr>
<tr><td rowspan="2">工序号</td><td rowspan="2">工步号</td><td colspan="2" rowspan="2">装 配 内 容</td><td rowspan="2">设备</td><td colspan="2">工艺装备</td><td rowspan="2">工人等级</td><td rowspan="2">工时</td></tr>
<tr><td>名称</td><td>编号</td></tr>
<tr><td>Ⅰ</td><td>1</td><td colspan="2">分组件装配：底板(02)与车床床鞍的装配以车床导轨为基准,用螺钉固定在床鞍上</td><td></td><td></td><td></td><td></td><td></td></tr>
<tr><td rowspan="2">Ⅱ</td><td>1</td><td rowspan="2">支撑架分组件装配</td><td>用电焊把 4 块根板(01)焊在两柱板(06)上</td><td rowspan="2">电焊</td><td rowspan="2">直角尺</td><td rowspan="2"></td><td rowspan="2"></td><td rowspan="2"></td></tr>
<tr><td>2</td><td>焊上螺套定位块(10)</td></tr>
</table>

续表

工序号	工步号	装配内容		设备	工艺装备		工人等级	工时
					名称	编号		
Ⅲ	1	螺杆组件装配	旋入螺杆(07),并加油	电焊				
Ⅲ	2	螺杆组件装配	装上活三角(04)及两压块(05)	电焊				
Ⅲ	3	螺杆组件装配	在螺杆上装上手轮(08)	电焊				
Ⅲ	4	螺杆组件装配	拧上锁紧螺套(09)	电焊				
Ⅲ	5	螺杆组件装配	以底板为基准,装支撑架组件,焊接在底板(02)上,并保证垂直度	电焊				
Ⅳ	1	以导轨为基准,装上两滑动三角铁(03)						
Ⅳ	2	以导轨为基准装上两尾座,并保证中心高度一致						
编号	日期	签章		编制	移交		批准	第 张
								共 张

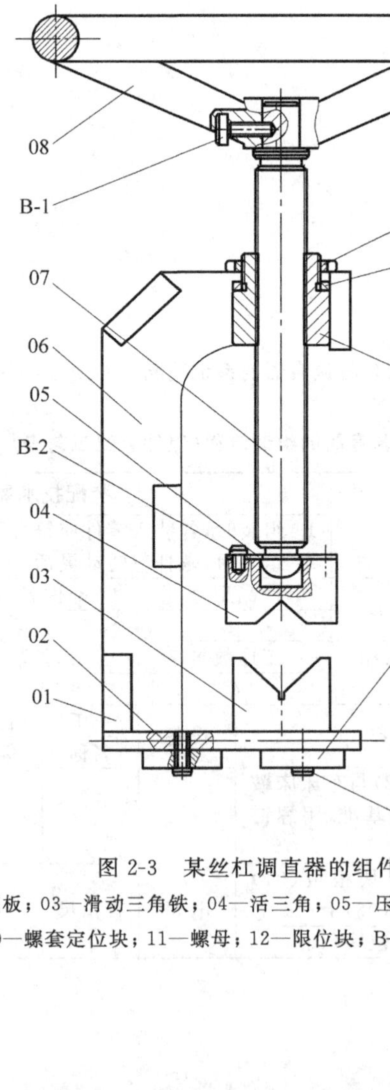

图 2-3 某丝杠调直器的组件装配图

01—根板;02—底板;03—滑动三角铁;04—活三角;05—压块;06—柱板;07—螺杆;08—手轮;09—锁紧螺套;10—螺套定位块;11—螺母;12—限位块;B-1—M8 定位螺钉;B-2—M6 定位螺钉

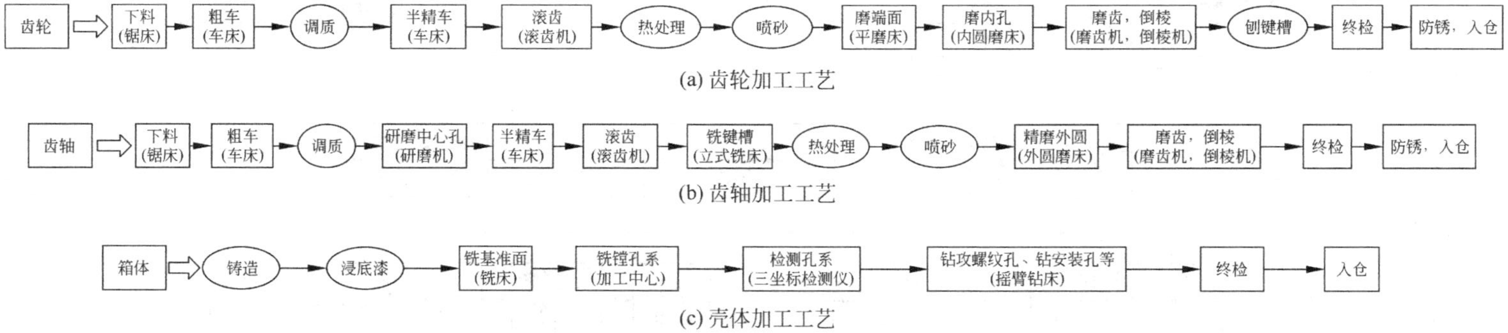

图 2-4 某减速器的关键加工工艺及其组装流程

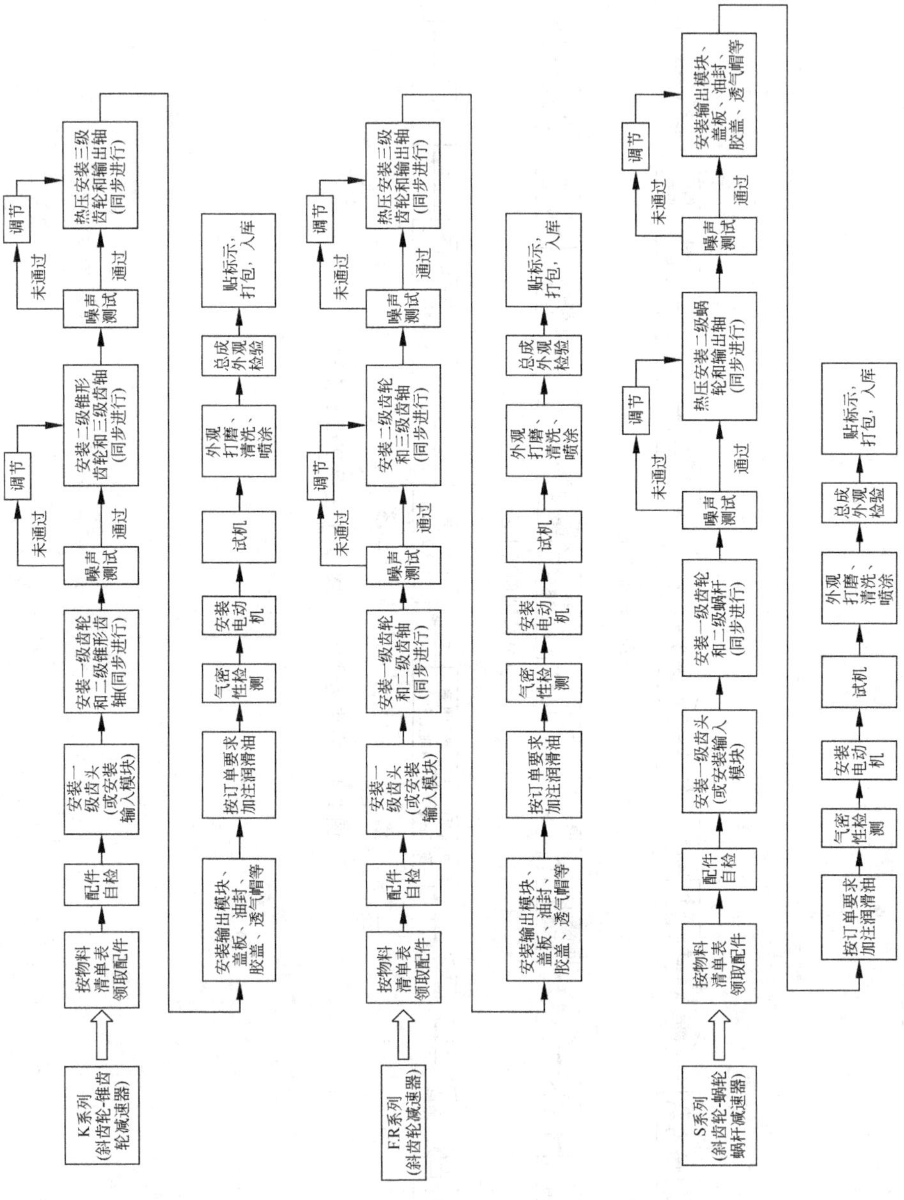
K系列(斜齿轮-锥齿轮减速器)
按物料清单表领取配件
配件自检
安装一级齿头(或安装输入模块)
安装一级齿轮和二级锥形齿轴(同步进行)
噪声测试
未通过
调节
通过
安装二级锥形齿轮和三级齿轴(同步进行)
噪声测试
未通过
调节
通过
热压安装三级齿轮和输出轴(同步进行)
安装输出模块、盖板、油封、胶盖、透气帽等
按订单要求加注润滑油
气密性检测
安装电动机
试机
外观打磨、清洗、喷涂
总成外观检验
贴标示，打包，入库
F.R系列(斜齿轮减速器)
按物料清单表领取配件
配件自检
安装一级齿头(或安装输入模块)
安装一级齿轮和二级齿轴(同步进行)
噪声测试
未通过
调节
通过
安装二级齿轮和三级齿轴(同步进行)
噪声测试
未通过
调节
通过
热压安装三级齿轮和输出轴(同步进行)
安装输出模块、盖板、油封、胶盖、透气帽等
按订单要求加注润滑油
气密性检测
安装电动机
试机
外观打磨、清洗、喷涂
总成外观检验
贴标示，打包，入库
S系列(斜齿轮-蜗轮蜗杆减速器)
按物料清单表领取配件
配件自检
安装一级齿头(或安装输入模块)
安装一级齿轮和二级蜗杆(同步进行)
噪声测试
未通过
调节
通过
热压安装二级蜗轮和输出轴(同步进行)
噪声测试
未通过
调节
通过
安装输出模块、盖板、油封、胶盖、透气帽等
按订单要求加注润滑油
气密性检测
安装电动机
试机
外观打磨、清洗、喷涂
总成外观检验
贴标示，打包，入库

(d) 组装流程

图 2-4(续)

2.2 装配前的准备工作

1. 装配零件的清理和清洗

在装配过程中，零件的清理和清洗工作对提高装配质量，延长产品使用寿命具有重要的意义，特别是对轴承、精密配合件、液压元件、密封件及有特殊清洗要求的零件更为重要。

1）零件的清理

零件的清理包括清除零件上残存的型砂、铁锈、切屑、研磨剂等，特别是要仔细清除小孔、沟槽等易存杂物的角落。对箱体、机体内部，清理后应涂淡色油漆。

清理非加工表面时，可用錾子、刷子等清除其上的型砂和铁屑；清理加工表面上的铁锈和油漆等，则用刮刀、锉刀和砂布等工具。

经上述步骤清理后，再用毛刷、皮风箱或压缩空气枪清理干净。重要的配合部位清理时，要注意保持其精度。

2）零件的清洗

（1）零件的清洗方法

在单件和小批量生产中，零件在洗涤槽内用棉纱或泡沫塑料进行清洗；在大批量生产中，则用洗涤机清洗零件。常用洗涤机有固定清洗装置和超声波清洗装置等。

（2）常用清洗液

常用清洗液有汽油、煤油、柴油和化学清洗液。

① 汽油主要用于清洗油脂、污垢和一般黏附的机械杂质，适用于清洗较精密的零部件。

② 煤油和柴油的用途与汽油相似，但清洗能力不及汽油；清洗后干燥较慢，但比汽油安全。

③ 化学清洗液对油脂、水溶性污垢具有良好的清洗能力。它的配制简单，稳定耐用，无毒，不易燃，使用安全，同时以水代油，可节约能源。

（3）清洗时的注意事项

① 对于橡胶制品，严禁用汽油清洗，为预防发胀变形而应使用酒精或清洗液进行清洗。

② 清洗零件时，可根据零件的不同精度，选用棉纱或泡沫塑料擦拭。滚动轴承不能使用棉纱清洗，防止棉纱头进入轴承内，影响装配质量。

③ 清洗后的零件应等零件上的油滴干后再进行装配，预防污油影响装配质量；同时清洗后的零件不应放置时间过长，预防灰尘弄脏零件。

④ 零件的清洗工作可分为一次性清洗和二次性清洗。零件在第一次清洗后，应检查配合表面有无破损和划伤，齿轮的齿部和棱角有无毛刺，螺纹有无损坏。对零件有毛刺或轻微破损的部位应进行修整，可用油石、刮刀、砂布、细锉进行修光，但应注意不要损伤零件。经过检查、修整后的零件，再进行二次性清洗。

2. 零件的密封性试验

对某些要求密封的零件,如机床的液压元件、油缸、阀体、泵体等,要求在一定压力下不允许发生漏油、漏水或漏气的现象,也就是要求这些零件在一定的压力下具有可靠的密封性,因此在装配前应对这些零件进行密封性试验。例如,采用气压法检验零件密封性的方法是,先把零件沉浸在水中,通过对零件空腔加气压,观测零件周围是否冒气泡,以此判定零件的密封性能,如图 2-5(a)所示。

目前,很多企业采用智能气密性检测仪来进行密封性试验。智能气密性检测仪(又称泄漏检测仪、密封性检测仪、检漏仪、测漏仪)采用高精度压力传感器,根据压力降推算泄漏,无须基准容器,测试回路简单,可靠性好,性能稳定,实现了在工件不浸水的情况下就能在很短的时间内及特定的压力下定量、精确测出工件的微小泄漏。如图 2-5(b)所示为正在使用智能气密性检测仪对减速器进行密封性试验。

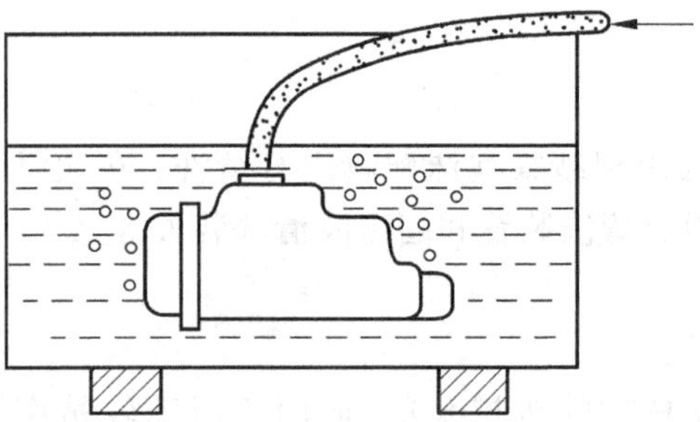

(a) 气压法检验零件的密封性

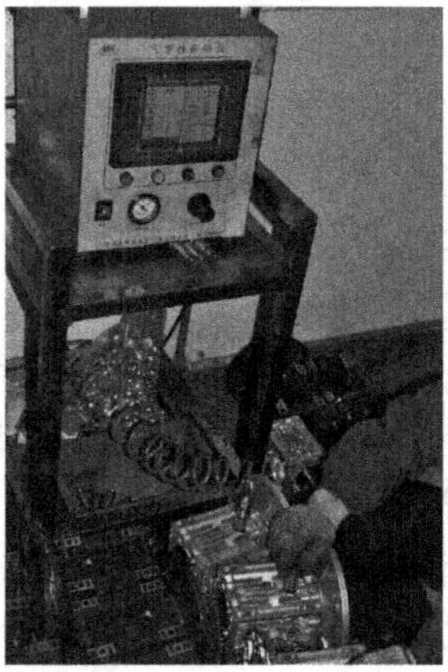

(b) 智能气密性检测仪对减速器的密封性试验

图 2-5 零件密封性试验

3. 旋转件的平衡试验

机器中的旋转件由于材料密度不均、本身形状对旋转中心不对称、加工或装配产生误差等原因,会造成重心与旋转中心发生偏移,在其径向上产生重量不平衡的现象。当旋转件旋转时,因不平衡而产生惯性力,其大小与不平衡量大小、不平衡量偏心距及转速平方成正比。其方向随旋转而周期性变化,旋转中心无法固定,引起机械震动,从而使机器工作精度降低、零件寿命缩短、噪声增大,甚至发生破坏性事故。

1) 旋转件不平衡的形式

(1) 静不平衡

旋转件在径向各面上有不平衡量,但由此产生的惯性力合力通过旋转件重心,不会引起方向垂直于轴线的力矩,这种不平衡称为静不平衡,如图 2-6(a)所示。静不平衡特点是:静止时,不平衡量自然地处于铅垂线下方。例如,如果一个车轮每次停止转动时的位置都是相同的,则说明该车轮是静不平衡的,如图 2-6(b)所示。

（2）动不平衡

旋转件在径向各截面上有不平衡量，且由此产生的惯性力合力不通过旋转件的重心，所以旋转件旋转时不仅会产生垂直旋转轴的震动，而且会产生使旋转轴倾斜的震动，这种不平衡称为动不平衡，如图 2-7 所示。例如，车轮高速转动时左右摆动，就是车轮动不平衡的现象。

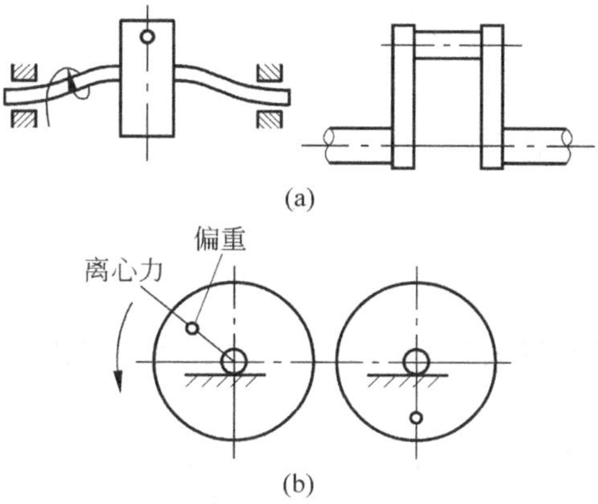

图 2-6 静不平衡

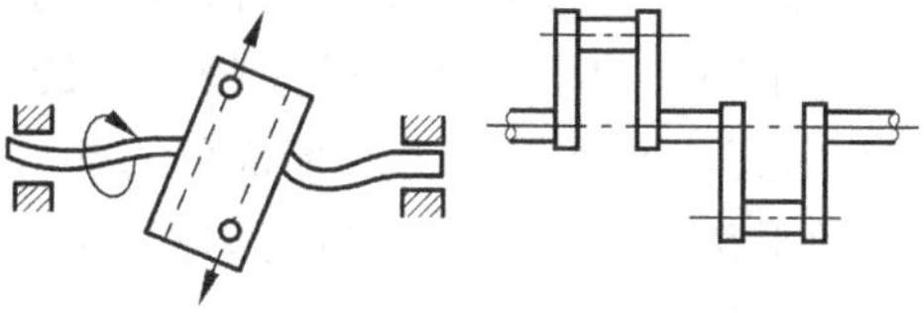

图 2-7 动不平衡

2）旋转件的平衡方法

（1）静平衡法

消除旋转件静不平衡的方法称为静平衡法，如图 2-8 所示。

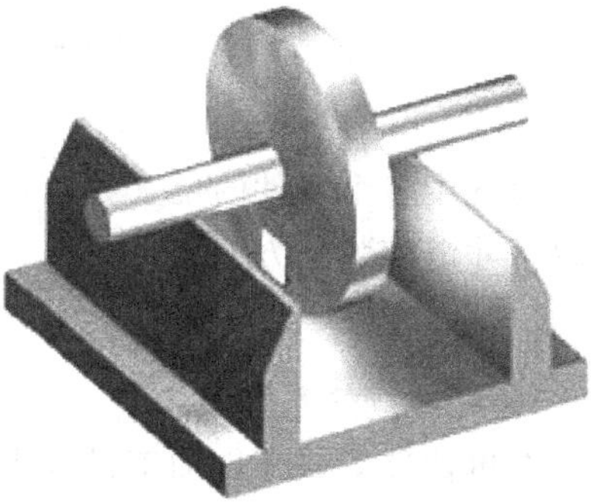

图 2-8 静平衡试验

首先确定旋转件上不平衡量的大小和位置，然后去除或抵消不平衡量对旋转的不良影响，具体步骤如下。

① 将待平衡的旋转件装上心轴后，放在平衡支架上。

② 用手轻推旋转件使其缓慢转动，待其自动静止后，在旋转件正下方做一记号，如此重复若干次，确认所做记号位置不变，则此方向为不平衡量方向。

③ 在与记号相对的部位粘贴一质量为 m 的橡皮泥，使 m 对旋转中心产生的力矩，恰好等于不平衡量 G 对旋转中心产生的力矩，即 $mr=Gl$，如图 2-9 所示。此时，旋转件获得静平衡。

④ 去掉橡皮泥，在其所在部位附加相当于 m 的重块（配重法），或在不平衡量处（与 m 相对的直径 l 上处）去除一定质量 G（去重法）。待旋转件可在任意角度位置均能在支架上停留时，即达到静平衡。

静平衡只能平衡旋转件重心的不平衡，无法消除不平衡力矩。因此，静平衡只适用于“长径比”较小（一般“长径比”小于 0.2，如盘类旋转件）或长径比虽较大但转速不太高的旋转件。

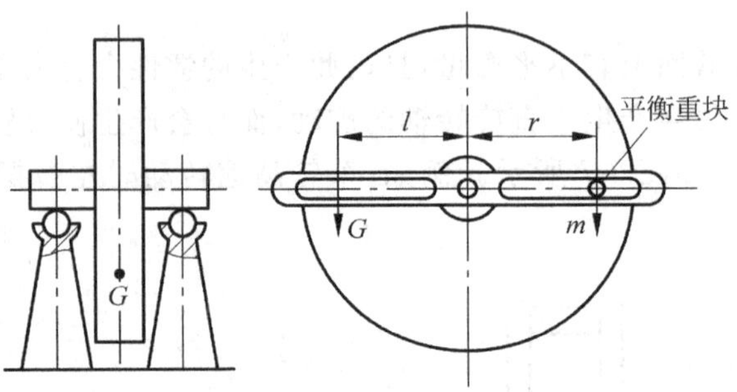

图 2-9 静平衡法

(2) 动平衡法

消除旋转件动不平衡的方法称为动平衡法。

对于"长径比"较大或转速较高的旋转件,通常都要进行动平衡。动平衡不仅要平衡惯性力,还要平衡惯性力所形成的力矩。

动平衡在动平衡机上进行,把被平衡旋转件按其工作状态安装在动平衡机的轴承中,旋转件旋转时由于不平衡量产生惯性力造成动平衡机轴承震动,通过仪器测量轴承震动值,便可确定需要增减平衡量的大小和位置。经过反复地转动、增减平衡重量后,旋转件逐步获得动平衡。

2.3 装配方法与调整

设备中各个零件的位置如何,应该怎么装配,在装配中是至关重要的,所以很有必要了解尺寸链和装配方法。

1. 尺寸链

1) 尺寸链的基本概念

在机器装配或零件加工过程中,由相互连接的尺寸形成的封闭尺寸组,称为尺寸链。尺寸链按其功能分为设计尺寸链和工艺尺寸链。

(1) 设计尺寸链

组成尺寸全部为设计尺寸所形成的尺寸链称为设计尺寸链。设计尺寸链又分以下两种。

① 装配尺寸链:全部组成尺寸为不同零件设计尺寸所形成的尺寸链,也就是影响某一装配精度的各有关装配尺寸所组成的尺寸链称为装配尺寸链,如图 2-10(a)所示。

② 零件尺寸链:全部组成尺寸为同一零件的设计尺寸所形成的尺寸链,如图 2-11(a)所示。

(2) 工艺尺寸链

组成尺寸全部为同一零件的工艺尺寸所形成的尺寸链称为工艺尺寸链。所谓工艺尺寸,是根据加工要求而形成的尺寸,如图 2-12(a)所示。

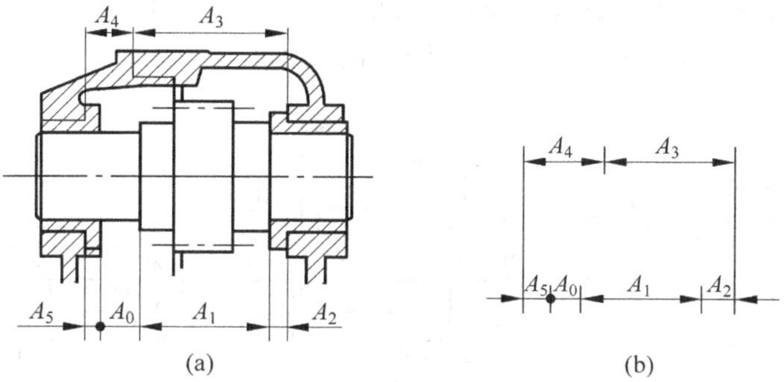

图 2-10 装配尺寸链(1)

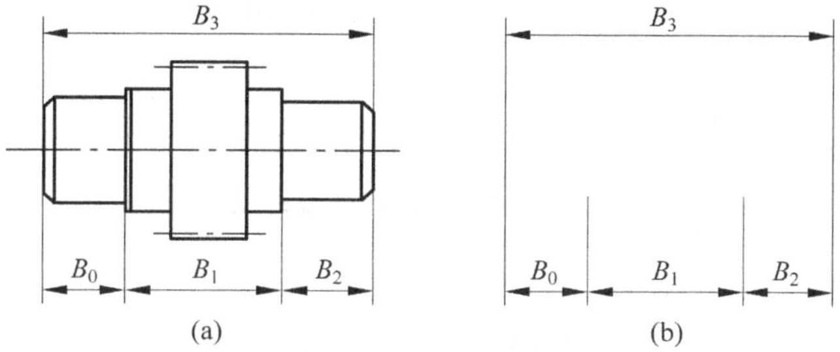

图 2-11 零件尺寸链

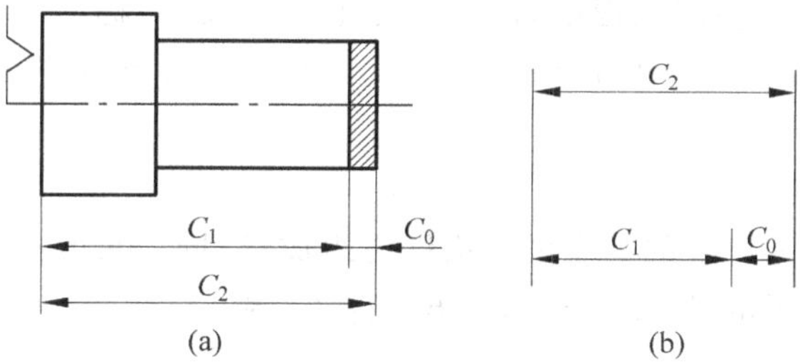

图 2-12 工艺尺寸链

2）装配尺寸链简图

绘制装配尺寸链简图时，从装配要求的尺寸首先画起，然后依次绘出与该项要求有关联的各个尺寸。为简便起见，通常不绘出该装配部分的具体结构，也不必按严格的比例。如图 2-10(a)、图 2-11(a)、图 2-12(a)所示的 3 种情况，其装配尺寸链简图分别如图 2-10(b)、图 2-11(b)、图 2-12(b)所示。

3）装配尺寸链的环

构成尺寸链的每一个尺寸都称为尺寸链的环，每个尺寸链至少应有三个环。

例如，如图 2-13 所示装配尺寸链所对应的装配尺寸链简图如图 2-14 所示。在图 2-13(a)中，齿轮孔与轴的配合间隙 A_0 的大小，与孔径 A_1 及轴径 A_2 的大小有关；在图 2-13(b)中，齿轮端面和箱内壁凸台端面的配合间隙 B_0 的大小，与箱内壁凸台端面距

离尺寸 B_1、齿轮宽度 B_2 及垫圈厚度 B_3 的大小有关；在图 2-13(c)中，机床床鞍和导轨之间的配合间隙 C_0 的大小，与尺寸 C_1、C_2 及 C_3 的大小有关。

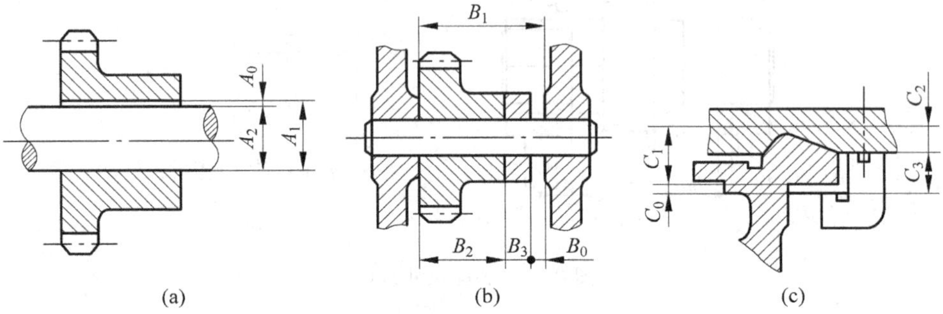

图 2-13　装配尺寸链示例

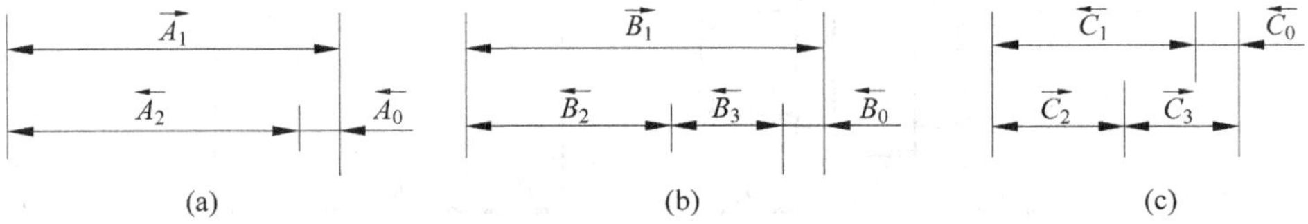

图 2-14　装配尺寸链(2)

(1) 封闭环

在零件加工或机器装配工程中，最后自然形成的尺寸，称为封闭环。一个尺寸链只有一个封闭环，如图 2-14 所示的 A_0、B_0 和 C_0。装配尺寸链中的封闭环就是装配技术要求。

(2) 组成环

尺寸链中除封闭环以外的其余尺寸均称为组成环，同一尺寸链中的组成环用同一字母表示，如图 2-14 所示的 A_1、A_2、B_1、B_2、B_3、C_1、C_2 和 C_3。

(3) 增环

在其他组成环不变的条件下，当某组成环增大时，封闭环随之增大，那么该环称为增环，如图 2-14 所示的 A_1、B_1、C_2 和 C_3 为增环，用符号$\overrightarrow{A_1}$、$\overrightarrow{B_1}$、$\overrightarrow{C_2}$和$\overrightarrow{C_3}$表示。

(4) 减环

在其他组成环不变的条件下，当某组成环增大时，封闭环随之减小，那么该环称为减环，如图 2-14 所示的 A_2、B_2、B_3 和 C_1 为减环，用符号$\overleftarrow{A_2}$、$\overleftarrow{B_2}$、$\overleftarrow{B_3}$和$\overleftarrow{C_1}$表示。

增环和减环可用简易方法判断：在尺寸链简图上，假设一个旋转方向，即由尺寸链任一环的基面出发，绕其轮廓顺时针方向或逆时针方向旋转一周，回到这一基面，按该旋转方向给每个环标出箭头，凡是箭头方向与封闭环相反的为增环，箭头方向与封闭环相同的为减环。

4) 封闭环极限尺寸及公差

① 封闭环的基本尺寸。由尺寸链简图可知，封闭环的基本尺寸＝所有增环基本尺寸之和－所有减环基本尺寸之和，由此可得出封闭环极限尺寸与各组成环极限尺寸之间的

关系。

② 封闭环的最大极限尺寸。当所有增环都为最大极限尺寸，而减环都为最小极限尺寸时，则封闭环为最大极限尺寸。

③ 封闭环的最小极限尺寸。当所有增环都为最小极限尺寸，而减环都为最大极限尺寸时，则封闭环为最小极限尺寸。

④ 封闭环的公差。封闭环最大极限尺寸与最小极限尺寸之差为封闭环的公差，它等于各组成环的公差之和。

【尺寸链计算实例】 如图 2-13(b)所示的齿轮轴装配中，要求装配后齿轮端面和箱体凸台端面之间具有 0.1～0.3mm 的轴向间隙。已知 $B_1=80^{+0.02}_{0}$ mm，$B_2=60^{0}_{-0.04}$ mm，问 B_3 尺寸应控制在什么范围内才能满足装配要求?

解：① 根据题意绘制尺寸链简图，如图 2-14(b)所示。

② 确定封闭环(B_0)、增环($\overrightarrow{B_1}$)、减环($\overleftarrow{B_2}$,$\overleftarrow{B_3}$)。

③ 列尺寸链方程式，计算 B_3。

$$B_0=B_1-(B_2+B_3)$$

$$B_3=B_1-B_2-B_0=80-60-0=20(\text{mm})$$

④ 确定 B_3 极限尺寸。

$$B_{0\max}=B_{1\max}-(B_{2\min}+B_{3\min})$$

$$B_{3\min}=B_{1\max}-B_{2\min}-B_{0\max}=80.02-59.96-0.3=19.76(\text{mm})$$

$$B_{0\min}=B_{1\min}-(B_{2\max}+B_{3\max})$$

$$B_{3\max}=B_{1\min}-B_{2\max}-B_{0\min}=80-60-0.1=19.9(\text{mm})$$

$$B_3=20^{-0.10}_{-0.24}\text{mm}$$

2. 常用的装配方法

通过尺寸链分析可知，由于封闭环公差等于各组成环公差之和，则装配精度直接取决于零件制造公差，这将影响零件的加工要求及生产成本。如果在装配时采取一定的工艺措施，如装配时对工件进行测量、挑选，对某一装配件进行修配，调整装配件位置等，即使零件制造精度降低，也能保证装配要求。所以，零件精度是保证装配精度的基础，但装配精度并不完全取决于零件精度。

为正确处理装配精度与零件制造精度的关系，妥善解决生产的经济性与使用要求之间的矛盾，在生产中采用了不同的装配方法。其中，装配精度完全依赖于零件制造精度的装配方法是完全互换装配法，装配精度不完全取决于零件制造精度的装配方法有选择装配法、修配装配法和调整装配法。

(1) 完全互换法

在同类零件中，任取一个装配零件，不经修配即可装入部件中，并能达到规定的装配要求，这种装配方法称为完全互换法。完全互换法的特点是：

① 装配操作简便，生产效率高。

② 容易确定装配时间，便于组织流水装配线。

③ 零件磨损后，便于更换。

④ 零件加工精度要求高，制造费用随之增加，因此适用于组成环数少、精度要求不高的场合或大批量生产中。

(2) 选择法

选择法有直接选配法和分组选配法两种。

直接选配法是由装配工人直接从一批零件中选择“合适”的零件进行装配。这种方法较简单，其装配质量由工人的经验和感觉来确定，装配效率不高。

分组选配法是将一批零件逐一测量后，按实际尺寸的大小分成若干组，然后将尺寸大的包容件与尺寸大的被包容件相配，将尺寸小的包容件与尺寸小的被包容件相配。这种装配方法的配合精度取决于分组数，即增加分组数可以提高装配精度。

分组选配法的特点是：

① 经分组选配后的两零件的配合精度高。

② 因零件制造公差放大，所以加工成本降低。

③ 增加了对零件的测量分组工作量，并需要加强对零件的存储和运输管理，可能造成半成品和零件的积压。

(3) 修配法

装配时，修去指定零件上预留修配量以达到装配精度的装配方法称为修配法。修配法的特点是：

① 通过修配得到装配精度，可降低零件制造精度。

② 装配周期长，生产效率低，对工人技术水平要求较高。

③ 修配法适用于单件和小批量生产以及装配精度要求较高的场合。

(4) 调整法

装配时，调整某一零件的位置或尺寸以达到装配精度的装配方法称为调整法，一般采用斜面、锥面、螺纹等移动调整零件或部件的位置，采用调换垫片、垫圈、套筒等控制、调整零件或部件的尺寸。调整法的特点是：

① 零件可按精度确定加工公差，装配时通过调整达到装配精度。

② 使用中还可定期进行调整，以保证配合精度，便于维护与修理。

③ 生产效率低，对工人技术水平要求较高。

④ 除必须采用分组装配的精密配件外，调整法一般可用于各种装配场合。

3. 装配尺寸链的解法

根据装配精度(即封闭环公差)对装配尺寸链进行分析，并合理分配各组成环公差的过程，称为解装配尺寸链。

当已知封闭环公差，求组成环公差时，应先按“等公差原则”(即每个组成环分得的公差相等)，然后结合各组成环尺寸的大小和加工的难易程度，将封闭环公差值合理分配给各组成环，调整后的各组成环公差之和仍等于封闭环公差。

确定好各组成环公差之后，再按“入体原则”确定基本偏差，即当组成环为包容尺寸(孔)时，取下偏差为零；当组成环为被包容尺寸(轴)时，取上偏差为零；若组成环为中心距，则取对称偏差。

解装配尺寸链的方法有完全互换法、分组选配法、修配法和调整法等，此内容属于钳工高级工的内容，在此不做介绍。

2.4　常用装配量具和量仪

在钳工初级工的学习中，已经学习、使用过部分工具和量具，如扳手、锤子、钢锯架（条）、螺钉旋具、画线工具、锉刀、錾子、刮刀、丝锥、切削刀具、游标卡尺、千分尺、百分表、万能角度尺、塞尺、量块等，本节主要介绍部分装配常用的量具和量仪。

1. 水平仪

水平仪是一种测量小角度的常用量具。在机械行业和仪表制造中，水平仪用于测量相对于水平位置的倾斜角、机床类设备导轨的平面度和直线度、设备安装的水平位置和垂直位置等。生产中常用的水平仪有条式水平仪、框式水平仪和合像水平仪，如图 2-15 所示。

(a) 条式水平仪　　(b) 框式水平仪　　(c) 合像水平仪

图 2-15　常用水平仪

(1) 水平仪的结构和原理

水平仪的结构根据分类不同而有所区别。框式水平仪一般由水平仪主体、横向水准器、绝热手把、主水准器、盖板和零位调整装置等零部件组成。条式水平仪一般由水平仪主体、盖板、主水准器和零位调整装置等零部件构成，其外形系用高级钢料制造架座，经精密加工后，其架座底座必须平整，座面中央装有纵长圆曲形的玻璃管，也有在左端附加横向小型水平玻璃管，管内充满醚或酒精，并留有一小气泡（这种类型的水平仪也叫气泡水平仪），它在管中永远位于最高点。当水平仪发生倾斜时，气泡就向水平仪升高的一端移动。水准泡内壁曲率半径越大，分辨率越高；曲率半径越小，分辨率越低。因此，水准泡的曲率半径决定了该产品的精度。

气泡水平仪的玻璃管两端均有刻度分划，其灵敏度有 0.01mm/m、0.02mm/m、0.04mm/m、0.05mm/m、0.1mm/m、0.3mm/m 和 0.4mm/m 等规格。

(2) 水平仪的使用方法

水平仪的检验必须按照相应的标准，并在无震动影响及远离热源的条件下进行。检验前，必须将水平仪的各部件擦洗干净，然后将水平仪置于检验室内的金属平板上，同温时间不得少于 3h。当被测工件平面度误差较大或因工件倾斜度较大且难以调整时，条式水平仪和框式水平仪因气泡偏移到极限位置而无法测量，这时候应使用合像水平仪测量，因为合像水平仪的水平位置可以调整，能方便地进行测量。

测量时，使水平仪工作面紧贴被测表面，待气泡静止后方可读数。

水平仪的分度值是主水准泡的气泡移动一个刻度所产生的倾斜比，以一米为基准长的倾斜高与底边的比表示。如需测量长度为 L 的实际倾斜值，则可通过下式进行计算：

被测平面两端高度差＝标称分度值(水平仪的精度)$\times L \times$水准泡偏移格数

例如，标称分度值为 0.02mm/m，L＝200mm，水准泡偏移格数为 2 格，则：

被测平面两端高度差＝0.02×200×2＝0.008(mm)

水平仪使用完毕，必须将工作面擦拭干净，涂防锈油，存放在清洁、干燥处保存。

2. 光学平直仪

光学平直仪(自准直仪)是一种精密光学测角仪器，常用于对较大尺寸或高精度机床导轨的测量和调整，尤其适用于 V 形导轨的测量，具有测量精度高、操作简单的优点，但是其价格比较贵。

光学平直仪的外形如图 2-16 所示。

光学平直仪由平直仪本体和反射镜等组成。光学平直仪采用光学自准直原理，光源发射出的光束经十字线分划板形成十字像，经过棱镜、两个平镜和物镜后，变成平行光束射到反光镜上，随即经反射镜反射到分划板上。如果反光镜和物镜的光线垂直，返回到分划板上的十字像重合，即证明没有误差。如果导轨的直线度存在误差，那么它的反光镜将偏转一定角度，通过标注刻度或计算，即可知道误差值。

3. 三坐标测量机

三坐标测量机是指在一个六面体的空间范围内，能够表现几何形状、长度及圆周分度等测量能力的仪器，又称为三坐标测量仪。三坐标测量机应用广泛，可以对工件的尺寸、形状和形位公差进行精密检测，从而完成零件检测、外形测量、过程控制等任务。三坐标测量机的外形如图 2-17 所示。

图 2-16 光学平直仪

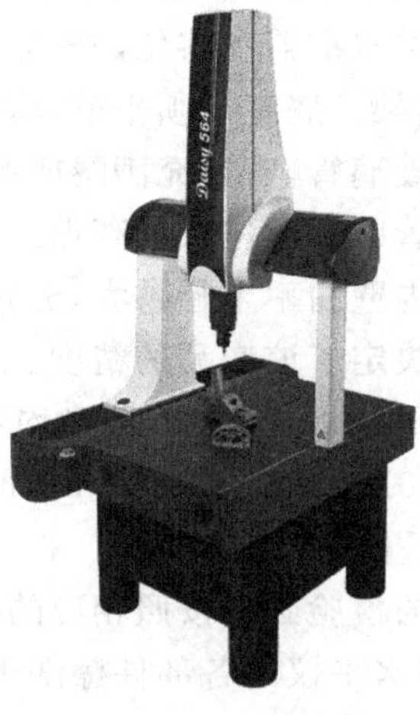

图 2-17 三坐标测量机

2.5 常用量具的选用原则

在《钳工理论与实操(入门与初级考证)》及本书前面的章节中已经介绍了不少常用量具,为了方便在不同测量场合正确选择测量工具,更好地掌握测量工作,下面对一些常用量具的名称、品种、规格及其用途做对比、汇总说明。

1. 量块类

量块是无刻度的平面平行端面量具,除了作为标准器具进行长度值传递以外,还可以用作标准器调整仪器、机床或直接测量零件。常用量块的种类及用途如表 2-2 所示。

表 2-2 常用量块的种类及用途

名称	外观图	规格		用途
		制造精度等级	检定精度等级	
卡尺量块		00、0、1、2、3、K级	1、2、3、4、5、6级	适用于游标卡尺、千分尺等量具的检定
公制量块		00、0、1、2、3、K级	1、2、3、4、5、6级	用于调整、校正或检验测量器具、仪器和精密机床
角度量块	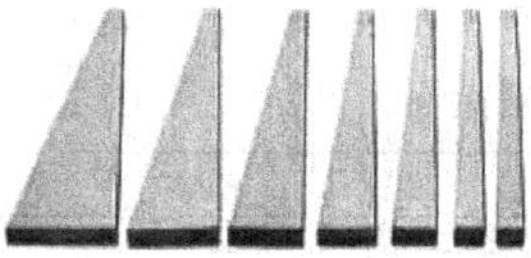	00、0、1、2、3、K级	1、2、3、4、5、6级	用于检定万能角度尺、角度样板及零件的内、外角或精密机床加工中的角度调整等
表面粗糙度量块		—	—	主要用于比较法检测零件的表面粗糙度

2. 角尺类

角尺是检测零件角度、垂直度与位置度等的必备工具。常用角尺的种类及用途如表 2-3 所示。

表 2-3 常用角尺的种类及用途

名称	外 观 图	规 格	用 途
宽座角尺		63mm×40mm、125mm×80mm、200mm×125mm、315mm×200mm、500mm×315mm	用于精确测量工件内角、外角的垂直偏差
刀口角尺	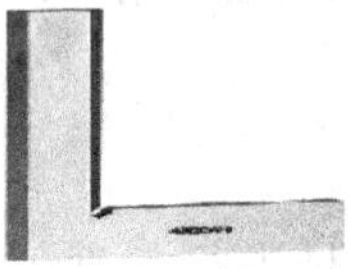	50mm×40mm、70mm×50mm、100mm×70mm、150mm×100mm、200mm×130mm	用于检验直角误差、位置误差
多刃角尺	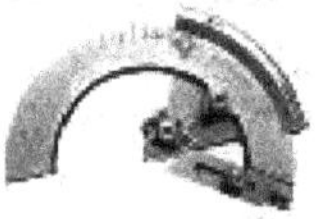	前角 25°,后角 35°,读数值 1′	用于分布在圆柱面或圆柱端面上的刀齿的前角和后角的测量,常用于测量铣刀的前角和后角
万能角度尺		0～320°,读数值 2′、5′	用于工件的各种内、外角度测量
组合角尺	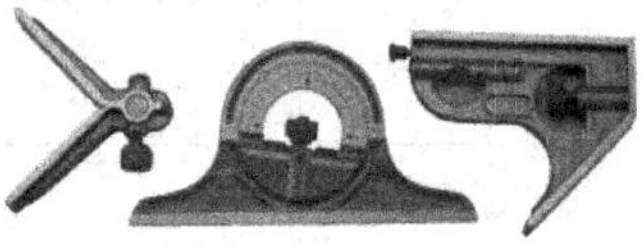	测量范围 0～180°,示值误差±15′,分度值 1°	适用于机械加工、木模加工的角度测量,以及深度测量、高度测量和角度画线等

3. 直尺、卡尺类

直尺、卡尺是最常用的量具,其结构简单、使用方便,测量的尺寸范围较大,应用范围很广。常用直尺与卡尺的种类及用途如表 2-4 所示。

表 2-4 常用直尺与卡尺的种类及用途

名称	外 观 图	常用规格/mm	读数值/mm	用 途
钢直尺		0～150 0～300 0～600 0～1000	0.5 1	测量精度较低的长度、距离
三用游标卡尺	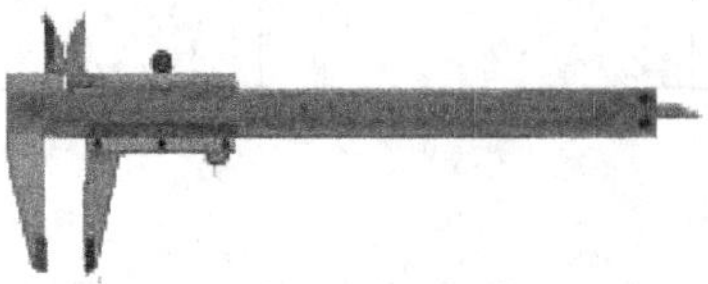	0～125 0～150 0～200 0～300	0.02 0.05	测量内径、外径、深度和长度

续表

名称	外 观 图	常用规格/mm	读数值/mm	用 途
双面游标卡尺	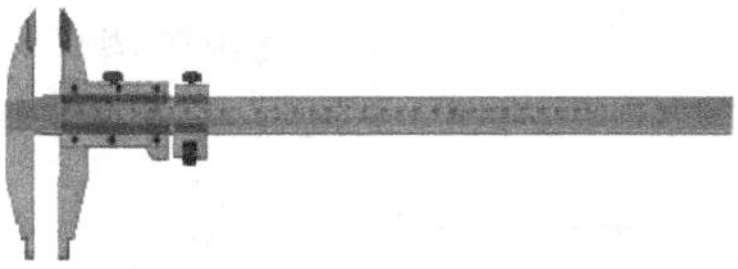	0～200 0～300	0.02 0.05	测量内径、外径和长度
单面卡尺	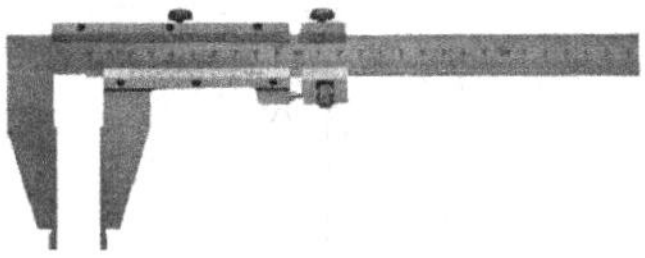	0～200 0～300	0.02 0.05	测量大型工件、台阶
		0～500	0.02 0.05 0.1	
		0～1000	0.05 0.1	
深度游标卡尺	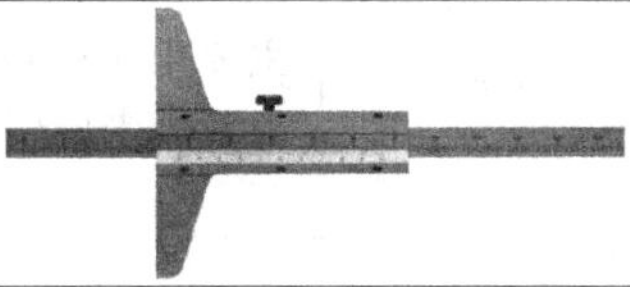	0～200 0～300 0～500	0.02	测量深度
数显游标卡尺	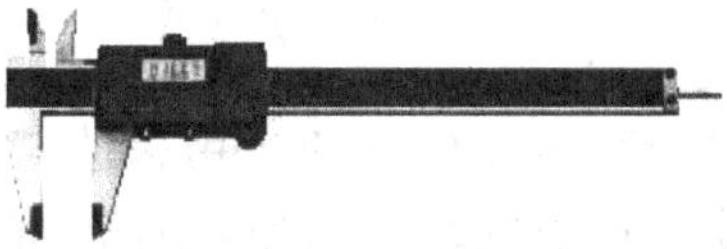	0～150	0.01	其用途同普通游标卡尺，但测量精度高，效率高
带表游标卡尺	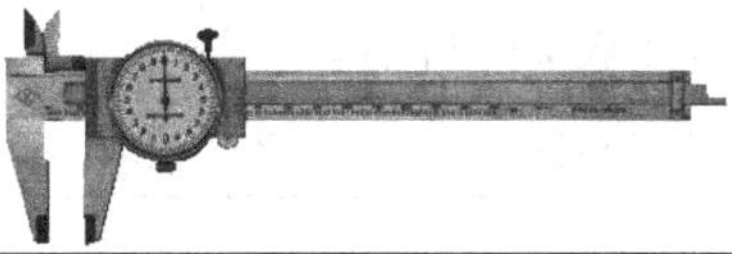	0～150	0.02	用表式机构代替游标读数，测量准确、迅速

4. 千分尺类

千分尺也称为螺旋测微器，是利用螺旋副的运动原理进行测量与读数的一种测微量具，也是工厂生产中使用最广泛的量具之一。常用千分尺的分类及用途如表 2-5 所示。

表 2-5 常用千分尺的分类及用途

名称	外 观 图	常用规格/mm	读数值/mm	用 途
外径千分尺		0～25 25～50 50～75	0.01 0.001	用于外径尺寸的精密测量
内径千分尺	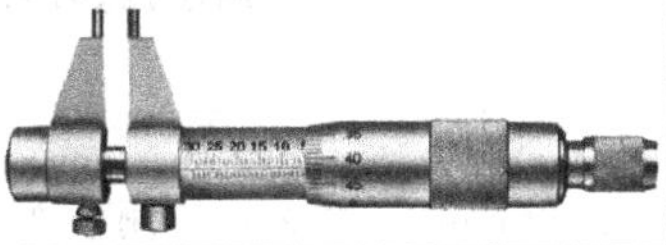 	5～30 25～50 50～75	0.01	各类内径尺寸的精密测量
		50～250 50～600	0.01	主要用于内径的精密测量，有加长杆

续表

名称	外　观　图	常用规格/mm	读数值/mm	用　　途
深度千分尺	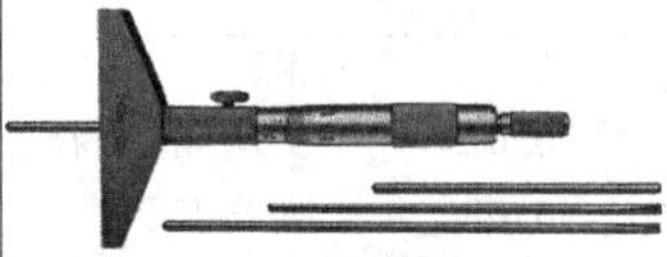	0～25 25～50 50～75 75～100	0.01	主要用于测量孔、沟槽深度、台阶及两平面间距离
螺纹千分尺		0～25 25～50 50～75 75～100	0.01	主要用于测量螺纹中径尺寸
公法线千分尺	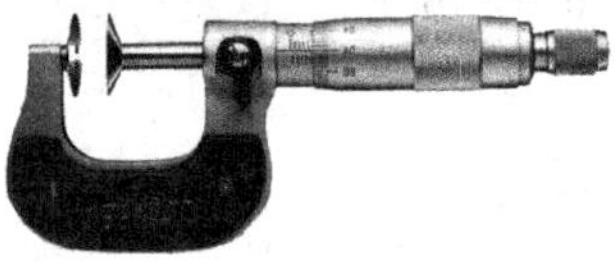	0～25 25～50 50～75 75～100	0.01	主要用于螺纹、齿轮公法线及纸张厚度等的测量

5．量规类

量规是一种没有刻度的，用于检验零件尺寸、形状、相互位置的专用检验工具。它只能判断零件是否合格，而不能得出具体的零件尺寸。量规的结构简单，检测方便，特别适合于批量生产的零件检测。常用量规的种类及用途如表 2-6 所示。

表 2-6　常用量规的种类及用途

名称	外　观　图	常 用 规 格	用　　途
螺纹量规		M6、M8、M10、M12、M16、M20、M24、M32	主要用于孔径、孔距、内外螺纹直径的检测
光滑极限量规		H6、H7、H8	主要用于光滑轴内径的检测
		h6、h7、h8	主要用于光滑轴外径的检测
圆锥量规		30＃、40＃、45＃、50＃、55＃、60＃	主要用于内、外锥度检测
量针		1.553mm、1.732mm、1.833mm、2.050mm、2.311mm、2.595mm、2.886mm、3.106mm、3.177mm	主要用于测量螺纹中径
正弦规	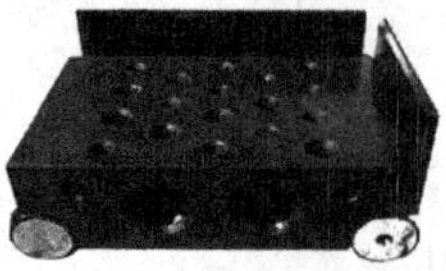	100mm×25mm、100mm×80mm、200mm×40mm、200mm×80mm、300mm×150mm	主要配合量块测量工件角度和内、外锥体

6. 量表类

量规的测量方便、快速，但仅能进行定性测量，如果要判断具体的测量数据，尤其是形位公差方面的测量与分析，就必须使用各类量表。常用量表的种类及用途如表 2-7 所示。

表 2-7 常用量表的种类及用途

名称	百分表	千分表	杠杆百分表	杠杆千分表	内径量表
外观图					
常用规格/mm	0～3 0～5 0～10	0～1	0～0.8	0～0.2 0～0.12	ϕ50～ϕ100 ϕ50～ϕ160 ϕ100～ϕ160 ϕ160～ϕ250
分度值/mm	0.01	0.001	0.001	0.002 0.001	0.001
用途	校正零件或夹具的安装位置，检验零件的形状精度或相互位置精度。百分表适用尺寸精度：IT8～IT6级；千分表适用尺寸精度：IT7～IT5 级		主要用于测量形位误差，也可用比较测量的方法测量实际尺寸，还可以测量小孔、凹槽、孔距、坐标尺寸等		主要用于测量内径尺寸，可换测头，测量范围大

7. 常用量具的选用原则

选用常用量具进行测量时，通常需要注意以下几个原则。

(1) 测量精度

所选测量器具的精度指标必须满足被测对象的精度要求，才能保证测量的准确度。被测对象的精度要求主要指零件的公差值。公差值较大，对测量的精度要求就较低；公差值较小，对测量的精度要求就较高。

(2) 测量成本

在保证测量准确度的前提下，应考虑测量器具的价格、使用寿命、对操作人员技术熟练程度的要求等，尽量降低测量成本。

(3) 零件的结构特点

所选测量器具的测量范围必须大于被测尺寸。测量外径类尺寸，选用外径测量工具测量，测量内径类尺寸，则选用内径测量工具测量。

(4) 产品批量

大批量生产可选用专用测量器具检测，如螺纹的通止规检测、孔的塞规检测等；小批量生产则选用万能测量器具；首件试生产等单件检测则需要用高精度测量仪器检测。

2.6 矫正与研磨知识

1. 矫正

通过外力作用，消除材料或工件的弯曲、扭曲、凹凸不平等缺陷的加工方法叫矫正。

变形分弹性变形和塑性变形。

在外力作用下，材料发生变形，当外力去除后，仍能恢复原状，这种变形称为弹性变形；当外力去除后不能恢复原状的变形称为塑性变形。

矫正是对塑性变形而言的。金属板材、型材的矫正就是利用它产生新的塑性变形来消除原来的不平、不直或翘曲变形。

按矫正时被矫正工件的温度分类，矫正可分为冷矫正和热矫正两种。按矫正时产生矫正力的方法不同，矫正可分为手工矫正、机械矫正、火焰矫正及高频热点矫正等。钳工常用的手工矫正是将材料或工件放在平板、铁砧或台虎钳上，采用锤击、弯曲、延展或伸张等方法进行矫正。下面主要讲述手工矫正方法。

手工矫正主要采用锤击的方法或利用一些简单的工具、设备进行矫正。

手工矫正的工具有锤子(铜锤、木锤和橡胶锤)、平台(用来支承需矫正的钢材或工件的基本设备)、台虎钳、V形块等。

手工矫正的方法有扭转法、弯形法、延展法和伸张法。

(1) 扭转法

扭转法用来矫正条料的扭曲变形。矫正时把条料夹持在台虎钳上，用特别的扳手将其扭转到原来形状，如图 2-18 所示。

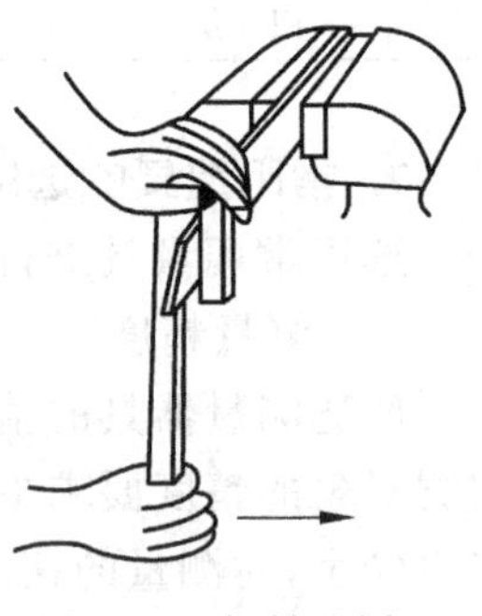

图 2-18 扭转法矫正

(2) 弯形法

弯形法用来矫正棒料、轴类工件和条料的弯曲变形。当棒料直径较小或厚度较薄的条料在厚度方向上弯曲时，可用弯形法在台虎钳上矫正。

把条料靠近弯曲的地方夹入台虎钳，在末端用扳手扳动，将条料扳直；也可把条料弯曲的地方放在台虎钳的两钳口内，先初步矫直，然后放在平台上用锤子将其矫正达到要求为止。

如图 2-19 所示，棒料和轴类零件一般用机械矫正。

(3) 延展法

延展法用来矫正各种金属板料及角钢的凸起、翘曲等的变形。延展法是通过锤子锤击材料的适当部位，使其局部展开，达到矫正的目的。

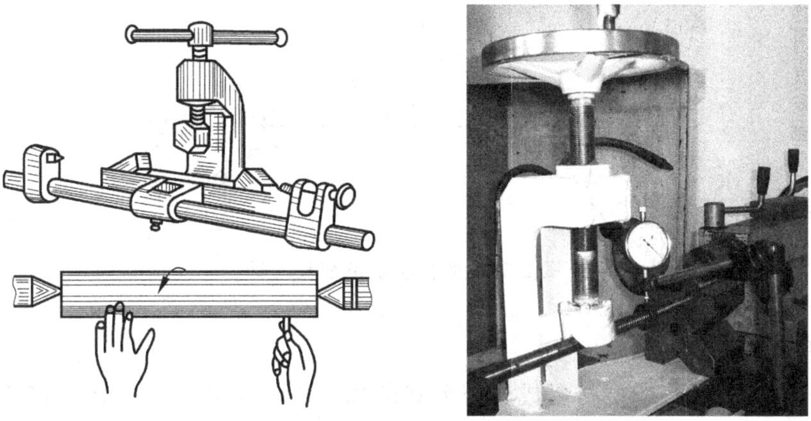

图 2-19 棒料矫正

板料有中部凸起、边缘呈波浪形等多种形式的变形，对板料矫正是一种难度较大的操作。

板料中部凸起是由于变形后中部材料变薄引起的。矫正时，可锤击板料边缘，使边缘材料延展变薄，厚度与凸起部位的厚度越趋近则越平整。锤击时应按图 2-20(a)所示，由外向里锤击，力度逐渐由重到轻，锤击点由密到稀。如果板料表面有相邻几处凸起，应先在凸起的交界处轻轻锤击，使几处凸起合并成一处，然后再锤击四周而矫平。

如果直接锤击凸起部位，则会使凸起的部位变得更薄，这样不但达不到矫平的目的，反而使凸起更为严重，如图 2-20(b)所示。

如果板料边缘呈波浪形而中部平整，这说明板料四周变薄而伸长了。矫平时应按图 2-21 所示，从中部向四周锤打，锤击点密度逐渐变稀，力量逐渐减小，经反复多次锤打，使板料达到平整。

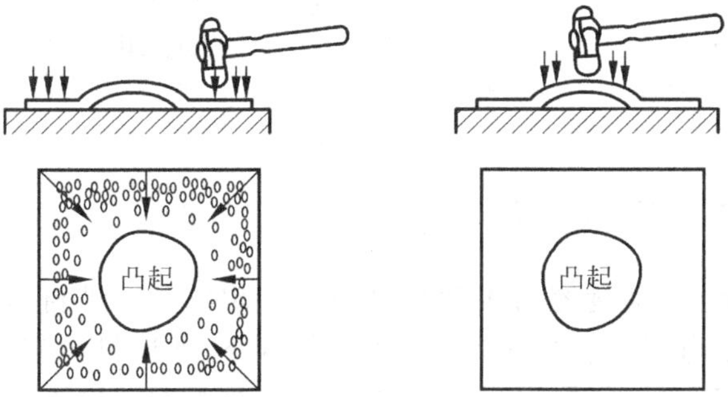

(a) 正确 (b) 错误

图 2-20 板料中部凸起的矫平

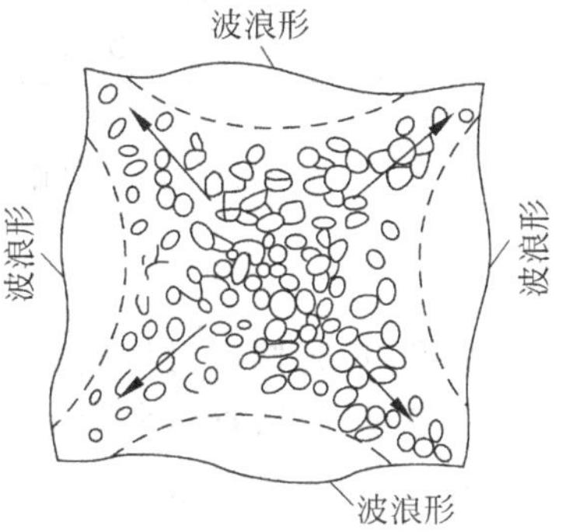

图 2-21 板料边缘呈波浪形的矫平

（4）伸张法

伸张法用来矫正细长的线材。将弯曲的线材一头夹持在台虎钳上，从钳口处把弯曲线材绕圆木棒一圈，紧握木棒向后拉，线材就可得到伸张而矫正，如图 2-22 所示。

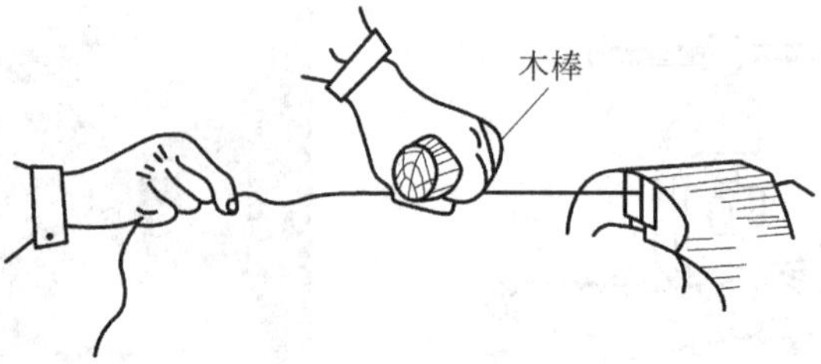

图 2-22 伸张法矫正细长线材

2. 弯形

将原来平直的板料或型材弯成所需形状的加工方法称弯形。如图 2-23 所示为多直角形工件的弯形。

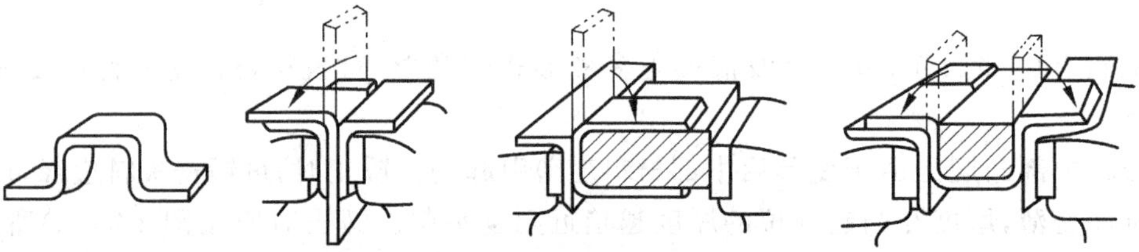

图 2-23 多直角形工件的弯形

弯形是使材料产生塑性变形实现的,因此,只有塑性好的材料才能进行弯形。弯形后,外层材料伸长,内层材料缩短,而中间一层材料长度不变,这一层称为中性层。弯形部分材料虽然产生拉伸和压缩,但其截面积保持不变,如图 2-24 所示。

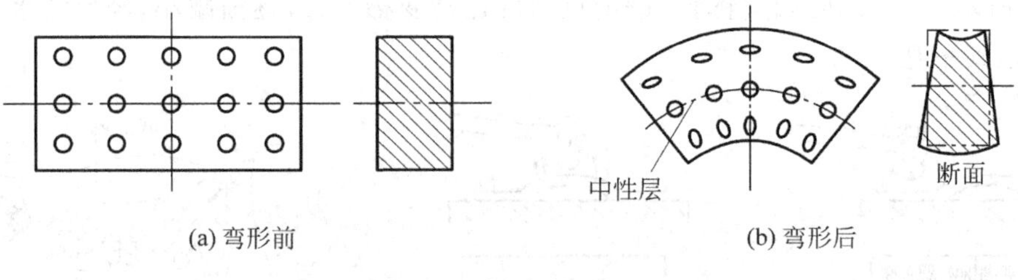

(a) 弯形前 (b) 弯形后

图 2-24 弯形前后情况

弯形时,越接近材料表面变形越严重,也就越容易出现拉裂或压裂现象。同种材料,相同的厚度,外层材料变形的大小取决于弯形半径的大小,弯形半径越小,外层材料变形就越大。为此,必须限制材料的弯形半径。通常材料的弯形半径应大于 2 倍材料厚度(该半径称为临界半径);否则,应进行两次或多次弯形,其间应进行退火处理。

坯料弯形后,只有中性层的长度不变,因此,弯形前坯料长度可按中性层的长度进行计算。但材料弯形后,中性层一般并不在材料的正中,而是偏向内层材料一边。实验证明,中性层的实际位置与材料的弯形半径和材料的厚度有关。

弯形的方法有冷弯和热弯两种。在常温下进行的弯形叫冷弯;当对材料厚度大于 5mm 或直径较大的棒料和管料工件进行弯形时,常需要将工件加热后再弯形,这种方法称为热弯。弯形虽然是塑性变形，但也有弹性变形存在，为抵消材料的弹性变形，弯形过程中应多弯些。

（1）板料弯形

对尺寸不大、形状不太复杂的板料进行弯形，可在台虎钳上进行操作，如图 2-25 所示。

(a) 用木锤弯形　　(b) 用钢锤弯形　　(c) 长板料弯形

图 2-25　板料在台虎钳上弯形

（2）管子弯形

管子直径在 12mm 以下可以用冷弯方法，管子直径大于 12mm 则需采用热弯方法。管子弯形的临界半径必须是管子直径的 4 倍以上。管子直径在 10mm 以上时，为防止管子弯瘪，必须在管内灌满、灌实干沙，两端用木塞塞紧，将焊缝置于中性层的位置上进行弯形，否则易使焊缝开裂，如图 2-26 所示。

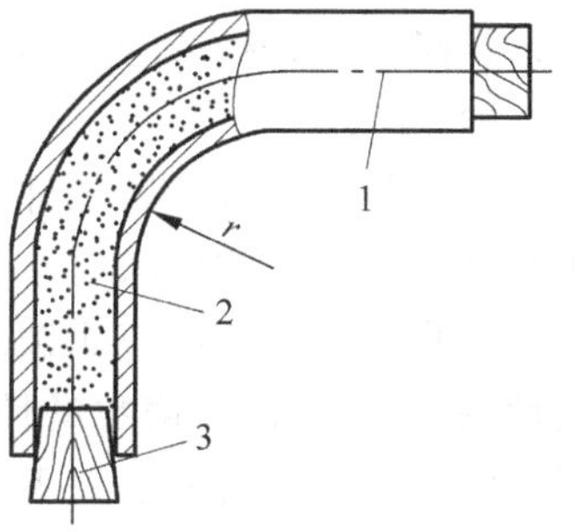

图 2-26　管子弯形方法

1—中性层（焊缝）；2—干沙；3—木塞

冷弯管子一般在弯管工具上进行，弯管工具的结构如图 2-27 所示。常用的手动铜管弯管器如图 2-28 所示。

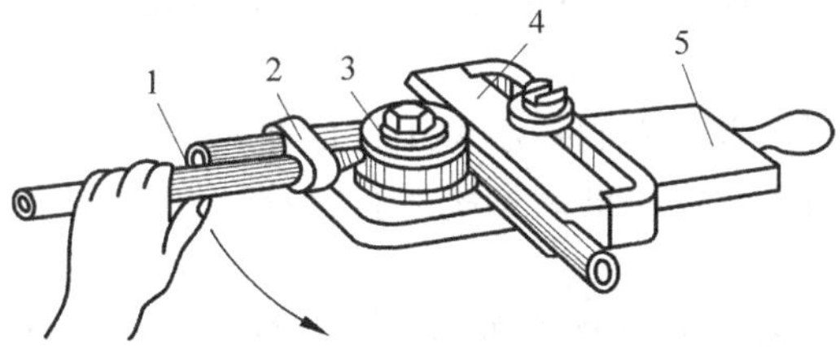

图 2-27　弯管工具

1—手柄；2—钩子；3—转盘；4—靠铁；5—底板

图 2-28　手动铜管弯管器

3. 研磨

用研磨工具（研具）和研磨剂从工件表面磨掉一层极薄的金属，使工件表面获得精确的尺寸、形状和极小的表面粗糙度值的加工方法，称为研磨。

1）研磨特点及作用

① 研磨容易获得极小的表面粗糙度值。一般情况下，研磨的表面粗糙度值为 $Ra1.6 \sim 0.1\mu m$，最小可达 $Ra0.012\mu m$。

② 研磨可以获得其他方法难以达到的高尺寸精度和形状精度。通过研磨，尺寸精度可达到 0.005～0.001mm。

③ 加工方法简单，不需复杂设备，但加工效率低。

④ 经研磨后的零件能提高表面的耐磨性、抗腐蚀能力及疲劳强度，从而延长了零件的使用寿命。

2）研磨原理

研磨是以物理或化学作用除去零件表层金属的一种加工方法。

① 物理作用。研磨时，涂在研具表面的磨料，在受到压力后嵌入研具表面成为无数切削刃。由于研具和零件作复杂的相对运动，使磨料对零件产生微量的切削与挤压，因而能从零件表面切去一层极薄的金属。

② 化学作用。采用易使金属氧化的氧化铬和硬脂酸配制的研磨剂时，可使被研磨表面与空气接触后很快形成一层氧化膜。氧化膜由于本身的特性而容易被磨掉，因此，在研磨过程中，氧化膜迅速地形成(化学作用)，而又不断地被磨掉(物理作用)，从而提高了研磨的效率。

3）研磨余量

由于研磨是微量切削，每研磨一遍所能磨去的金属层不超过 0.002mm。因此，研磨余量不能太大，通常在 0.005～0.03mm 比较适宜。

4）研具材料

研具是保证被研磨工件几何形状精度的重要因素，因此，对研具的材料、精度和表面粗糙度都有较高的要求。

研具材料的硬度应比被研磨工件低，其组织应细密均匀，并应具有较高的耐磨性和稳定性，有较好的嵌入磨粒的性能等，但不可太软，否则磨粒会全部嵌入研具而失去研磨作用。常用的研具材料有以下几种。

① 灰口铸铁。灰口铸铁具有硬度适中、嵌入性好、价格低、研磨效果好等特点，是一种应用广泛的研具材料。

② 球墨铸铁。球墨铸铁比灰铸铁的嵌入性更好，且更加均匀、牢固，常用于精密工件的研磨。

③ 低碳钢。低碳钢韧性较好，不易折断，常用来制作小型工件的研具。

④ 铜。铜的性质较软，嵌入性好，常用来制作研磨软钢类工件的研具。

5）研具类型

不同形状的工件需要不同形状的研具，常用的研具有研磨平板、研磨环和研磨棒等。

① 研磨平板。如图 2-29 所示，研磨平板主要用来研磨平面，如研磨量块、精密量具的平面等。其中，有槽的用于粗研，光滑的用于精研。

② 研磨环。如图 2-30 所示，研磨环用来研磨轴类工件的外圆表面。

③ 研磨棒。如图 2-31 所示，研磨棒主要用来研磨套类工件的内孔。研磨棒有固定式和可调式两种，固定式研磨棒制造简单，但磨损后无法修补，多用于单件工件的研磨；可调式研磨棒的尺寸可在一定的范围内调整，其寿命较长，应用广泛。

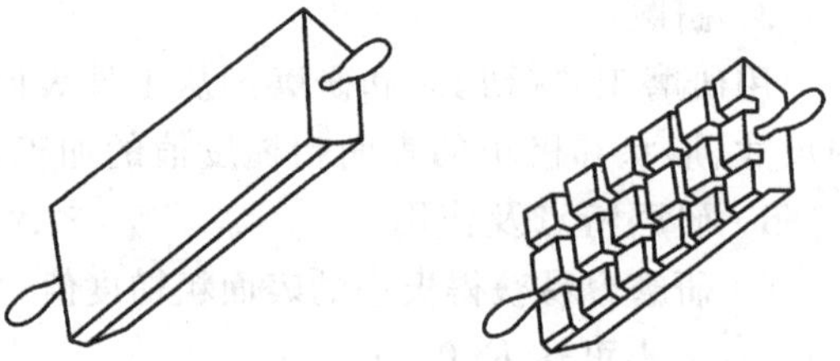

(a) 光滑平板　　(b) 有槽平板

图 2-29　研磨平板

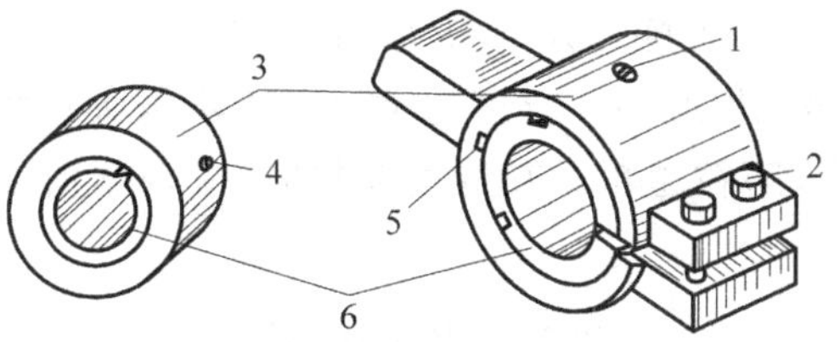

图 2-30　研磨环

1—定位螺钉；2—紧固螺钉；3—外圈；4—调节螺钉；5—通槽；6—开口调节圈

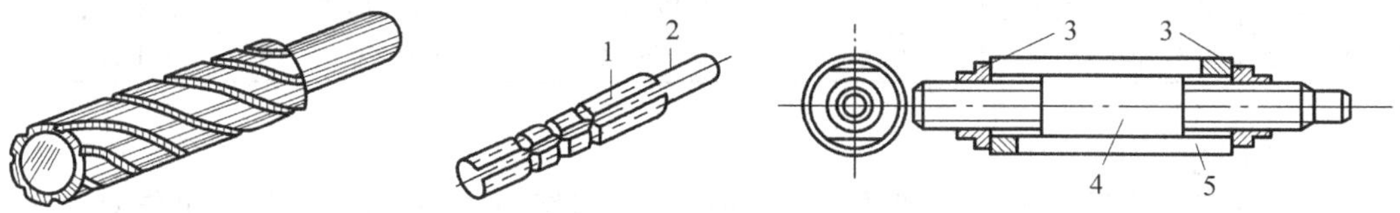

(a) 固定式　　(b) 可调式

图 2-31　研磨棒

1—外套；2—心棒；3—调整螺母；4—锥度心轴；5—开槽研磨套

6）研磨剂

研磨剂是由磨料和研磨液调和而成的混合剂。

(1) 磨料

磨料在研磨中起切削作用，研磨效率、研磨精度都和磨料有密切的关系。磨料的系列、特性及适用范围如表 2-8 所示。

表 2-8　磨料的系列、特性及适用范围

系列	磨料名称	代号	特　性	适用范围
氧化铝系	棕刚玉	A	棕褐色，硬度高，韧性大，价格便宜	粗、精研磨钢、铸铁和黄铜
	白刚玉	WA	白色，硬度比棕刚玉高，韧性比棕刚玉差	精研磨淬火钢、高速钢、高碳钢及薄壁零件
	铬刚玉	PA	玫瑰红或紫红色，韧性比白刚玉高，磨削表面粗糙度值低	研磨量具、仪表零件等
	单晶刚玉	SA	淡黄色或白色，硬度和韧性比白刚玉高	研磨不锈钢、高钒高速钢等强度高、韧性大的材料
碳化物系	黑碳化硅	C	黑色，有光泽，硬度比白刚玉高，脆而锋利，导热性和导电性良好	研磨铸铁、黄铜、铝、耐火材料及非金属材料
	绿碳化硅	CC	绿色，硬度和脆性比黑碳化硅高，具有良好的导热性和导电性	研磨硬质合金、宝石、陶瓷、玻璃等材料
	碳化硼	BC	灰黑色，硬度仅次于金刚石，耐磨性好	精研磨和抛光硬质合金、人造宝石等硬质材料
金刚石系	人造金刚石	—	无色透明或淡黄色、黄绿色、黑色，硬度高，比天然金刚石略脆，表面粗糙	粗、精研磨硬质合金、人造宝石、半导体等高硬度脆性材料
	天然金刚石	—	硬度最高，价格昂贵	
其他	氧化铁		红色至暗红色，比氧化铬软	精研磨或抛光钢、玻璃等材料
	氧化铬		深绿色	

磨料的粗细用粒度表示，按颗粒尺寸分为41个粒度号，有两种表示方法。其中，磨粉类有4号、5号、…、240号共27个，粒度号越大，磨粒越细；微粉类有W63、W50、…、W0.5共14个，号数越大，磨粒越粗。在选用磨料时，应根据精度高低进行选取。常用研磨磨料如表2-9所示。

表2-9 常用研磨磨料

粒度号	研磨加工类型	可达表面粗糙度值 $Ra/\mu m$	粒度号	研磨加工类型	可达表面粗糙度值 $Ra/\mu m$
100～240	最初的研磨加工	—	W10～W7	半精磨加工	0.2～0.1
W40～W20	粗磨加工	0.4～0.2	W5以下	精磨加工	0.1以下

(2) 研磨液

研磨液在加工过程中起调和磨料、冷却和润滑的作用，它能防止磨料过早失效和减少工件(或研具)的发热变形。常用的研磨液有煤油、汽油、机油、锭子油等。

7) 研磨方法

研磨分手工研磨和机械研磨两种。手工研磨应注意选择合理的运动轨迹，这对提高研磨效率、工件的表面质量和研具的寿命有直接的影响。手工研磨的运动轨迹有直线形、直线摆动形、螺旋形、8字形和仿8字形等，如图2-32所示。

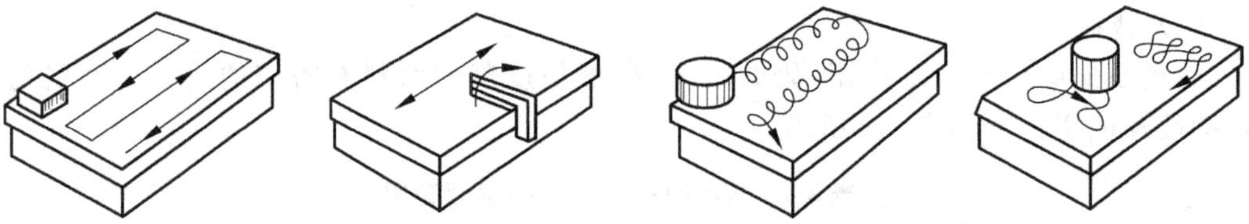

(a) 直线形 (b) 直线摆动形 (c) 螺旋形 (d) 8字形

图2-32 手工研磨的运动轨迹

(1) 平面研磨

① 一般平面的研磨。其方法如图2-32所示。工件沿平板全部表面，用8字形、螺旋形或螺旋形与直线形运动轨迹相结合进行研磨。

② 狭窄平面研磨。其方法如图2-33所示，应采用直线形运动轨迹。为防止研磨平面产生倾斜和圆角，研磨时可用金属块作为导靠。研磨工件的数量较多时，可采用C形夹，将几个工件夹在一起研磨，既防止了工件加工面的倾斜，又提高了效率。

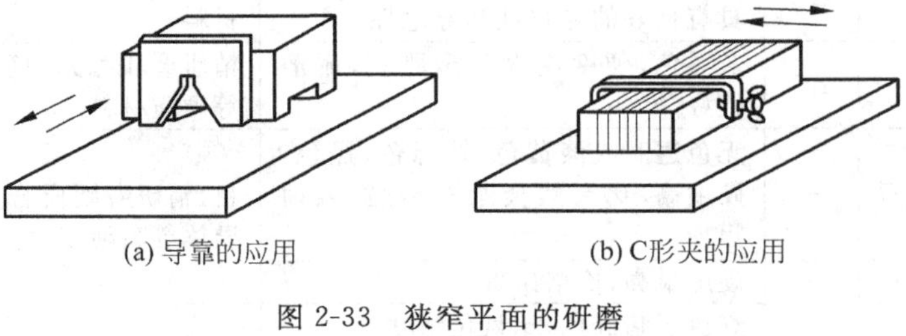

(a) 导靠的应用 (b) C形夹的应用

图2-33 狭窄平面的研磨

(2) 圆柱面研磨

圆柱面研磨一般是手工与机器配合进行研磨。圆柱面研磨分外圆柱面研磨和内圆柱面研磨。

① 外圆柱面研磨。如图 2-34 所示,研磨外圆柱面一般是在车床或钻床上用研磨环对工件进行研磨。工件由车床带动,其表面均匀涂上研磨剂,用手推动研磨环,通过工件的旋转和研磨环在工件上沿轴线方向作往复运动进行研磨。一般工件的转速,在直径小于 80mm 时为 100r/min,在直径大于 100mm 时为 50r/min。研磨环的往复移动速度,可根据工件在研磨时出现的网纹来控制。当出现 45°交叉网纹时,说明研磨环的移动速度适宜,如图 2-35 所示。

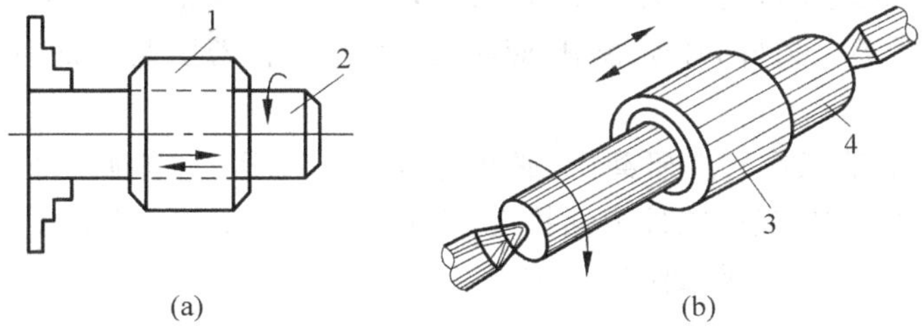

图 2-34 研磨外圆柱面

1,3—研磨环;2,4—工件

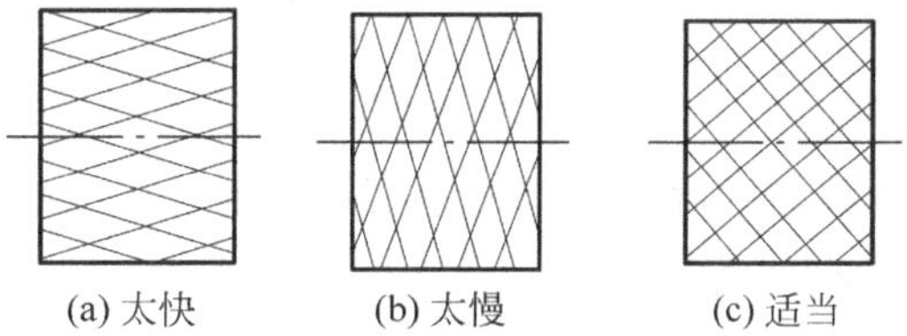

图 2-35 研磨环的移动速度

② 内圆柱面研磨。内圆柱面的研磨与外圆柱面的研磨正好相反,是将工件套在研磨棒上进行的。研磨时,将研磨棒夹在机床卡盘上夹紧并转动,把工件套在研磨棒上进行研磨。机体上大尺寸孔,应尽量置于垂直地面方向,进行手工研磨。

(3) 圆锥面的研磨

圆锥面的研磨包括圆锥孔和外圆锥面的研磨。研磨用的研磨棒(环)工作部分的长度应是工件研磨长度的 1.5 倍,锥度必须与工件锥度相同。在研磨棒或研磨环上均匀地涂上一层研磨剂,插入工件锥孔中或套入工件的外表面旋转 4～5 圈后,将研具稍微拔出一些,然后推入研磨。研磨接近要求的精度时,取下研具,擦去研具和工件表面的研磨剂,重复套上进行抛光,达到加工精度要求为止。

研磨圆锥孔一般为手工研磨。研具为开口锥套,如图 2-36 所示。锥套套在锥度心轴上,研磨剂涂于工件与研具之间,手扶工件作轴向往复移动。研磨一定时间后,向锥度心轴大端方向调整锥套,使之直径胀大,以保持对工件孔壁的压力。

(4) 研磨时的注意事项

① 研磨的压力和速度。研磨过程中,研磨的压力和速度对研磨效率及质量有很大影响。压力大、速度快,则研磨效率高;但压力太大、速度太快,工件表面粗糙,工件容易发

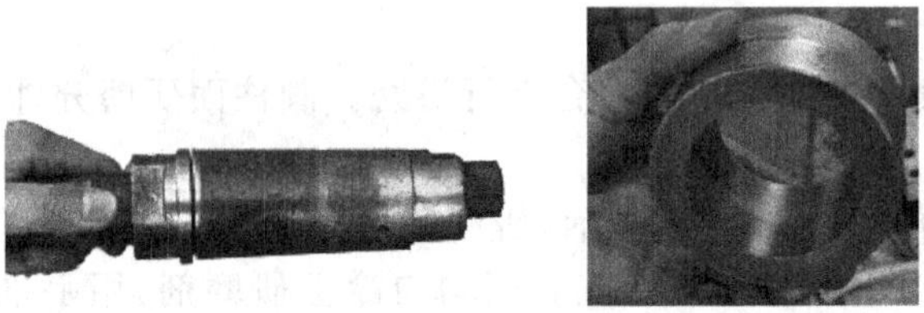

(a) 圆锥面研磨棒(开口锥套)　　(b) 工件(圆锥孔)

图 2-36　锥面研磨棒

热而变形,甚至会发生因磨料压碎而使表面划伤。一般对较小的硬工件或粗研磨时,可用较大的压力、较低的速度进行研磨；而对大的较软的工件或精研时,就应用较小的压力、较快的速度进行研磨。另外,在研磨中,应防止工件发热,若引起发热,应暂停,待冷却后再进行研磨。

② 研磨中的清洁工作。在研磨中,必须重视清洁工作,才能研磨出高质量的工件表面。若忽视了清洁工作,轻则工件表面拉毛,重则会拉出深痕而造成废品。另外,研磨后应及时将工件清洗干净,并采取防锈措施。

2.7　锥套研磨"校企合一"操作训练

1. 实操内容

如图 2-37 所示,研磨锥套的内表面至图样所规定的技术要求。

本操作训练的考核要求如下。

① 公差等级：IT4。

② 形位公差：直线度 0.005mm,圆度 0.01mm。

③ 表面粗糙度：$Ra0.2\mu m$。

④ 时间定额：240min。

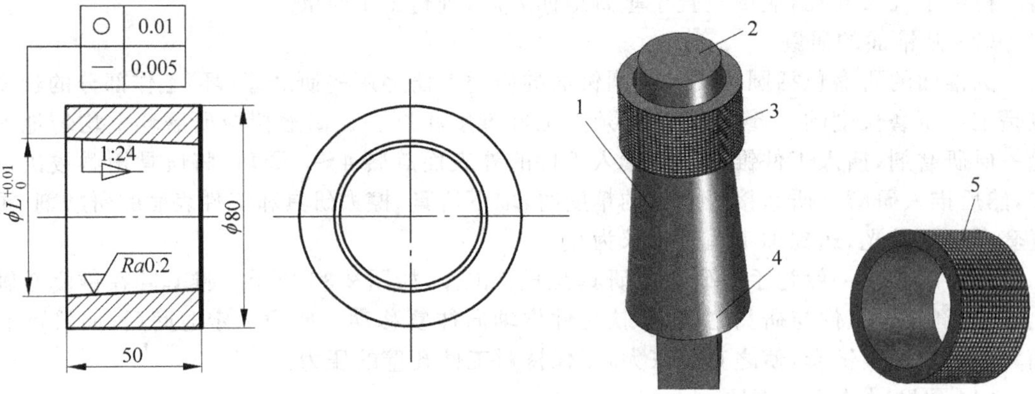

图 2-37　锥套研磨操作训练图

1—研磨棒；2—小头端；3,5—锥套；4—大头端

2. 实操准备

准备如表 2-10 所示的材料、工具、量具、刃具等。

表 2-10 锥套研磨所需材料、工具、量具、刃具清单

名称	规格	精度（读数值）	数量	名称	规格	精度（读数值）	数量
验规	根据图样要求选择相应的规格	—	1	涂色剂	红丹油	—	若干
研磨棒	根据图样要求选择相应的规格	—	1	研磨剂	金刚石研磨膏	W20～W3.5	各一支
圆度仪	YD200A	0.0005mm	1	棉布	—	—	若干
粗平面刮刀	—	—	1	细平面刮刀	—	—	1

3. 考核内容与评分标准

锥套研磨操作训练的考核内容与评分标准如表 2-11 所示。

表 2-11 锥套研磨操作训练的考核内容与评分标准

姓名：____________ 学号：____________ 总成绩：____________

序号	考核内容	考核要求	配分	评分标准	检测结果	扣分	得分
1	研磨	$\phi L^{+0.01}_{0}$	30	超差不得分			
2		⏤ 0.005	15	超差不得分			
3		○ 0.01	15	超差不得分			
4		锥孔锥度 1∶24	20	用检验规对锥套孔着色检验，接触面积少于80%，扣该项总分的 1/2；少于 70%，不得分			
5		表面粗糙度 $Ra0.2\mu m$	10	升高一级不得分			
6	安全文明生产	① 正确执行国家有关安全技术操作规程 ② 正确执行企业有关文明生产规定	4	① 造成设备严重损坏及人员重伤以上事故，考核全程否定，即按 0 分处理 ② 其余违规，扣 4 分			
7	设备使用	各种相关及辅助设备的使用符合设备使用有关规定	3	违规扣 3 分			
8	工具、量具使用	各种工具、量具的使用符合有关规定	3	违规扣 3 分			
合计			100				

4. 操作步骤

锥套研磨操作训练的参考操作步骤如表 2-12 所示。

表 2-12 锥套研磨操作训练的参考操作步骤

工步号	工步内容	图示
1	检查工件(锥套)的精度及尺寸是否留余量过大或车削后的刀纹太粗,如发现表面粗糙度过高时,需用刮刀把锥套刮削至研磨要求,一般留余量为 0.01～0.02mm,接触面积要达 90%以上(注意去毛刺,以防刺伤手)	
2	把研磨棒装夹在台虎钳上	
3	在研磨棒或锥套上均匀地涂上一层研磨膏	
4	把锥套放入研磨棒,旋转 4～5 圈后,将锥套稍微拔出一些,然后推入研磨	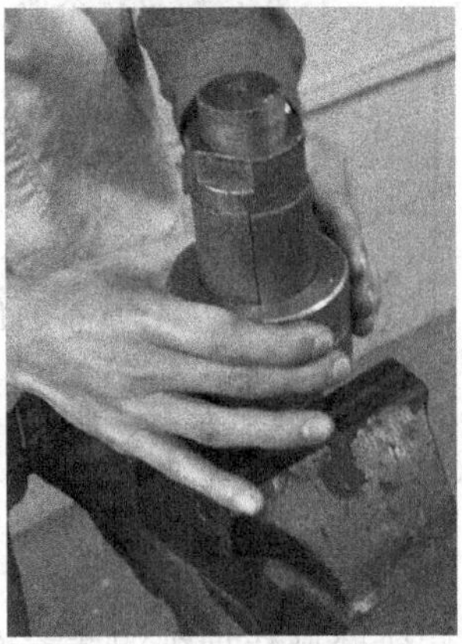

续表

工步号	工 步 内 容	图 示
5	研磨期间，要定期取出锥套，检查锥套是否还存在线纹或刀纹，检查其配合接触显示程度是否符合要求；研磨接近要求的精度时（配合接触良好），取下锥套，用棉布擦干净研磨膏，并且进行清洗	
6	擦去研磨棒上的研磨剂，用棉布擦去研磨膏，并且进行清洗	
7	把研磨棒装夹在台虎钳上，把红丹油均匀涂在研磨棒上	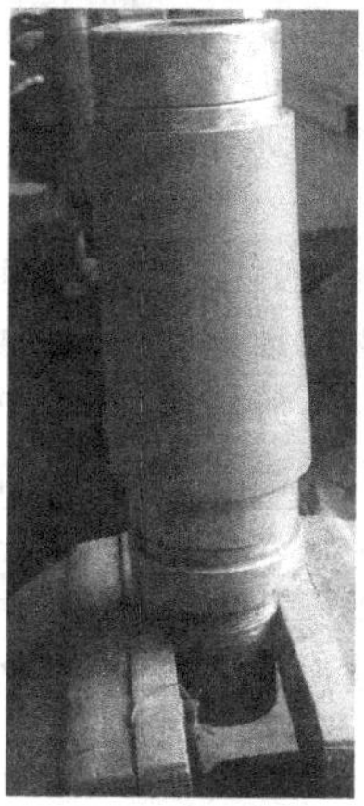
8	把锥套再次放入研磨棒，旋转4～5圈后，取出进行检验，测量接触面积是否达到工艺、尺寸、精度、技术要求，如未达到，重复上述步骤，直至达到加工精度要求为止	

5. 注意事项

① 当被研磨工件内径大于研磨工具套时，就把研磨工具大头端的螺母旋开，再把小头端螺母加力旋紧，研磨工具套就会胀大，其直径就可符合被研磨工件尺寸。

② 要严格按照钳工的安全操作规程进行操作，拆卸下来的零件(锥套)要放在一起，并按规定放好，不得乱丢乱放。

③ 工作地点要保持清洁，油污不得流到地面上，以防滑倒；如有油污，要及时用棉布擦干净。

④ 装夹研磨棒的时候，动作要配合一致，必须稳拿稳放，以免研磨棒掉下来砸伤自己，也损坏研磨棒。

⑤ 不准用汽油清洗零件，废油应倒在指定容器内，不准倒进下水道，要保护环境卫生。

⑥ 操作完毕后整理工作位置，清理干净台虎钳，整理好工具、量具、刃具，搞好场地卫生；做好工量刃具及设备的保养工作。

⑦ 清洗好研磨工具，擦干净后加上润滑油以防生锈。

6. 常见的锥套研磨问答

锥套研磨考核过程中常见的问答如表 2-13 所示。

表 2-13 常见的锥套研磨问答

序号	问　题	知　识　点
1	什么叫研磨	用研磨工具(研具)和研磨剂从工件表面磨掉一层极薄的金属，使工件表面获得精确的尺寸、形状和极小的表面粗糙度值的加工方法，称为研磨
2	研磨有哪些特点和作用	见 2.6 节
3	研磨余量一般留多少较为合适	见 2.6 节
4	常用的研具材料有哪几种	见 2.6 节
5	磨料在研磨中起什么作用	磨料在研磨中起切削作用
6	研磨淬火钢、高速钢应用哪种磨料	白钢玉磨料(见表 2-8)
7	研磨硬质合金应用哪种磨料	绿碳化硅磨料(见表 2-8)
8	研磨时应注意哪些事项	见 2.6 节
9	锥套的锥度是多少	本节操作训练中的锥套锥度为 24∶1
10	锥套孔着色检验接触面积要求达到多少	本节操作训练中锥套孔着色检验接触面积要求达到 80%

CHAPTER 3

第3章

常见的各种装配

知识要点：在机器中有许多的零件需要彼此连接。连接件间不能作相对运动的称为固定连接，能按一定运动形式做相对运动的称为活动连接。通常所说的连接主要是指固定连接，固定连接一般分为可拆连接和不可拆连接两大类。

技能目标：掌握常见连接的装配技术，包括螺纹连接、键连接、销连接、过盈连接、带传动机构、链传动机构、齿轮传动机构、蜗杆传动机构、轴承等。

学习建议：利用已学的装配基础知识，理论结合实践，多做拆装训练，并且严格按照规程操作，为日后的工作做准备。

3.1 常用的装配工具

在装配过程中使用的工具称为装配工具。常用的装配工具包括扳手、套筒、导筒、活动扳手、梅花扳手、内六角扳手、钳子(尖嘴钳)、铜棒、铁棒、锤子和生产专用设备等。在钳工中级中，常用的装配工具如图 3-1 所示。

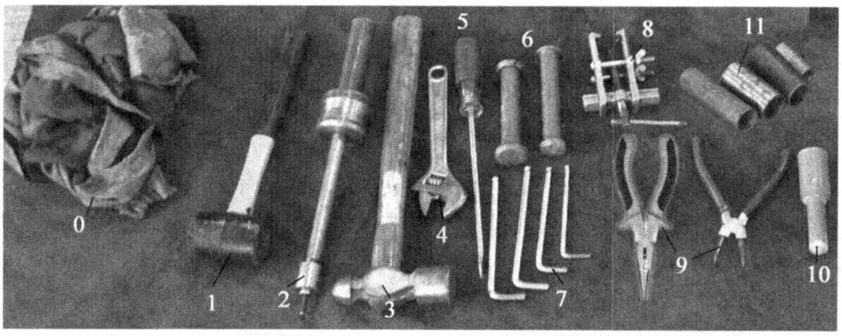

图 3-1 钳工(中级)常用的装配工具

0—棉布；1—橡胶锤；2—手动拔销器；3—铁锤；4—活动扳手；5—螺丝刀；6—铜棒；7—内六角扳手；8—拔轮器；9—尖嘴钳(弯嘴尖嘴钳)；10—胶(铁)棒；11—套筒

下面介绍上述部分工具的特点和应用。在《钳工理论与实操(入门与初级考证)(第二版)》教材中已经介绍的，这里从简或不再重复介绍。

棉布：用于擦手和擦洗零件，一般采用长纤维棉布。

橡胶锤：用来敲击容易碎裂零件的锤子，锤头用橡胶作为材料制作而成。

锤头柔软，不损伤敲击表面，有效降低回震以及反弹，无敲击火花，可用于防爆作业。

手动拔销器：用于取出带内螺纹销的工具，如图 3-2 所示，常用于小型机械销轴类的拔卸。其采用机械运动原理，结构简单，拆卸力大，操作方便，可靠性好，工件和结构件整体受压，不会变形和受损。使用时，先把拔销器的螺纹拧进要拔的销轴，拧紧后，一只手扶住拔销器的尾部，另一只手拨动拔销器中间的铁块，利用铁块的惯性力，把销轴带出来。

图 3-2　手动拔销器

1—螺纹；2—铁块；3—尾部

活动扳手：开口宽度可在一定尺寸范围内进行调节，能拧转不同规格的螺栓或螺母。其结构及使用方法如图 3-3 所示。

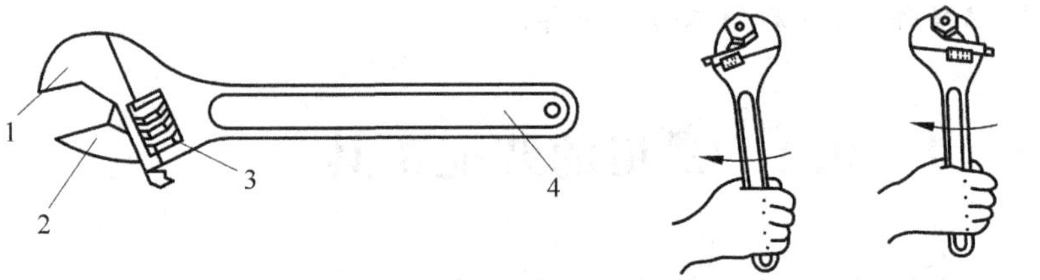

(a) 活动扳手结构　　(b) 使用正确　　(c) 使用不正确

图 3-3　活动扳手的结构及其使用方法

1—固定钳口；2—活动钳口；3—螺杆；4—扳手体

铜棒：机械装配敲击用铜棒因其材质软，不容易损坏敲击的部件。一般在机器维修或者安装中，用来敲打轴承、机端盖等。

拔轮器：拔轮器也叫轴承起拔器、顶拔器、轴承拉拔器、拉马等，它由爪和顶针组成，可用于拆卸各种机械设备中的皮带轮、齿轮、轴承等圆形工件，有二爪拔轮器、三爪拔轮器等。使用时，把拔轮器的爪套在轴承上，然后通过顶针的旋入，利用顶针向下的推力，把轴承顶出来，如图 3-4 所示。

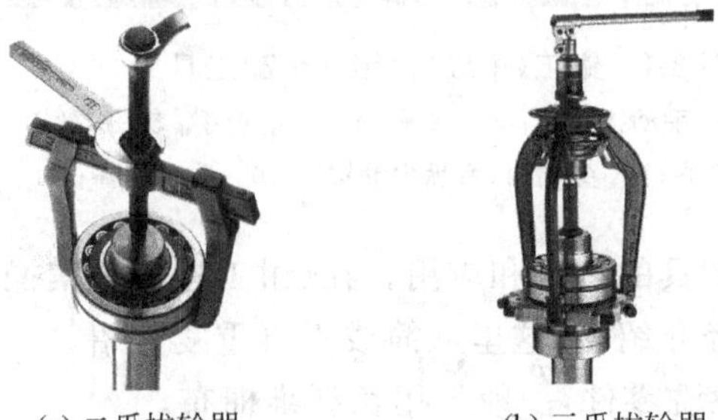

(a) 二爪拔轮器　　(b) 三爪拔轮器

图 3-4　拔轮器的使用

尖嘴钳：用来在狭小的工作空间里夹持细小工件。在钳工操作中，它主要用于孔用弹性挡圈（也称孔用卡簧，如图 3-5 所示）的安装。

安装时，用尖嘴钳的尖端夹住垫圈的两个小孔，把垫圈张开，放进轴槽；拆卸时，用尖嘴钳的尖端夹住垫圈的两个小孔，把垫圈张开，从轴槽中把垫圈取出，如图 3-6 所示。

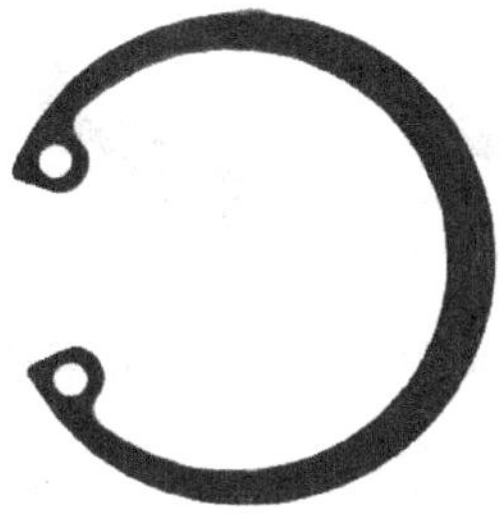

图 3-5　弹性挡圈

图 3-6　尖嘴钳拆装弹性挡圈

套筒：用于齿轮、轴承等的拆装，如图 3-7 所示。

(a) 套筒

(b) 使用套筒

图 3-7　套筒及其使用

胶棒：用于安装油封等塑料部件。

铁棒：用于传递动力或敲击力。

3.2　螺纹连接的装配

螺纹连接是一种可拆的固定连接，它具有结构简单、连接可靠、装拆方便等优点，在机械中应用广泛。螺纹连接分普通螺纹连接和特殊螺纹连接两大类，螺纹连接的主要类型有螺栓连接、双头螺柱连接、螺钉连接及紧定螺钉连接等。常用的螺纹紧固件如图 3-8 所示。

1. 螺纹连接的装配技术要求

（1）保证一定的拧紧力矩

为达到螺纹连接可靠和紧固的目的，要求螺纹牙型有一定摩擦力矩，所以螺纹连接装配时应有一定的拧紧力矩，使螺纹牙型间产生足够的预紧力。

拧紧力矩或预紧力的大小根据实际使用情况而定。一般的紧固螺纹连接，不要求预紧力十分准确；而规定预紧力的螺纹连接，则必须用专门方法保证准确的预紧力。

图 3-8 常用的螺纹紧固件

(2) 有可靠的防松装置

螺纹连接一般具有自锁性,在静载荷下不会自行松脱,但在冲击、震动或交变载荷下会使螺纹牙型之间的正压力突然减少,以致摩擦力矩减小,使螺纹连接松动。因此,螺纹连接应有可靠的防松装置,以防止摩擦力矩和螺母回转。

(3) 保证螺纹连接的配合精度

螺纹配合精度由螺纹公差带和旋合长度两个因素确定,分为精密、中等和粗糙 3 种。

① 螺纹公差带。螺纹公差带是沿基本的牙侧、牙顶和牙底分布的牙型公差带,应在垂直于螺纹轴线方向上计量大、中、小径的值。螺纹公差带的位置由基本偏差确定。

② 螺纹旋合长度。两个相互配合的螺纹,沿螺纹轴线方向相互旋合部分的长度,称为螺纹旋合长度。螺纹的旋合长度分为 3 组,分别称为短旋合长度、中等旋合长度和长旋合长度,相应的代号为 S、N 和 L。

2. 螺纹连接的装配

1) 螺纹连接的预紧与防松

(1) 螺纹连接的预紧

一般的螺纹连接可用普通扳手或电动、风动扳手拧紧即可;而有规定预紧力的螺纹连接,则常用控制扭矩法、控制扭角法和控制螺栓伸长法等来保证准确的预紧力。

(2) 螺纹连接的防松

螺纹连接用于震动或冲击场合时,会发生松动,为防止螺钉或螺母松动必须有可靠的防松装置。防松的根本问题在于防止螺纹副的相对转动。防松的方法很多,按工作原理不同可分为 3 类:摩擦防松、机械防松、破坏螺纹副的运动关系防松。常用螺纹连接防松装置的类型及应用如表 3-1 所示。

表 3-1 常用螺纹连接防松装置的类型及应用

类　型		结 构 形 式	特点及应用
摩擦放松	对顶螺母	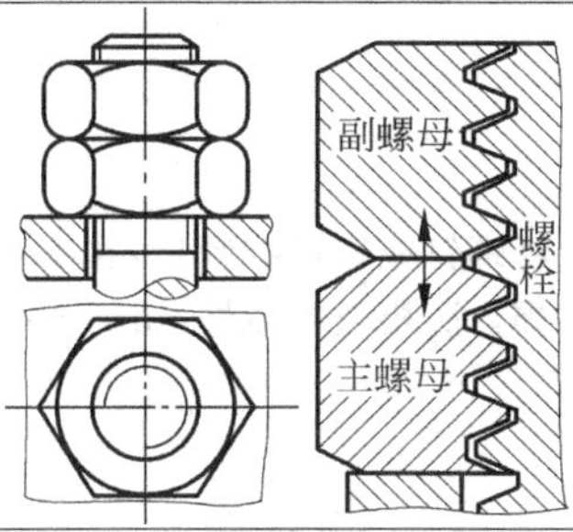	利用主、副两个螺母，先将主螺母拧紧至预定位置，然后拧紧副螺母。这种防松装置由于要用两只螺母，增加了结构尺寸和质量，一般用于低速重载或较平稳的场合
	弹簧垫圈	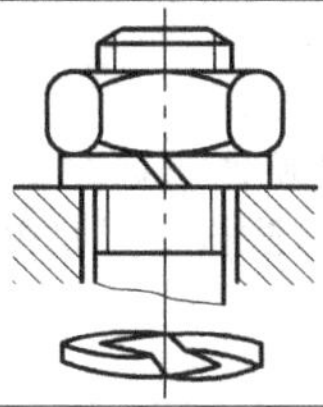	这种防松装置容易刮伤螺母和被连接件表面，同时，因弹力分布不均，螺母容易偏斜。其构造简单，一般用于工作较平稳、不经常装拆的场合
机械防松	开口销与槽形螺母	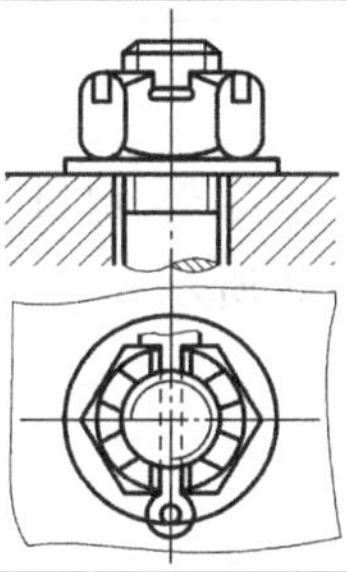	用开口销把螺母直接锁在螺栓上。它防松可靠，但螺杆上销孔位置不易与螺母最佳锁紧位置的槽口吻合。多用于变载和震动场合
	圆螺母止动垫圈	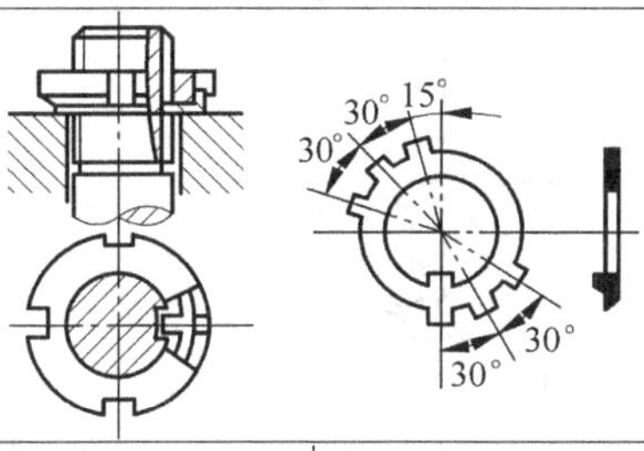	装配时，先把垫圈的内翅插入螺杆槽中，然后拧紧螺母，再把外翅弯入螺母的外缺口内。用于受力不大的螺母防松
	六角螺母止动垫圈	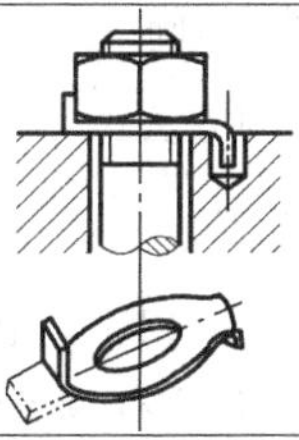	垫圈耳部分别与连接件和六角螺钉或螺母紧贴，防止回松。用于连接部分可容纳弯耳的场合
	串联钢丝	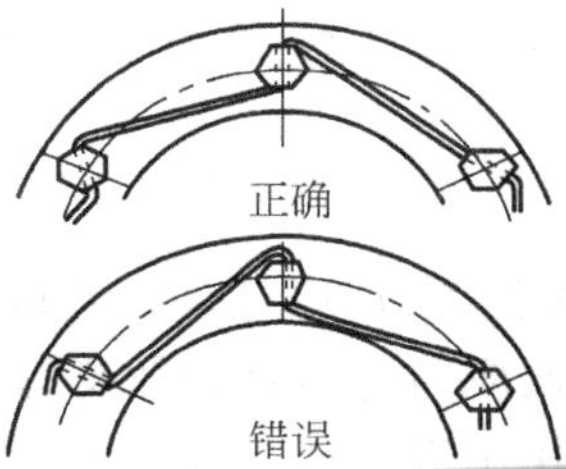	用钢丝穿过各螺钉或螺母头部的径向小孔，利用钢丝的牵制作用来防止回松。使用时应注意钢丝的穿绕方向。适用于布置较紧凑的成组螺纹连接

续表

类型		结构形式	特点及应用
破坏螺纹副的运动关系防松	冲点和点焊	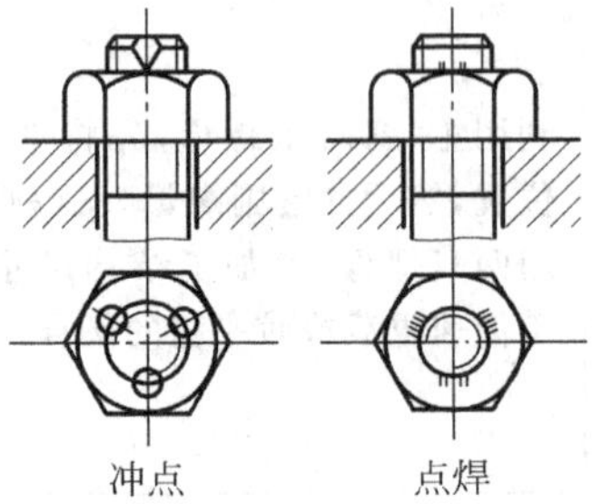	将螺钉或螺母拧紧后，在螺纹旋合处冲点或点焊。防松效果很好，用于不再拆卸的场合
	黏结	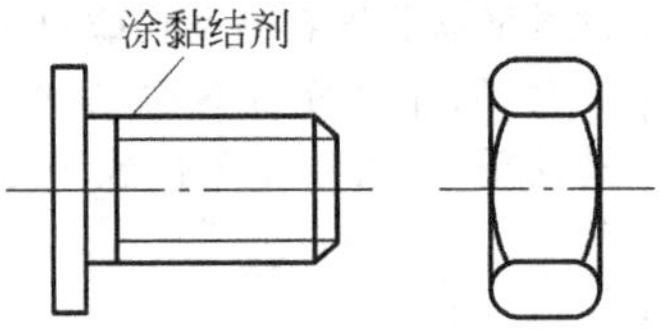	在螺纹旋合表面涂黏结剂，拧紧后，黏结剂自行固化，防松效果良好，且有密封作用，但不便拆卸

2）双头螺柱的装配要点

① 应保证双头螺柱与机体螺纹的配合有足够的紧固性，保证在装拆螺母的过程中，无任何松动现象。双头螺柱紧固端的紧固方法如图 3-9 所示。

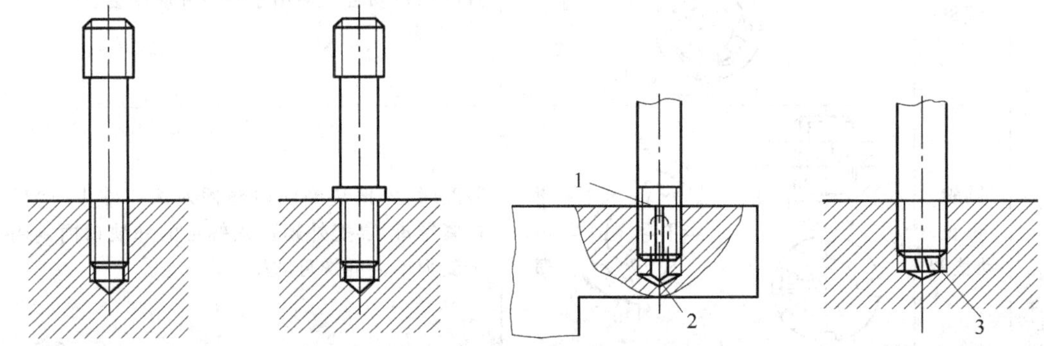

(a) 具有过盈的配合　(b) 带有台肩的紧固　(c) 采用销钉紧固　(d) 采用弹簧势圈止退

图 3-9　双头螺柱紧固端的紧固方法

1—锯槽；2—锥销；3—弹簧垫圈

② 双头螺柱的轴心线必须与机体表面垂直，装配时，可用直角尺进行检验。

③ 装入双头螺柱时，必须用油润滑，以免旋入时产生咬住现象，也便于以后的拆卸。

④ 拧紧双头螺柱常用的方法有双螺母拧紧、长螺母拧紧、专用工具拧紧 3 种，如图 3-10 所示。

3）螺母和螺钉的装配要点

螺母和螺钉装配除了要按一定的拧紧力矩来拧紧以外，还应注意以下几点。

① 螺杆不产生弯曲变形，螺钉头部、螺母底面应与连接件接触良好。

② 被连接件应均匀受压，互相紧密贴合，连接牢固。

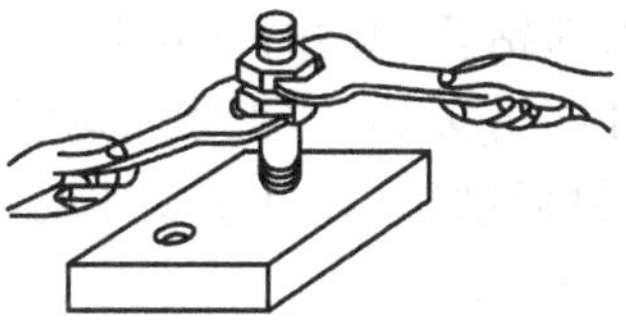

(a) 双螺母拧紧

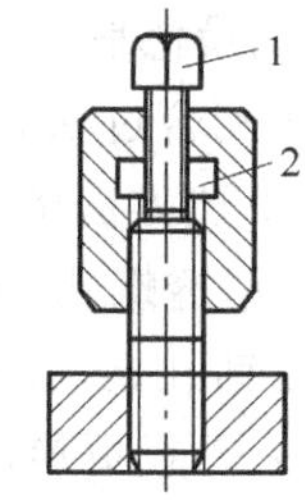

(b) 长螺母拧紧

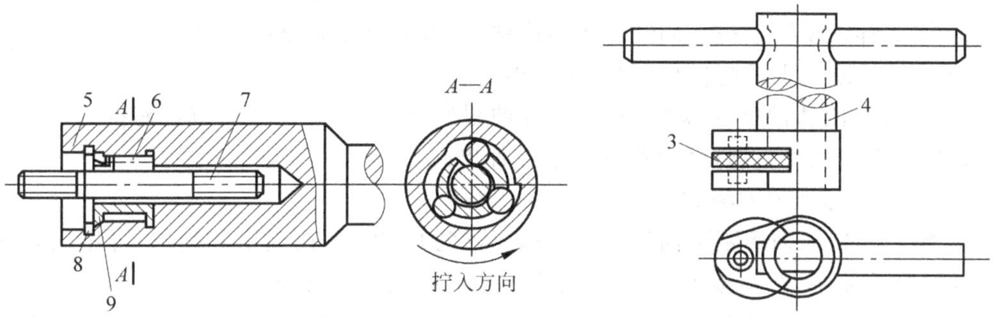

(c) 专用工具拧紧

图 3-10　双头螺柱拧紧的方法

1—止动螺钉；2—长螺母；3—偏心盘；4—套筒；5—工具体；6—滚珠；7—双头螺柱；8—挡圈；9—限位套筒

③ 拧紧成组螺母或螺钉时，应根据被连接件现状和螺栓的分布情况，按一定的顺序逐次拧紧螺母。在拧紧长方形布置的螺母时，应从中间开始，逐渐向两边对称地扩展；在拧紧圆形或方形布置的螺母时，必须对称地进行，以使被连接件及螺杆受力均匀一致，不产生变形，如图 3-11 所示。

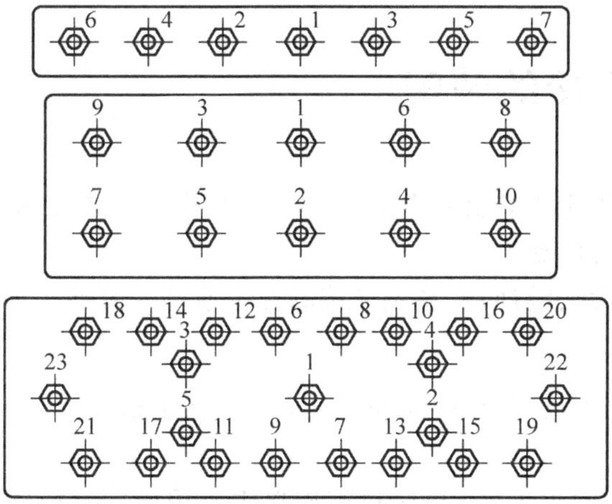

(a) 长方形布置的螺母

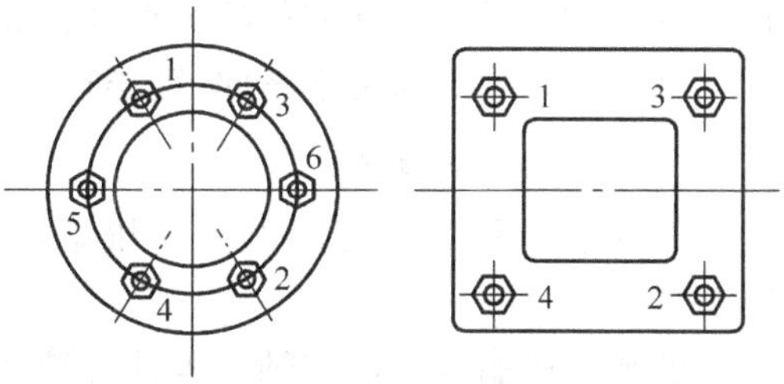

(b) 圆形或方形布置的螺母

图 3-11　成组螺母的拧紧顺序

3. 螺纹连接的损坏形式及修复

螺孔损坏(螺孔滑丝)使配合过松,而深部尚有完好丝扣,可以换用新螺钉拧入。如果深部已无完好丝扣,可采用下述方法解决:往深部钻孔、套扣,改用长螺钉;扩大螺孔,套扣后换用相应尺寸的螺钉;钻透螺孔,用长螺钉探出头部,拧上螺母紧固;用焊条焊满螺孔,或用黄铜补满螺孔,然后钻孔、套扣,拧入螺钉后削平,在其上钻小孔再套扣。

螺钉、螺柱的螺纹损坏:一般更换新的螺钉、螺柱。

螺栓头拧断:若螺栓断处在孔外,外露部分够长,可用工具夹紧拧出,也可在螺栓上锯槽、锉方或焊上一个螺母后再拧出。若断处在孔内,无外露部分,可用下述办法取出。

① 用比螺纹小径小一点的钻头将螺柱钻出,再用丝锥修整内螺纹。

② 在螺钉断面上錾削横槽,用起子拧出。

螺钉、螺柱因锈蚀难以拆卸:可采用煤油浸润,使锈蚀处疏松后就容易拆卸;也可用锤子敲打螺钉或螺母,使铁锈受震动脱落后拧出。

乱丝、滑丝的处理方法如下。

① 螺钉和螺孔因螺距不同而误装,或未认好扣就硬拧,因而引起乱丝,可用板牙和丝锥清理好继续使用,若连接尺寸过短,可去掉垫圈拧入较深部位。

② 螺钉与螺母连接部位滑丝,而螺钉探出的部位尚完好时,在螺钉下加垫圈,换用新螺母,拧到螺钉丝扣完好部分。

4. 螺钉、螺母装配中的注意事项

① 螺纹配合应做到用手能自由旋入,过紧会咬坏螺纹,过松则受力后螺纹会断裂。

② 螺母端面应与螺纹轴线垂直,以受力均匀。

③ 装配成组螺钉、螺母时,为保证零件贴合面受力均匀,应按一定要求旋紧(见图 3-11),并且不要一次完全旋紧,应按次序分两次或三次旋紧。

④ 对于在变载荷和震动载荷下工作的螺纹连接,必须采用防松装置。

3.3 键连接的装配

键是用来连接轴和轴上零件,用于周向固定以传递扭矩的一种机械零件。它具有结构简单、工作可靠、装拆方便等优点,由此获得广泛应用。

根据结构特点和用途不同,键连接可分为松键连接、紧键连接和花键连接 3 大类。

1. 松键连接的装配

松键连接是靠键的侧面传递扭矩,只对轴上零件做周向固定,不能承受轴向力,如图 3-12 所示。

松键连接能保证轴与轴上零件有较高的同轴度,在高速精密连接中应用较多。松键连接所用的键有普通平键、半圆键、导向平键及滑键等。轴上零件的轴向固定,要靠紧定螺钉、定位环等定位零件实现。

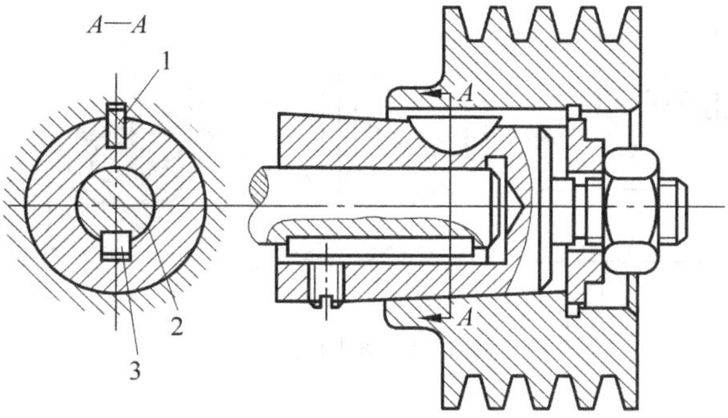

图 3-12　松键连接的应用

1—半圆键；2—电动机轴；3—普通平键

1）松键连接的装配技术要求

（1）保证键与键槽的配合要求。由于键是标准件，各种不同配合性质的获得，要靠改变轴槽、轮毂槽的极限尺寸得到。

① 普通平键连接。普通平键的主要尺寸是键宽 b、键高 h 和键长 L，端部有圆头（A型）、平头（B型）和单圆头（C型）3 种形式，如图 3-13 所示。它常用于高精度、传递重载荷、冲击及双向扭矩的场合。

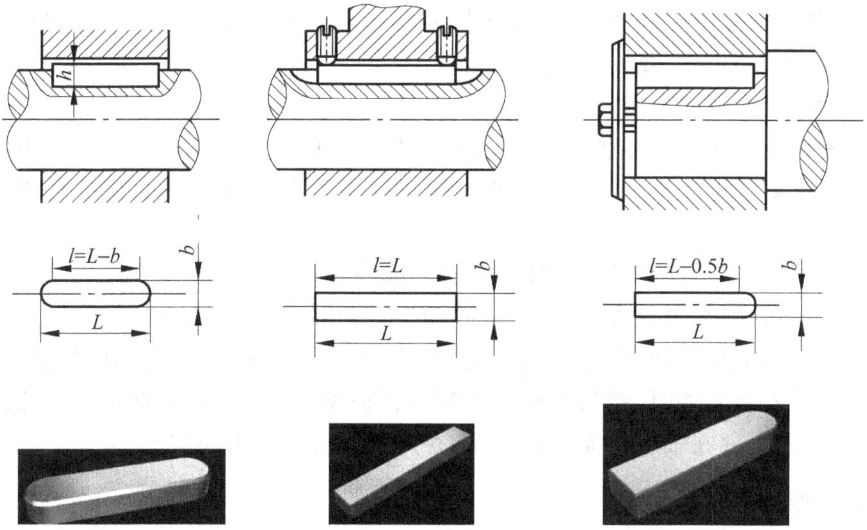

(a) 圆头　(b) 平头　(c) 单圆头

图 3-13　普通平键连接

② 半圆键连接。这种连接的优点是工艺性较好，缺点是轴上键槽较深，对轴的削弱较大，故主要用于轻载荷和锥形轴端的连接，如图 3-14 所示。

③ 导向平键连接。当轴上零件与轴构成移动副时，可采用导向平键连接，如图 3-15 所示。轮毂可沿键作轴向滑移，由于导向平键较长，要用螺钉固定在轴上，键中间设有起键螺孔，以便拆卸。导向平键连接常用于轴上零件轴向移动量不大的场合。

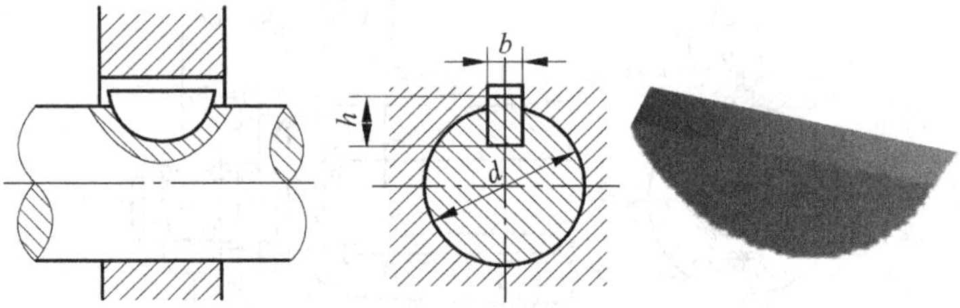

图 3-14　半圆键连接

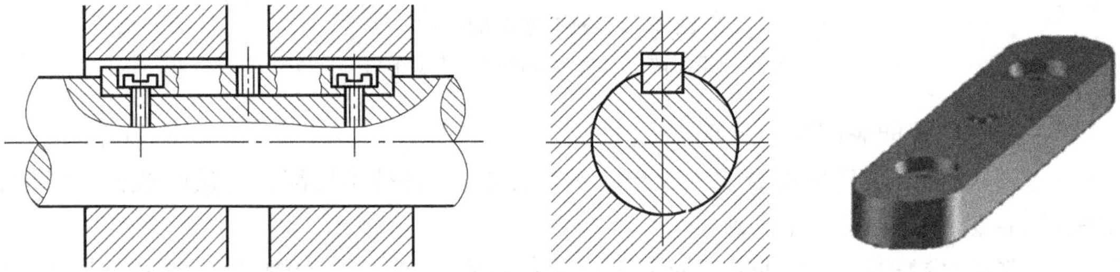

图 3-15　导向平键连接

(2) 键与键槽应具有较小的表面粗糙度。

(3) 键装入轴槽中应与槽底贴紧，键长方向与轴槽有 0.1mm 左右的间隙，键的顶面与轮毂槽之间有 0.3～0.5mm 的间隙。

2) 松键连接的装配要点

① 清理键及键槽上的毛刺，预防配合后产生更大的过盈量而破坏配合的正确性。

② 对于重要的键连接，装配前应检查键的直线度和键槽对轴心线的对称度和平衡度等。

③ 用键的头部与轴槽试配，应能使键较紧地嵌在轴槽中。

④ 锉配键长时，在键长方向上键与轴槽有 0.1mm 左右间隙。

⑤ 在配合面上加机油，用铜棒或台虎钳将键压装在轴槽中，并与槽底接触良好。

⑥ 试配并安装套件时，键与键槽的非配合面应留有间隙，以求轴与套件达到同轴度要求；装配后的套件在轴上不能左右摆动，否则容易引起冲击和震动。

2. 紧键连接的装配

紧键连接主要指楔键连接。楔键分为普通楔键和钩头楔键两种，如图 3-16 所示。楔键的上下两面是工作面，键的上表面和毂槽的底面各有 1∶100 的斜度，键侧与键槽有一定的间隙。装配时须打入，靠过盈作用传递扭矩。紧键连接还能轴向固定零件和传递单方向轴向力，但易使轴上零件与轴配合产生偏心和歪斜。其多用于对中性要求不高、转速较低的场合。有钩头的楔键用于不能从另一端将键打出的场合。

(1) 楔键连接的装配技术要求

① 楔键的斜度应与轮毂槽的斜度一致，否则，套件会发生歪斜，同时降低连接强度。

② 楔键与槽的两侧要留有一定间隙。

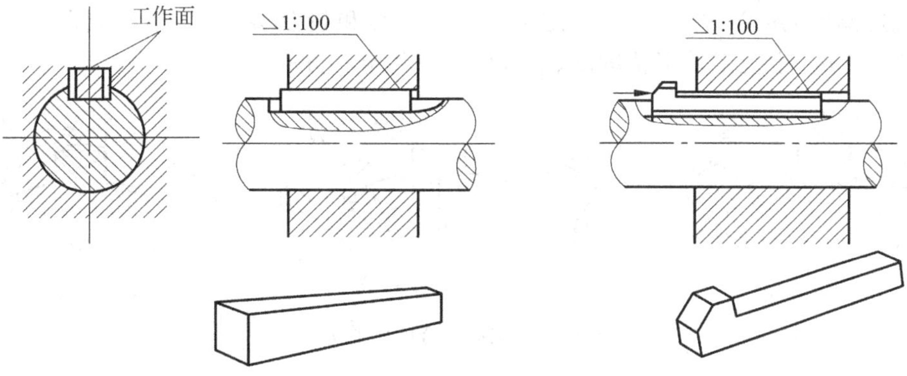

(a) 普通楔键　　(b) 钩头楔键

图 3-16　楔键连接

③ 对于钩头楔键，不应使钩头紧贴套件端面，必须留有一定距离，以便拆卸。

(2) 楔键连接的装配要点

装配楔键时，要用涂色法检查楔键上下表面与轴槽或轮槽的接触情况，若发现接触不良，可用锉刀、刮刀修整键槽。合格后，在配合面加润滑油，轻敲入内，保证套件周向、轴向固定可靠。

3．花键连接的装配

花键连接具有承载能力高、传递扭矩大、同轴度与导向性好和对轴强度削弱小等特点，但制造成本高。其适用于大载荷和同轴度要求较高的连接，在机床和汽车工业中应用广泛。

按工作方式，花键连接有静连接和动连接两种；按齿廓形状，花键可分为矩形花键、渐开线花键、三角形花键 3 种，如图 3-17 所示。矩形花键因加工方便，应用最为广泛。如图 3-18 所示为矩形花键及其连接。

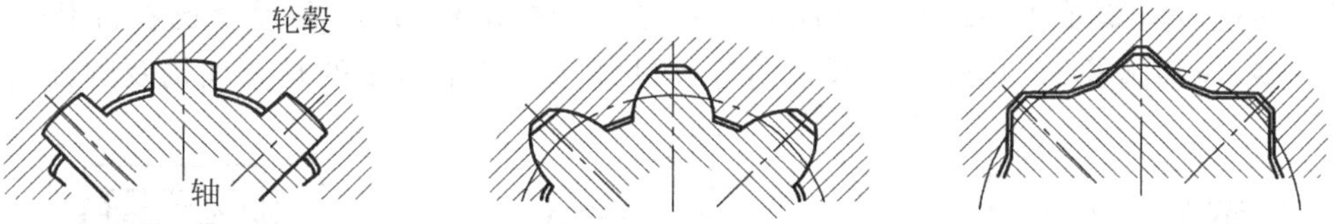

(a) 矩形花键　　(b) 渐开线花键　　(c) 三角形花键

图 3-17　花键种类

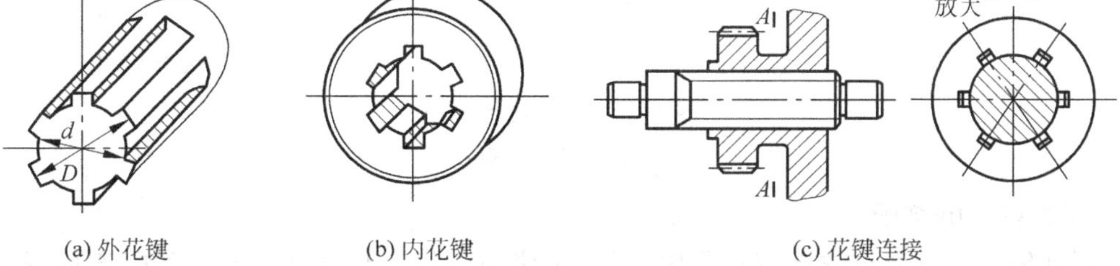

(a) 外花键　　(b) 内花键　　(c) 花键连接

图 3-18　矩形花键及其连接

花键配合的定心方式有大径定心、小径定心和键侧定心 3 种，如图 3-19 所示。GB 1144—1987 中规定采用精度高、质量好的小径定心方式。

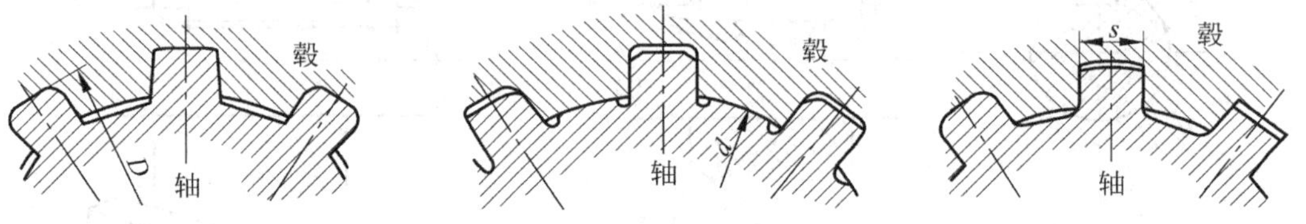

(a) 大径定心　(b) 小径定心　(c) 键侧定心

图 3-19　花键配合的定心方式

① 静连接花键装配。套件应在花键轴上固定，故有少量过盈，装配时可用铜棒轻轻敲入，但不得过紧，以防拉伤配合表面。过盈量较大时，应将套件加热至 80～120℃后进行热装。

② 动连接花键装配。套件在花键轴上可以自由滑动，没有阻滞现象，但间隙应适当，用手摆动套件时，不应感觉有明显的周向间隙。

4. 键的损坏形式及修复

① 键磨损和损坏。一般是更换新键。

② 轴与轮上的键槽损坏。可将轴槽和毂槽用锉削或铣削的方法将键槽加宽，再配制新键。

③ 大型花键轴磨损。可用先进行镀铬或堆焊，然后加工到规定尺寸的方法进行修复。

3.4　销连接的装配

销连接结构简单，拆装方便，主要作用是定位、连接或锁定零件，有时还可以作为安全装置中的过载剪断元件，如图 3-20 所示。销是一种标准件，形状和尺寸已标准化。销的种类较多，包括圆柱销、开口销及圆锥销等，应用广泛，其中最多的是圆柱销及圆锥销。

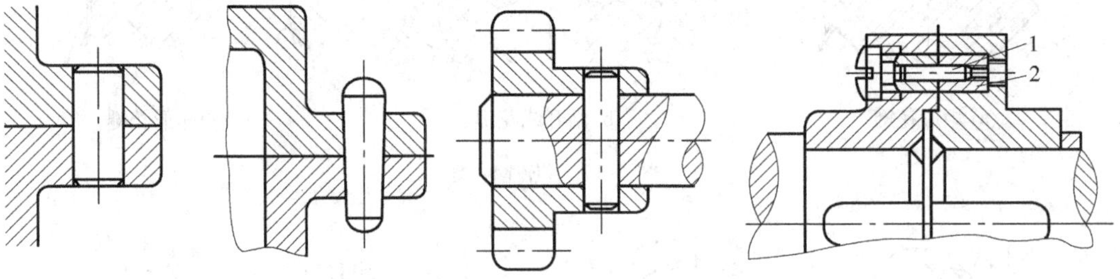

(a) 定位销　(b) 连接销　(c) 安全保护销

图 3-20　销连接的应用

1—安全销；2—铜套

1. 圆柱销的装配

圆柱销一般依靠过盈固定在孔中，用于定位和连接。对销孔尺寸、形状、表面粗糙度要求较高，所以销孔在装配前须铰削。一般被连接的两孔应同时钻、铰，并使孔壁表面粗

糙度值不高于 $Ra1.6\mu m$，以保证连接质量。在装配时，应在销表面涂机油，用铜棒将销轻轻打入。圆柱销不宜多次装拆，否则会降低定位精度和连接的紧固程度。因此，经常拆卸的场合，不宜采用圆柱销，而选用圆锥销。

一般来说，销在起安全作用时，还应用销套。某些定位销不能用敲入法，可用 C 形夹头或手动压力机把销压入孔内，如图 3-21 所示。

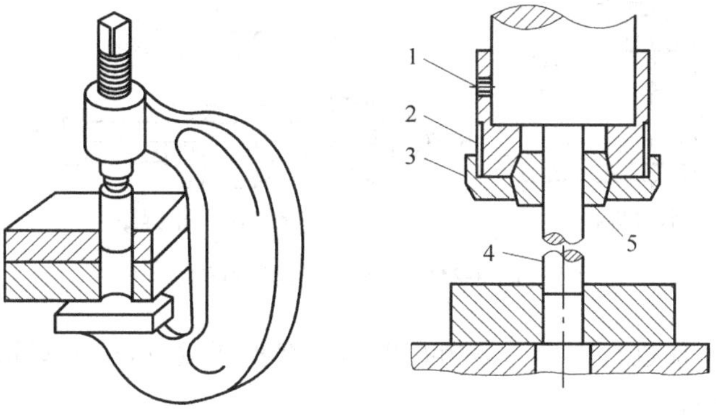

(a) C形夹头压入圆柱销　　(b) 手动压力机压入圆柱销

图 3-21　圆柱销的装配

1—螺钉；2—套筒；3—端盖；4—圆柱销；5—筒夹

2. 圆锥销的装配

圆锥销装配时，两连接件的销孔也应一起钻、铰。钻孔时按圆锥销小头直径选用钻头，用 1∶50 锥度的铰刀铰孔。铰孔时，用试装法控制孔径，以圆锥自由地插入全长的 80%～85%为宜；然后，用手锤敲入，销子的大头可稍微露出，或与被连接件表面平齐，如图 3-22 所示。

应当注意，无论是圆柱销还是圆锥销，往盲孔中压入时，为便于装配，销上必须钻一通气小孔或在侧面开一道微小的通气小槽，供放气用。

3. 销连接的拆卸及修复

拆卸普通圆柱销和圆锥销时，可用锤子或冲棒向外敲出（圆锥销由小头敲击）。有螺尾的圆锥销可用螺母旋出，或者把螺母松开后，用锤子从小头敲出，如图 3-23 所示；拆卸带内螺纹的圆柱销和圆锥销时，可用与内螺纹相符的螺钉取出，也可以用拔销器拔出，如图 3-24 所示。

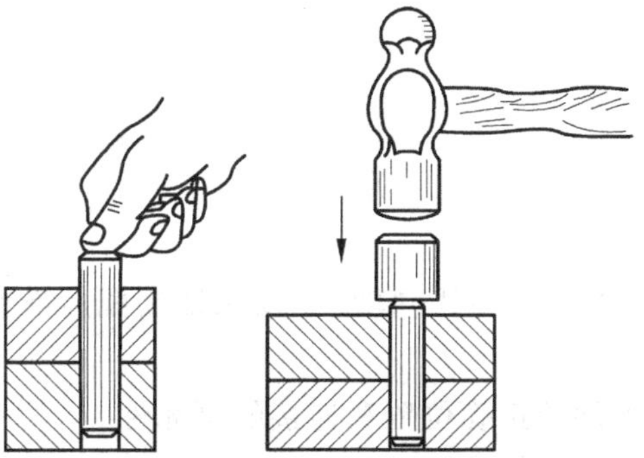

图 3-22　圆锥销的装配

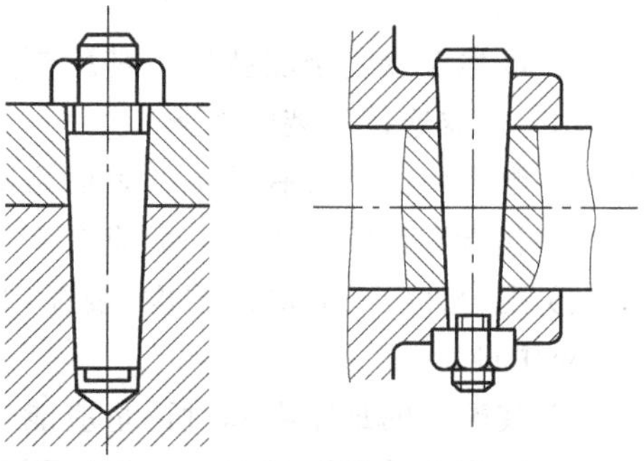

图 3-23　带螺尾圆锥销的拆卸

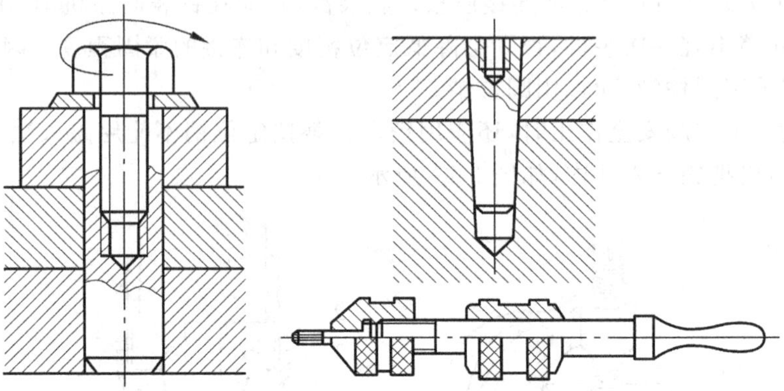
(a) 用螺钉拆卸　　(b) 用拔销器拆卸

图 3-24　内螺纹圆锥销拆卸

销钉损坏时，一般进行更换。若销孔损坏或磨损严重时，可重新钻、铰较大尺寸的销孔，换装相适应的销钉。

3.5　过盈连接的装配

过盈连接是利用材料的弹性变形，把具有一定配合过盈量的轴和毂孔套装起来的连接，如图 3-25 所示。过盈连接是通过包容件和被包容件配合后的过盈值达到紧固连接目的，装配后，轴的直径被压缩，孔的直径被胀大，包容件和被包容件因变形而使配合面间产生压力，工作时，此压力产生摩擦力传递扭矩、轴向力。

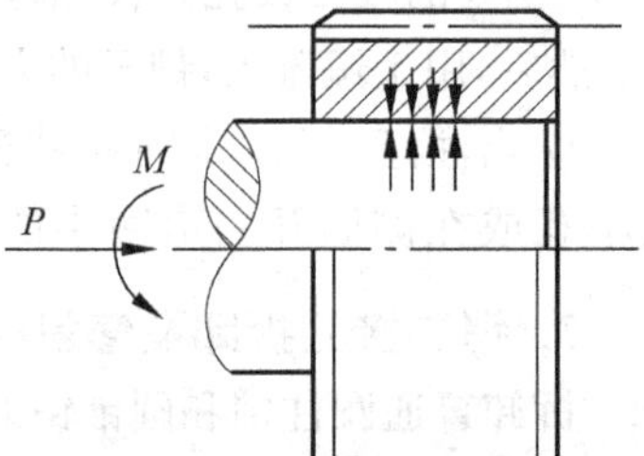

图 3-25　过盈连接

过盈连接具有结构简单、对中性好、承载能力强，在冲击和震动载荷下工作可靠等优点。缺点是过盈连接配合表面的加工精度要求高，装拆较困难，多用于承受重载及无须经常装拆的场合。但过盈连接配合表面的加工精度要求较高，装配较困难。过盈连接的配合面多为圆柱面，也有圆锥面或其他形式的面。

1. 过盈连接的装配要求及装配要点

(1) 过盈连接的装配要求

① 配合表面应具有较小的表面粗糙度值。

② 孔端和轴的进入端一般应有 5°～10°的倒角。

③ 配合件应有较高的精度，装配中注意保持轴孔中心线同轴度，以保证装配后有较高的对中性。

④ 装配后的最小实际过盈量应能保证两个零件的正确位置和连接的可靠性。

⑤ 装配后的实际过盈量应保证不会使零件遭到损伤甚至破坏。

(2) 过盈连接的装配要点

① 应保证配合表面的清洁。

② 装配前配合表面应涂油,以防止装配时擦伤表面。

③ 装配时,压入过程应连续,速度稳定,不宜太快,通常为 2～4mm/s;应准确控制压入行程。

④ 对细长件或薄壁件,须注意检查过盈量和形位偏差;装配时应垂直压入,以免变形。

2. 过盈连接的装配方法

(1) 圆柱面过盈连接的装配

圆柱面过盈连接是依靠轴、孔尺寸差获得过盈,过盈量大小不同,采用的装配方法也不同。

① 压入法。当过盈量及配合尺寸较小时,一般采用在常温下压入装配,通过手锤加垫块压入或机械设备压入,如图 3-26 所示。

② 热胀法。装配前先将孔加热,使之胀大,然后将其套装于轴上,待孔冷却后,轴、孔就形成过盈连接。热胀配合的加热方法应根据过盈量及套件尺寸的大小选择。过盈量较小的连接件可放在沸水槽(80～100℃)、蒸汽加热槽(120℃)和热油槽(90～320℃)中加热;过盈量较大的小型连接件可放在电阻炉或红外线辐射加热箱中加热;过盈量大的中型和大型连接件可用感应加热器加热。

③ 冷缩法。冷缩法是将轴进行低温冷却,使之缩小,然后与常温孔装配,得到过盈连接。过盈量小的小型连接件和薄壁衬套等装配可采用干冰将轴件冷至－78℃;过盈量较大的连接件装配,可采用液氮将轴件冷至－195℃。

(2) 圆锥面过盈连接的装配

圆锥面过盈连接是利用轴毂之间产生相对轴向位移来实现的,要求配合的接触面积达到 75%以上才能保证配合的稳定性,主要用于轴端连接。其常用的装配方法有以下两种。

① 螺母压紧法。如图 3-27 所示,拧紧螺母可使配合面压紧形成过盈连接。通常锥度取 1∶30～1∶8。

(a) 手锤加垫块压入

(b) 机械设备压入

图 3-26 压入法

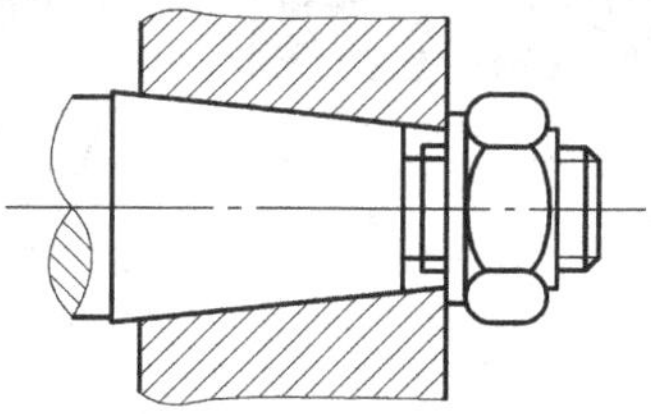

图 3-27 螺母压紧法

② 液压套合法。装配时用高压油泵将油由包容件上油孔和油沟压入配合面间，如图 3-28(a)所示；也可以由被包容件上的油孔和油沟压入配合面间，如图 3-28(b)所示。高压油使包容件内径胀大，被包容件外径缩小，施加一定的轴向力，就能使之互相压入。当压入至预定的轴向位置后，排出高压油，即可形成过盈连接。这种方法多用于承载较大且需多次装拆的场合，尤其适用于大型零件。

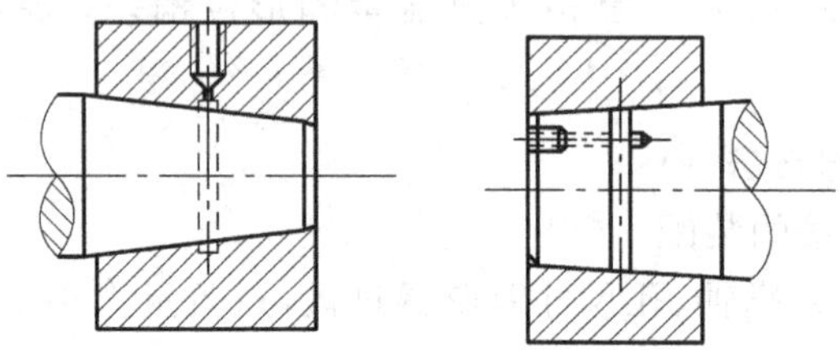

(a) (b)

图 3-28 液压套合法

3.6 带传动机构的装配

带传动是常用的一种机械传动，它是依靠张紧在带轮上的带与带轮之间的摩擦力或啮合来传递运动和动力的。带传动具有工作平稳、噪声小、结构简单、制造方便及能过载保护等优点，适用于两轴中心距较大的传动。带传动分为平带传动、V 带传动和同步齿形带传动等，如图 3-29 所示。摩擦型带传动能过载打滑，但传动比不准确；同步齿形带传动可保证传动同步，但对载荷变动的吸收能力稍差。其中，V 带传动应用广泛。本节主要介绍 V 带传动的装配与调整。

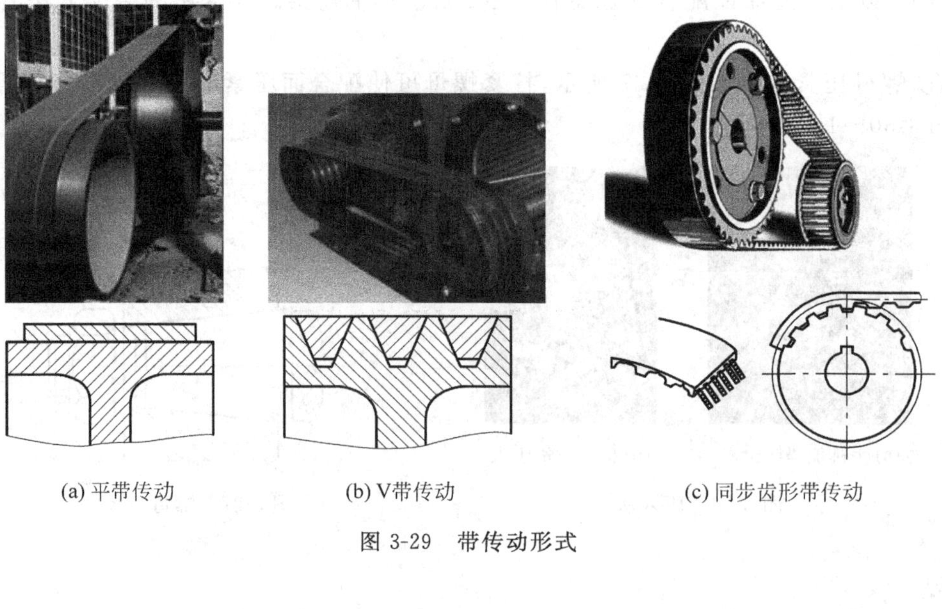

(a) 平带传动 (b) V带传动 (c) 同步齿形带传动

图 3-29 带传动形式

1. 带传动机构的装配技术要求

① 带轮的安装要正确，其径向圆跳动量和端面圆跳动量应控制在规定范围内。

② 两带轮的中间平面应重合，其倾斜角和轴向偏移量不得超过规定要求。一般倾斜角不应超过1°，否则带易脱落或加快带侧面磨损。

③ 带轮工作表面粗糙度要符合要求，一般为$Ra3.2\mu m$。过于粗糙，工作时加剧带的磨损；过于光滑，加工经济性差，且带易打滑。

④ 带的张紧力要适当，张紧力过小，不能传递一定的功率；张紧力过大，带、轴和轴承都将迅速磨损。

⑤ 皮带在带轮上的包角不能太小。当张紧力一定时，包角越大，摩擦力也越大。对V带来说，其小带轮包角不能小于120°，否则也容易打滑。如图3-30所示，α_1，α_2分别为小带轮和大带轮的包角。

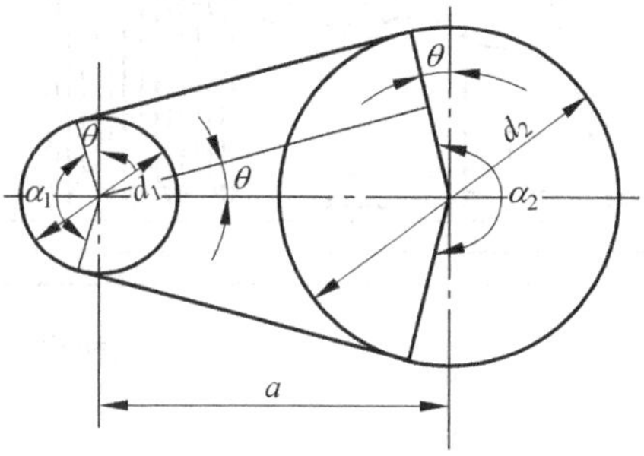

图3-30　皮带在带轮上的包角

2. 带传动机构的装配

(1) 带轮的装配

带轮孔与轴为过渡配合，有少量过盈，同轴度较高，并且用紧固件做周向和轴向固定。带轮在轴上的固定形式如图3-31所示。

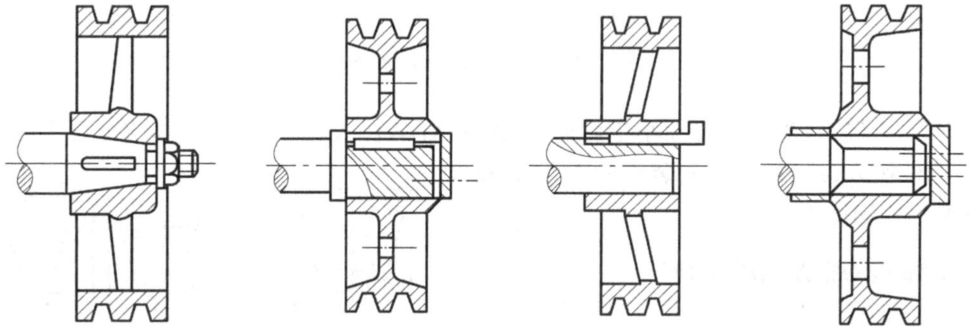
(a) 圆锥形轴头连接　(b) 平键连接　(c) 楔键连接　(d) 花键连接

图3-31　带轮在轴上的固定形式

带轮与轴装配后，要用百分表检查带轮的径向圆跳动量和端面跳动量，如图3-32所示；还要检查两带轮相对位置是否正确，带轮相互位置不准确会引起带张紧。装配时，除两轴平行外，还要使两轴中心距在一定的范围内，同时带轮的轴向位置要正确。对中心距不大的带轮相互位置正确性的测量采用直尺或拉绳方法检查，如图3-33所示。

(2) V带的安装

V带带轮的典型结构有实心式、腹板式、孔板式、轮辐式4种，如图3-34所示。

V带是断面为梯形的环形传动带，V带传动的带轮轮缘上面有梯形槽。V带的型号应与轮上槽形相符合。传动时，V带的梯形边的两侧面紧紧贴着带轮上的梯形槽壁，而底部留有空隙，工作面是带的两侧面，摩擦力是平带的3倍，传动能力强。

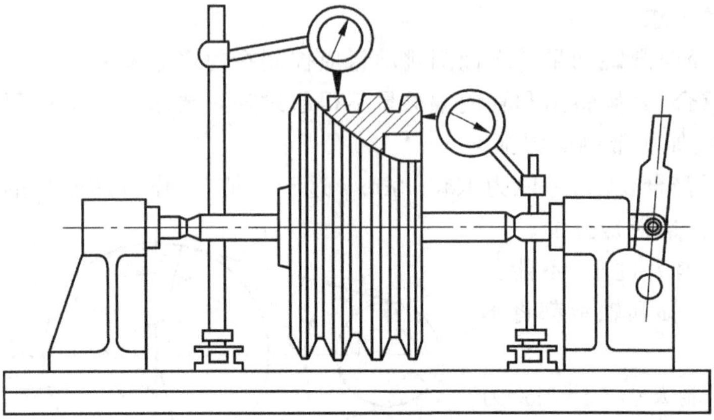

图 3-32 带轮跳动量的检查

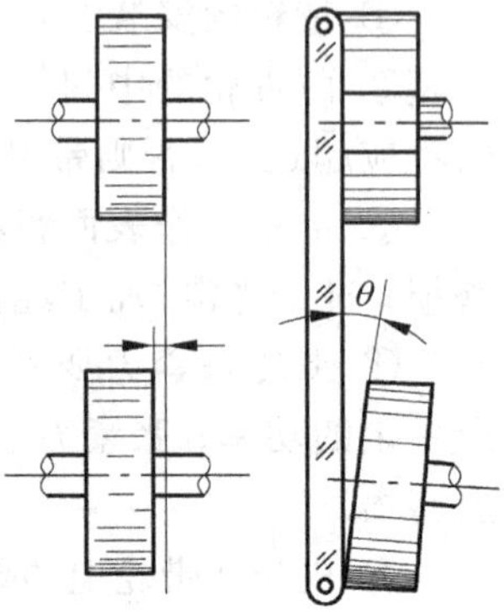

图 3-33 带轮相互位置正确性的检查

图 3-34 V 带带轮的典型结构

安装 V 带时,先将其套在小带轮轮槽中,然后套在大轮上,边转动大轮,边用一字旋具将 V 带拨入带轮槽中。安装后的 V 带在槽中的正确位置如图 3-35 所示。

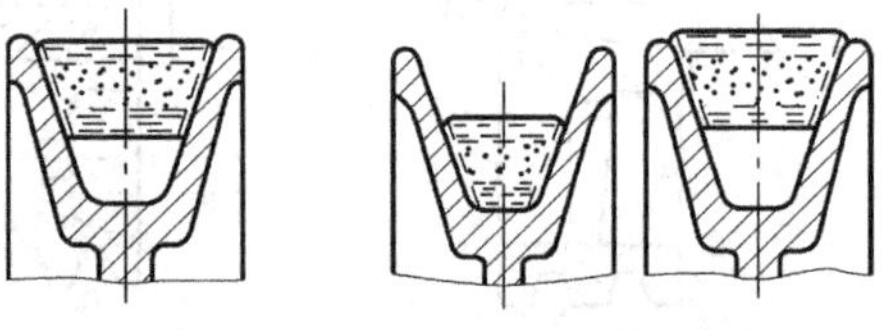

图 3-35 V 带在槽中的正确位置

3. 带传动张紧力的控制

(1) 张紧力的检查

带传动是摩擦传动,适当的张紧力是保证带传动正常工作的重要因素。张紧力不足,带将在带轮上打滑,使带急剧磨损;张紧力过大,则会使带的寿命降低,轴和轴承上作用力增大。合适的张紧力可通过计算确定,即在带与两轮的切点 B 和 A 的中点且垂直于传动带加一载荷 W,通过测量产生的挠度 y 来检查张紧力的大小,如图 3-36(a)所示。在工厂中,常根据经验来控制或检查张紧力的大小。对中等中心距的一般 V 带传动,用大拇指在 V 带与带轮量切点的中间处,以能将 V 带按下 15mm 左右为宜,如图 3-36(b)所示。

(2) 张紧力的调整

传动带工作一定时间后,将发生塑性变形,使张紧力减小,需要调整张紧力保证正常的传动。张紧力的调整是靠改变两带轮的中心距来实现。当两带轮的中心距不可改变时,可应用张紧轮张紧。

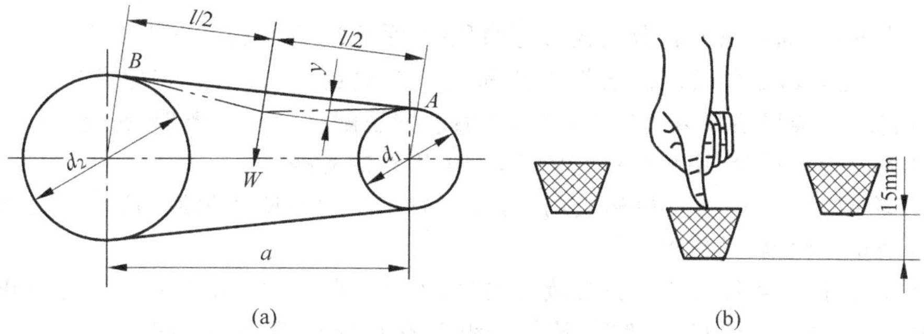

图 3-36　张紧力的检查

① 定期张紧。通过旋紧调节螺栓实现张紧，是最简单的通用方法，如图 3-37(a)、(b)所示。图 3-37(a)多用于水平或接近于水平的传动，图 3-37(b)多用于垂直或接近于垂直的传动。

② 自动张紧。让传动轮悬空，靠自身重力保持皮带张紧，通过重心偏移来实现，如图 3-37(c)所示。靠电动机的自重或定子的反力矩张紧，多用于小功率的传动。安装时，应使电动机和带轮的转向有利于减轻配重或减小偏心距。

③ 张紧轮张紧。如图 3-37(d)所示，适用于当中心距不便调整时，可任意调节张紧力的大小，但影响带的寿命，不能逆转。选择张紧轮时，要注意张紧轮的放置位置，张紧轮的直径 $d_2 \geqslant (0.8\sim1)d_1$($d_1$ 为传动轮的直径)，应装在带的松边内侧。

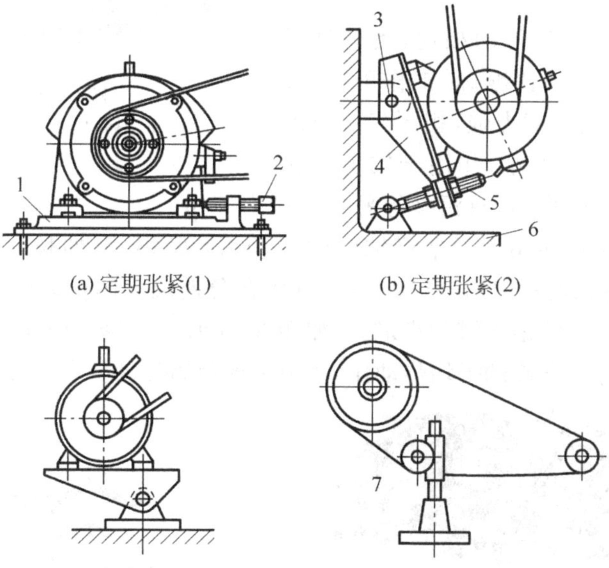

图 3-37　张紧力的调整

1—滑轨；2—调整螺栓；3—销轴；4—摆架；5—螺杆；6—机座；7—张紧轮

4. 带传动机构的损坏形式及修复

带传动机构常见的损坏形式有轴颈弯曲、带轮孔与轴配合松动、带轮槽磨损、V 带拉长或断裂、带轮崩裂等。

① 轴颈弯曲。两带轮在使用过程中，发现轮上的三角带张紧程度不等，这是轴颈弯

曲原因造成的，用划针盘或百分表检查弯曲程度，采用矫直或更换方法修复。

② 带轮孔与轴配合松动。当带轮孔和轴颈磨损量不大时，可将轮孔用车床修圆修光，轴颈用镀铬、堆焊或喷镀法加大直径，然后磨削至配合尺寸。当带轮孔磨损严重时，可将轮孔镗大后压装衬套，用骑缝螺钉固定，加工出新的键槽。

③ 带轮槽磨损。带传动机构使用一段时间后，三角带陷入槽底，这是带轮磨损造成的。可适当车深轮槽，并修整轮缘。

④ V 带拉长。V 带拉长在正常范围内时，可通过调整中心距张紧。若超过正常的拉伸量，则应更换新带。更换 V 带时，应将一组 V 带同时更换，不得新旧混用。

⑤ 带轮崩裂。带轮崩裂后应更换新带轮。

3.7 链传动机构的装配

链传动机构是由两个链轮和连接它们的链条组成，通过链条将具有特殊齿形的主动链轮的运动和动力传递到具有特殊齿形的从动链轮的一种传动方式。如图 3-38 所示，链传动是由主动链轮 1、从动链轮 2 和环绕在链轮上的链条 3 组成。

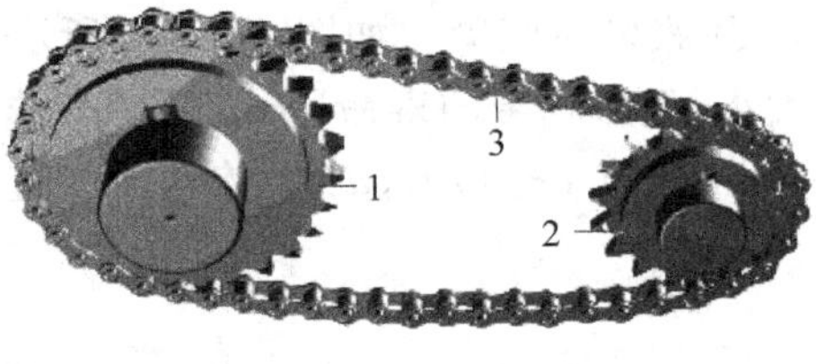

图 3-38 链传动

1—主动链轮；2—从动链轮；3—链条

链传动的优点：与带传动相比，无弹性滑动和打滑现象，平均传动比准确，工作可靠，效率高；传递功率大，过载能力强，相同工况下的传动尺寸小；所需张紧力小，作用于轴上的压力小；能在高温、潮湿、多尘、有污染等恶劣环境中工作。

链传动的缺点：仅能用于两平行轴间的传动；易磨损，易伸长，传动平稳性差，运转时会产生附加动载荷、震动、冲击和噪声，不宜用在急速反向的传动中。

常用的传动链有套筒滚子链和齿形链，如图 3-39 所示为套筒滚子链，如图 3-40 所示为齿形链。传动链能保证准确的平均传动比，适用于远距离传动要求或温度变化大的场合。

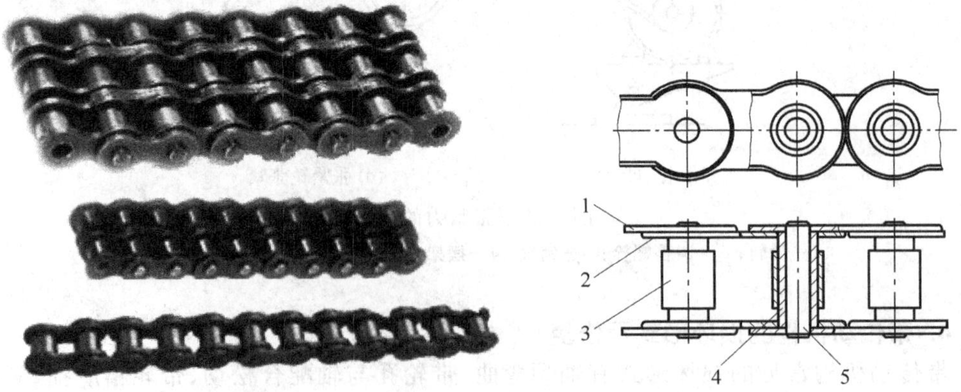

图 3-39 套筒滚子链

1—外链片；2—内链片；3—滚子；4—衬套；5—销子

图 3-40 齿形链

1. 链传动机构的装配技术要求

① 两链轮轴线必须平行，否则会加剧链条和链轮的磨损，降低传动平稳性并增加噪声。检查两链轮轴线平行度及轴向偏移量的方法如图 3-41 所示，通过测量 A、B 两个尺寸来确定其误差。

② 两链轮之间轴向偏移量必须在要求范围内。一般当两轮中心距小于 500mm 时，允许轴向偏移量 a 为 1mm；当两轮中心距大于 500mm 时，允许轴向偏移量 a 为 2mm，如图 3-41 所示。

③ 链条的下垂度要适当，过紧会加剧磨损，过松则容易产生震动或脱链现象。检查链条下垂度的方法如图 3-42 所示。对于水平或 45°以下的链传动，链的下垂度 f 应小于 $2\%l$（l 为两链轮的中心距）；倾斜度增大时，就要减小下垂度；在链垂直传动时，f 应小于 $0.2\%l$。

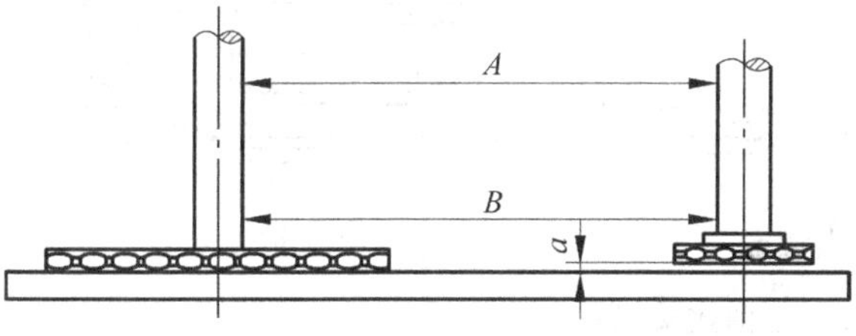

图 3-41 两链轮轴线平行度及轴向偏移量的检查

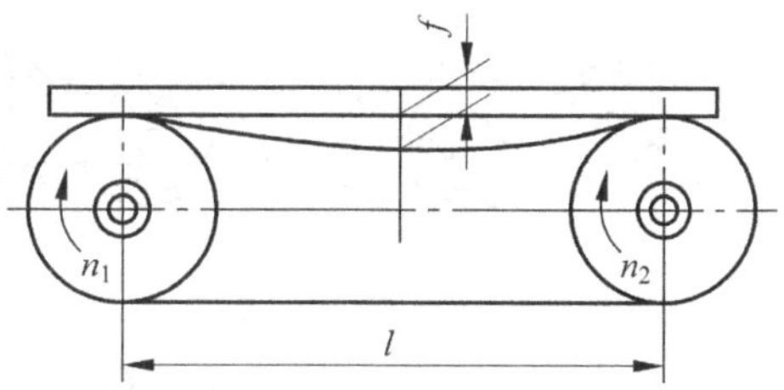

图 3-42 链条下垂度的检查

④ 链轮的跳动量必须符合要求，可用划线盘或百分表进行检查，如图 3-43 所示，具体数值可查有关手册。

2. 链传动机构的装配

链传动机构的装配内容包括链轮与轴的装配、两链轮相对位置的调整、链条的安装和链条的张紧力的调整。链轮装配方法与带轮装配方法基本相同，链轮在轴上的固定方法如图 3-44 所示。装配后应检查链轮的跳动，保证链轮与链轮座的同心度，同时确保两轴平行，两链轮共面。

套筒滚子的接头形式如图 3-45 所示。图 3-45(a)为用开口销固定活动销轴，图 3-45(b)为用弹簧卡片固定活动销轴，这两种形式都在链条节数为偶数时使用。用弹簧卡片固定时，要注意使开口端方向与链条的速度方向相反，以免运转中受到撞碰而脱落。图 3-45(c)为采用过渡链节接合的形式，适用于链节为奇数时。这种过渡链节的柔性较好，具有缓冲和减振作用，但这种链片会受到附加弯曲作用，故最好不用。

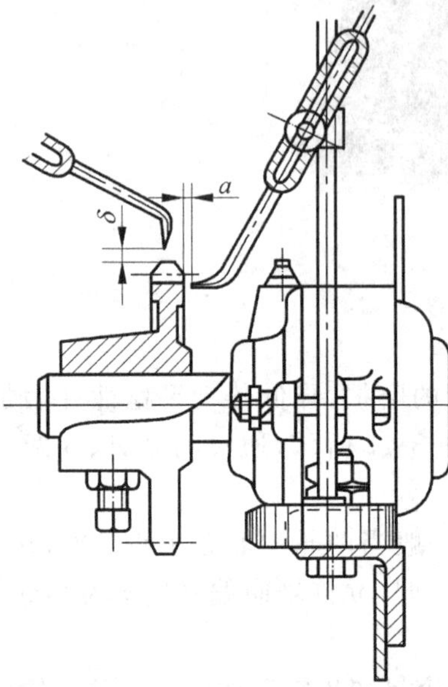

图 3-43 链轮跳动量的检查

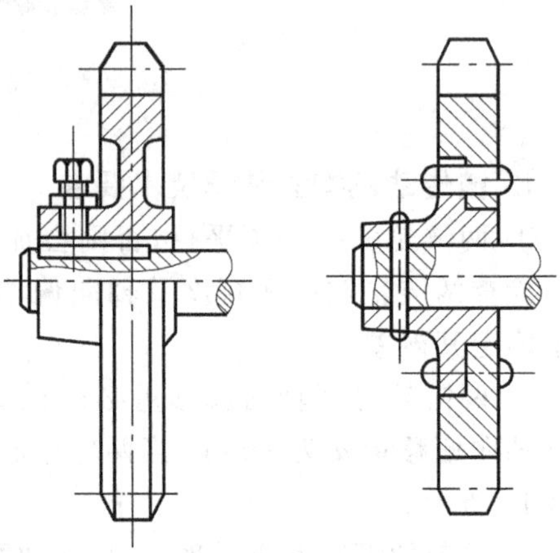

图 3-44 链轮的固定方法

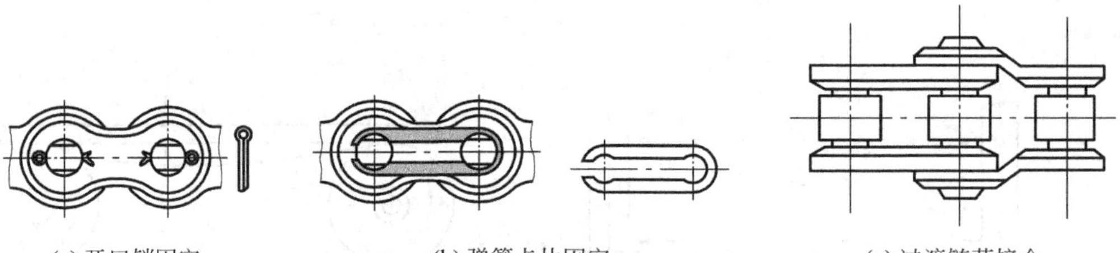

(a) 开口销固定　　(b) 弹簧卡片固定　　(c) 过渡链节接合

图 3-45 套筒滚子的接头形式

对于链条两端的接合，如两轴中心距可调节且链轮在轴端时，可以预先接好，再装到链轮上。如果结构不允许预先将链条接头连接好时，则必须先将链条套在链轮上，再采用专用的拉紧工具进行连接。套筒滚子链的拉紧方法如图 3-46(a)所示，齿形链的拉紧方法如图 3-46(b)所示。

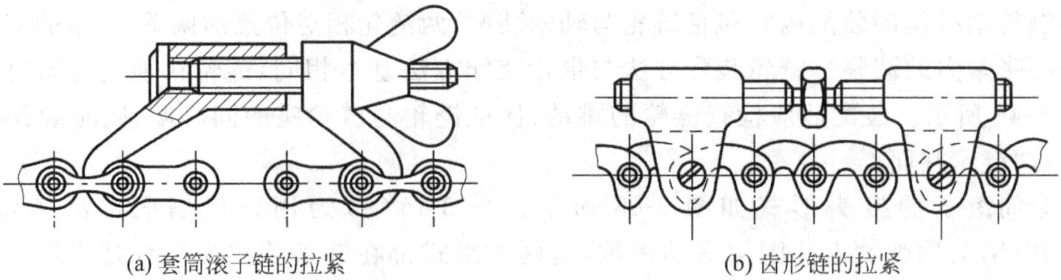

(a) 套筒滚子链的拉紧　　(b) 齿形链的拉紧

图 3-46 用拉紧工具拉紧链

3. 链传动机构的损坏形式及修复

链传动机构常见的损坏形式有链条拉长、链或链轮磨损、链轮轮齿个别折断和链节断裂等。

① 链条拉长。链条在使用过程中，正常的磨损会使链条逐渐伸长，结果链条下垂度会逐渐增大，链条产生剧烈跳动，链条磨损加大，甚至出现跳齿、脱齿的现象，因此应及时调整其松紧度。当链轮中心距可以调整时，可通过调整中心距使链条拉紧；若中心距不能调节时，可使用张紧轮张紧，也可以卸掉一个或几个链节来调整。当链条的磨损伸长量超过 3%时，不应再继续使用，应及时更换链条，以保证设备使用的安全性、可靠性。更换链条时，如链条为两条配对使用的，则应同时进行更换。

② 链或链轮磨损。若发现链片、滚子、销子等零件出现早期疲劳裂纹，应及时拆除，予以更换。链轮牙齿磨损后，节距增加，使磨损加快，当磨损严重时应更换新的链轮。

③ 链轮轮齿个别折断。可采用堆焊后锉配修复，或更换新链轮。

④ 链节断裂。可采用更换断裂链节的方法修复。

4. 链条的使用与保养

① 链条应保持清洁，并定期对其注油保养，最好采用 30 号、40 号机油，可用油枪（无条件时也可使用毛刷）将润滑油均匀地喷洒在链条铰链间隙中并经常检查润滑效果。如摩擦面呈棕色或暗褐色时，一般是说明供油不足，就应及时涂上机油。如链条上积聚了灰尘、泥沙和污渍，应及时用煤油清洗，洗净后将链条浸入润滑油中，使链条充分浸油后再装上。

② 链条启动时，注意平稳，不得超负荷使用，不允许有偏载，以免链条因过载断裂和孔径拉长、销轴脱出而引发安全事故。

③ 链条在使用过程中如遇到酸、碱性过大的污染物品，应及时对其进行清洗，并重新注油，以免对链传动机构产生腐蚀，影响使用性能。

④ 安装后的新设备停放在露天仓库等恶劣环境时，应做好防尘、防锈工作。

⑤ 使用中的设备需停用时，应对链条进行清洗并做好上油防锈处理，启用时应检查链条及其相关部件转动是否灵活，确认无误后方可使用。

3.8　齿轮传动机构的装配

齿轮传动是利用两齿轮的轮齿相互啮合传递动力和运动的机械传动。齿轮传动是机械中最常用的传动方式之一，在机械传动中应用广泛。常见的齿轮传动形式如图 3-47 所示。

齿轮传动的优点是传动比恒定、变速范围大、传动效率高、传动功率大、结构紧凑、使用寿命长等；缺点是噪声大、无过载保护、不宜用于远距离传动、制造装配要求高等。

1. 齿轮传动机构的装配技术要求

① 齿轮孔与轴的配合要满足使用要求。如空套齿轮在轴上不得有晃动现象，滑移齿轮不应有咬死或阻滞现象，固定齿轮不得有偏心或歪斜现象。

(a) 直齿圆柱齿轮传动 (b) 直齿内啮合齿轮传动 (c) 齿轮齿条传动 (d) 斜齿圆柱齿轮传动

(e) 人字齿圆柱齿轮传动 (f) 直齿圆锥齿轮传动 (g) 斜齿圆锥齿轮传动 (h) 弧齿圆锥齿轮传动

(i) 交错轴斜齿轮传动 (j) 蜗轮蜗杆传动 (k) 双曲面齿轮传动

图 3-47 常见的齿轮传动形式

② 保证齿轮有准确的安装中心距和适当的齿侧间隙。齿侧间隙是指齿轮副非工作表面法线方向距离，如图 3-48 所示。侧隙过小，齿轮转动不灵活，热胀时易卡齿，从而加剧齿面磨损；侧隙过大，换向时空行程大，易产生冲击和震动。

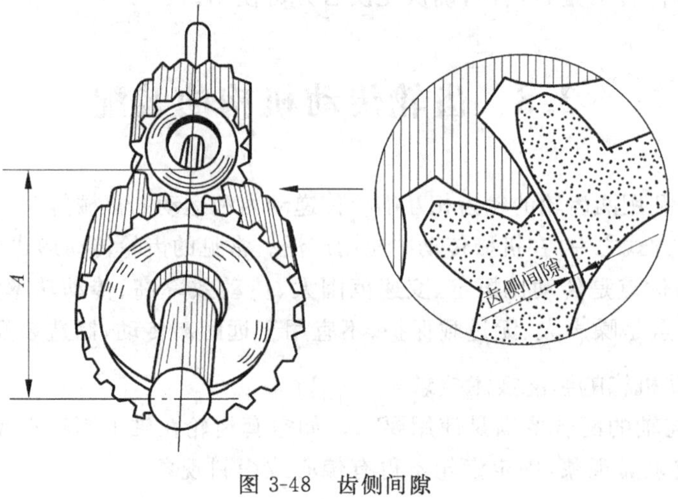

图 3-48 齿侧间隙

③ 保证齿面有正确的接触位置和足够的接触面积。

④ 进行必要的平衡试验。对转速高、直径大的齿轮,装配前应进行动平衡检查,以免工作时产生过大的震动。

2. 圆柱齿轮传动机构的装配

装配圆柱齿轮传动机构时,一般是先把齿轮装在轴上,再把齿轮轴部件装入箱体。

1) 齿轮与轴的装配

① 在轴上空套或滑移的齿轮,一般与轴为间隙配合,装配精度主要取决于零件本身的加工精度,这类齿轮装配较方便。装配前应检查孔与轴的加工尺寸是否符合配合要求。

② 在轴上固定的齿轮,与轴的配合多为过渡配合,有少量的过盈,装配时需加一定的外力。如过盈量较小时,用手工工具敲击装入;过盈量较大时,可用压力机压装或采用液压套合的装配方法。压装齿轮时要尽量避免齿轮偏心、歪斜和端面未紧贴轴肩等安装误差,如图 3-49 所示。

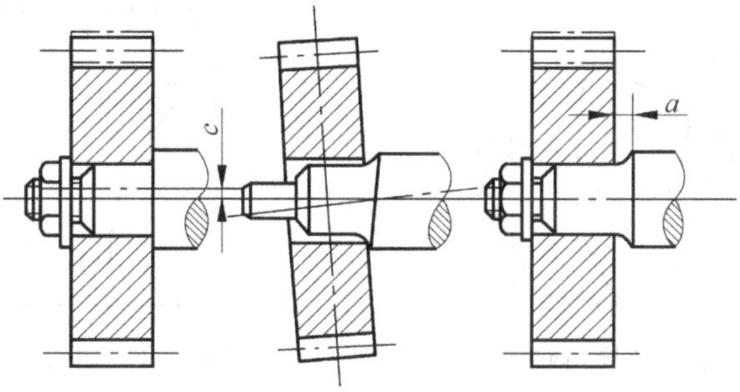

图 3-49 齿轮在轴上的安装误差

③ 对于精度要求高的齿轮传动机构,安装后应用齿轮跳动仪检查径向跳动量和端面跳动量。径向跳动量是指在齿轮旋转一周内,齿轮分度圆上百分表的最大读数与最小读数之差,即齿轮分度圆上的径向圆跳动误差。端面跳动量是指在齿轮旋转一周内,齿轮端面上百分表的最大读数与最小读数之差,即齿轮端面圆跳动误差。

2) 齿轮轴装入箱体

齿轮的啮合质量要求包括适当的齿侧间隙和一定的接触面积以及正确的接触位置。齿轮啮合质量的好坏,除了齿轮本身的制造精度外,箱体孔的尺寸精度、形状精度及位置精度也对其有直接的影响。所以,齿轮轴部件装配前应检查箱体的主要部位是否达到规定的技术要求。

装配前要对箱体进行检查,检查孔距是否在规定的公差范围内,孔系平行度是否符合要求,孔轴线与基面距离尺寸及平行度是否符合要求,孔中心线与端面垂直度、孔中心线同轴度是否符合要求等。

齿轮传动精度除了受齿轮加工精度、齿轮的精度等级的影响外,还受到齿轮副的侧隙要求及齿轮副的接触斑点要求等的影响。齿轮轴部件装入箱体后,必须检查其齿侧间隙和接触精度。

(1) 齿侧间隙的检验

检验齿侧间隙的常用方法有以下两种。

① 铅丝检验法。齿侧间隙最直观、最简单的检验方法就是压铅丝法，如图 3-50 所示。将直径为侧隙 1.25～1.5 倍的软铅丝用油脂粘在小齿轮上，铅丝长度不应少于 5 个齿距，为使齿轮啮合时有良好的受力状况，应在齿面沿齿宽两端平行放置两条铅丝。转动齿轮测量铅丝挤压后相邻的两较薄部分的厚度之和即为齿侧间隙(简称侧隙)。

② 百分表检验法。如图 3-51 所示，测量时将百分表触头直接抵在一个齿轮的齿面上，另一齿轮固定。将接触百分表触头的齿从一侧啮合迅速转到另一侧啮合，百分表上的读数差值即为侧隙。

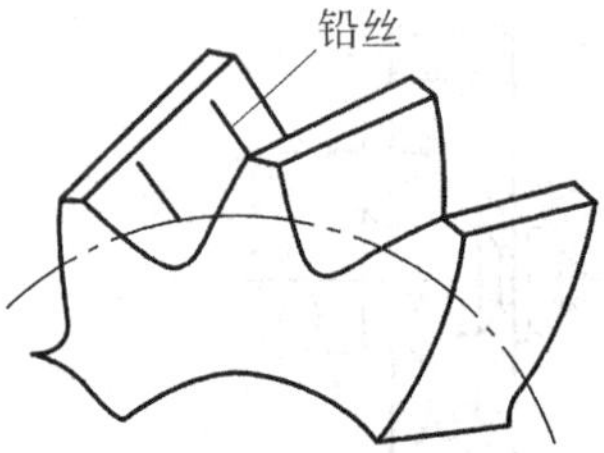

图 3-50 用铅丝检验侧隙

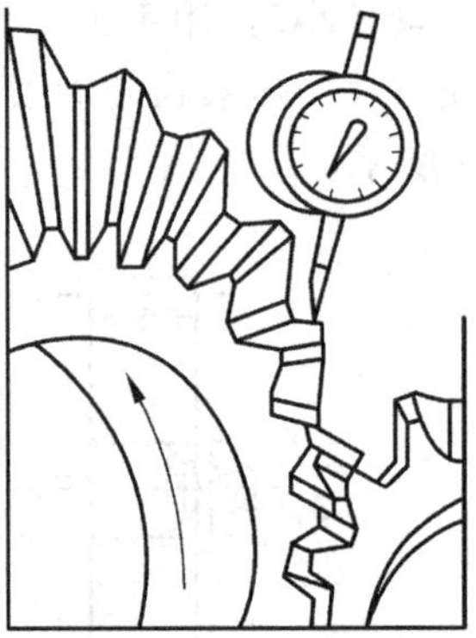

图 3-51 用百分表检验侧隙

(2) 接触精度的检验

接触精度的主要指标是接触斑点，其检验一般用涂色法。将红丹粉涂于主动齿轮齿面上，转动主动齿轮并使从动齿轮轻微制动后，即可检查其接触斑点。对双向工作的齿轮，正反两个方向都应检查。

齿轮上接触印痕的面积大小，应该随齿轮精度而定。一般传动齿轮(6～9 级精度)在轮齿的高度上接触斑点应不少于 30%～50%，在轮齿的宽度上应不少于 40%～70%，其分布的位置应是自节圆处上下对称分布。

通过接触斑点的位置及面积的大小，可以判断装配时产生误差的原因。影响齿轮接触精度的主要因素是齿形精度及安装是否正确。当接触斑点位置正确而面积太小时，是由于齿形误差太大所致。应在齿面上加研磨剂并使两轮转动进行研磨，以增加接触面积。齿形正确而安装有误差造成接触不良的原因及调整方法如表 3-2 所示。

表 3-2 圆柱齿轮接触斑点状况分析及调整方法

接触斑点	说明	状况分析	调整方法
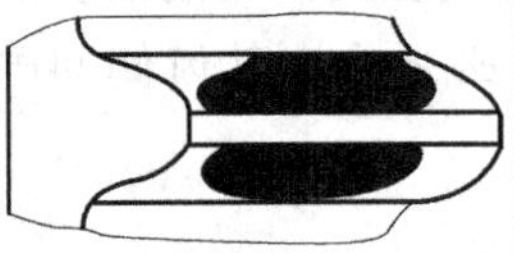	正常接触	—	—

续表

接触斑点	说明	状况分析	调整方法
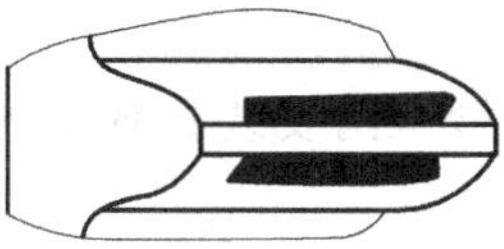	上齿面接触	中心距偏大	
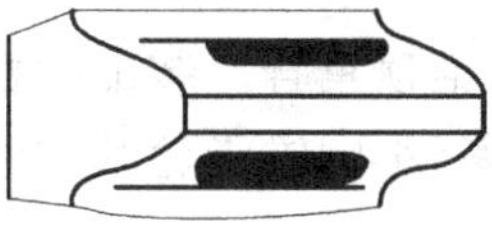	下齿面接触	中心距偏小	
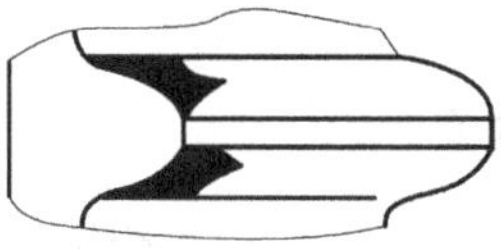	同向偏接触	两齿轮轴线不平行	在中心距允许误差范围内，调整轴承座或刮削轴瓦
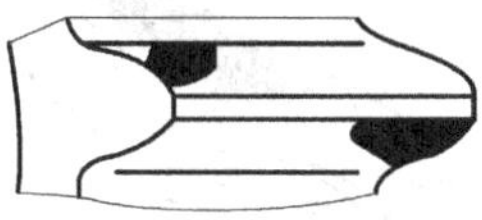	异向偏接触	两齿轮轴线相对歪斜	
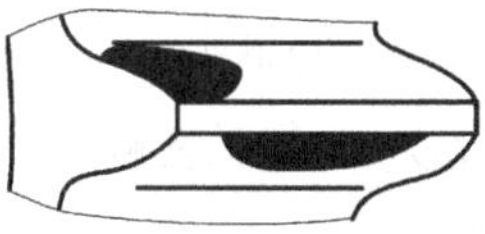	单面偏接触	两齿轮轴线不平行且同时歪斜	
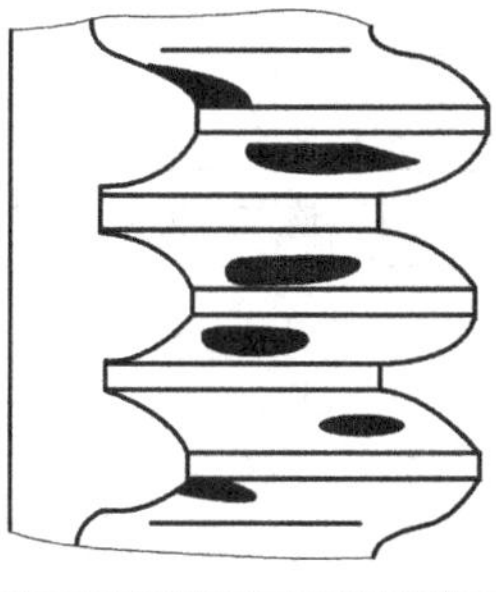	游离接触	齿轮端面与回转中心线不垂直	检查并校正齿轮端面与回转中心线的垂直度
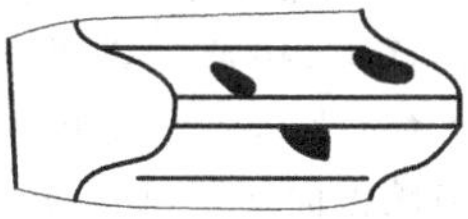	鳞状接触	齿面有波纹或带有毛刺	修整或去除毛刺

(3) 齿轮的跑合

一般的传动齿轮副，不要求很高的运动精度和工作平稳性，但要求接触精度达到要求，可用跑合方法。跑合的目的是在齿轮副加载前齿轮及轴承的结合面接触更好，防止局部过载。齿轮的跑合方式有电火花跑合和加载跑合两种。在接触区域内通过脉冲放电，把齿面凸起的部分先去掉，使接触面积逐渐扩大的方法叫电火花跑合。在保留原齿轮副的情况下，为增加接触面积，改善啮合质量，应采用加载跑合措施。无论是用哪一种方法跑合，跑合合格后，应将箱体进行彻底清洗，以防磨料、铁屑等杂质残留在轴承等处。

3. 圆锥齿轮传动机构的装配

装配圆锥齿轮传动机构的顺序和装配圆柱齿轮传动机构的顺序相似。

(1) 箱体检验

圆锥齿轮一般是传递互相垂直的两轴之间的运动,装配之前需检验两安装孔轴线的垂直度和相交程度。

(2) 两圆锥齿轮轴向位置的确定

当一对标准的圆锥齿轮传动时,必须使两齿轮分度圆锥相切、两锥顶重合。装配时据此来确定小圆锥齿轮的轴向位置,即小圆锥齿轮轴向位置按安装距离(小圆锥齿轮基准面至大圆锥齿轮轴的距离)来确定。

(3) 圆锥齿轮装配质量的检验

圆锥齿轮装配质量的检验包括齿侧间隙的检验和接触斑点的检验。

① 齿侧间隙检验。其检验方法与圆柱齿轮基本相同。

② 接触斑点检验。接触斑点检验一般用涂色法。在无载荷时,接触斑点应靠近轮齿小端,以保证工作时轮齿在全宽上能均匀地接触;满载荷时,接触斑点在齿高和齿宽方向应不少于40%～60%(随齿轮精度而定),如图 3-52 所示。

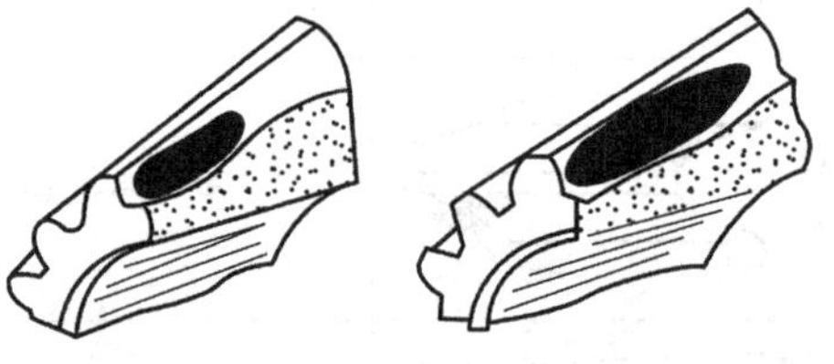

(a) 无载荷　　(b) 满载荷

图 3-52　圆锥齿轮受负荷前后接触斑点的变化

直齿圆锥齿轮涂色检验时接触斑点状况分析及调整方法如表 3-3 所示。

表 3-3　直齿圆锥齿轮接触斑点状况分析及调整方法

接触斑点	说　明	状况分析	调整方法
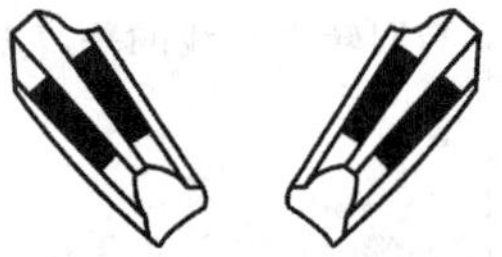	正常接触	接触区在齿宽中部偏小端	
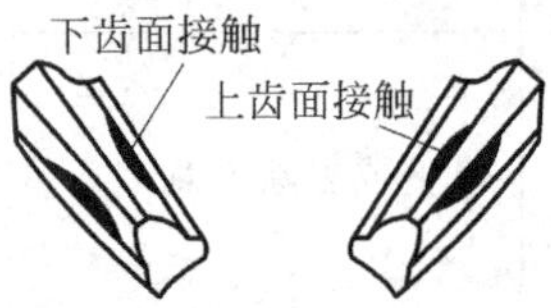	上、下齿面接触	小齿轮的接触区在上(下)齿面,大齿轮的接触区在下(上)齿面,小齿轮轴向位置误差	小齿轮沿轴线向大齿轮方向移出(移近),如侧隙过大(过小),大齿轮将朝小齿轮方向移近(移出)
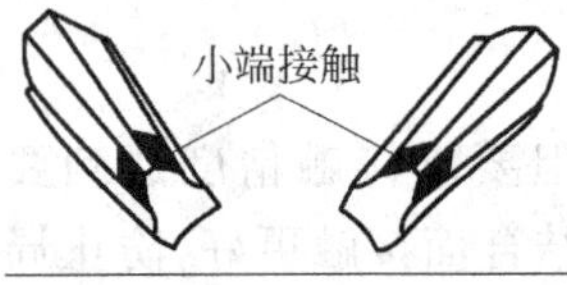	同向偏接触	齿轮副同在近小端或同大端处接触,齿轮副轴线交角太大或太小	不能用一般方法调整,必要时修刮轴瓦或返修箱体
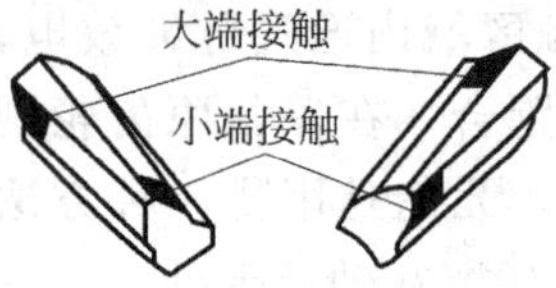	异向偏接触	齿轮副分别在轮齿一侧大端和另一侧小端接触,齿轮副轴线偏移	检查零件误差,必要时修刮轴瓦

4. 齿轮传动机构的修复

齿轮传动机构在工作一定时间后，会产生磨损(过载会使磨损加剧)，润滑不良，齿面出现点蚀、胶合和塑性变形，齿侧间隙增大，噪声增加，传动精度降低，严重时甚至发生轮齿断裂等。

① 齿轮磨损严重或轮齿断裂时，应更换新的齿轮。

② 如果是小齿轮与大齿轮啮合，一般小齿轮比大齿轮磨损严重，应及时更换小齿轮，以免加剧大齿轮的磨损。

③ 对于大模数、低转速的齿轮，个别轮齿断裂时，可用镶齿法修复。

④ 大型齿轮的轮齿磨损严重时，可采用更换轮缘法修复，具有较好的经济性。

⑤ 圆锥齿轮因轮齿磨损或调整垫圈磨损而造成侧隙增大时，应进行调整。调整时，将两个圆锥齿轮沿轴向移近，使侧隙减小，再选配调整垫圈厚度来固定两齿轮的位置。

3.9　蜗杆传动机构的装配

蜗杆传动机构用来传递互相垂直的空间交错两轴之间的运动和动力，如图3-53所示。它常用于转速需要急剧降低的场合，具有降速比大、结构紧凑、有自锁性、传动平稳、噪声小等特点；缺点是传动效率较低，工作时发热大，需要有良好的润滑。

图3-53　蜗杆传动

1. 蜗杆传动机构的装配技术要求

通常的蜗杆传动是以蜗杆为主动件，其轴心线与蜗轮轴心线在空间交错轴间交角为90°。蜗杆传动机构装配时应符合以下技术要求。

① 蜗杆轴心线应与蜗轮轴心线垂直，蜗杆轴心线应在蜗轮轮齿的中间平面内。

② 蜗杆与蜗轮间的中心距要准确，以保证有适当的齿侧间隙和正确的接触斑点。

③ 转动灵活。蜗轮在任意位置，旋转蜗杆手感相同，无卡住现象。

2. 蜗杆传动机构箱体装配前的检验

为了确保蜗杆传动机构的装配要求，通常是先对蜗杆箱体上蜗杆轴孔中心线与蜗轮轴孔中心线间的中心距和垂直度进行检验，然后进行装配。

3. 蜗杆传动机构的装配

一般情况下，装配工作是从装配蜗轮开始的，其步骤如下。

① 组合式蜗轮应先将齿圈压装在轮毂上，方法与过盈配合的装配相同，并用螺钉加以紧固。

② 将蜗轮装在轴上，其安装及检验方法与圆柱齿轮相同。

③ 把蜗轮轴组件装入箱体，然后再装入蜗杆。一般蜗杆轴的位置由箱体孔确定，要

使蜗杆轴线位于蜗轮轮齿的中间平面内，可通过调整垫片厚度的方法，调整蜗轮的轴向位置。

4. 蜗杆传动机构装配质量的检验

(1) 蜗轮的轴向位置及接触斑点的检验

用涂色法检验其啮合质量。先将红丹粉涂在蜗轮孔的螺旋面上，并转动蜗杆，可在蜗轮轮齿上获得接触斑点，蜗轮副正确的接触斑点位置应在蜗轮中部稍偏于蜗杆旋出方向，如图 3-54(a)所示。图 3-54(b)、图 3-54(c)表示蜗轮轴向位置不正确，应配磨垫片来调整蜗轮的轴向位置。接触斑点的长度，轻载时为齿宽的 25%～50%，满载时为齿宽的 90%左右。

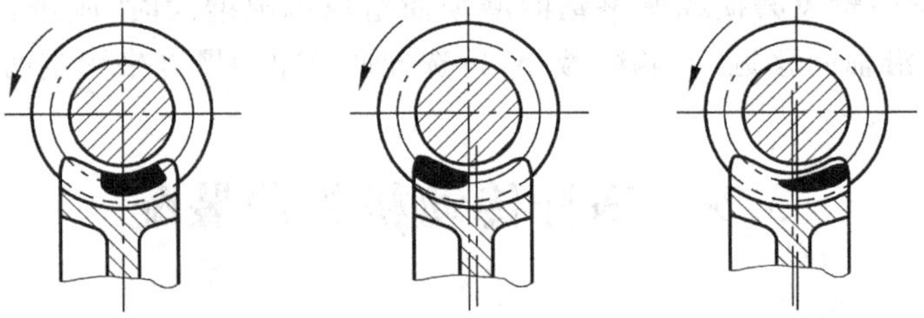

(a) 正确　(b) 蜗轮偏右　(c) 蜗轮偏左

图 3-54　用涂色法检验蜗轮齿面接触斑点

(2) 齿侧间隙检验

一般要用百分表测量，在蜗杆轴上固定一带量角器的刻度盘，百分表触头抵在蜗轮齿面上，用手转动蜗杆，在百分表指针不动的条件下，用刻度盘相对固定指针的最大空程角判断侧隙大小。

装配后的蜗杆传动机构，还要检查其转动灵活性，蜗轮在任何位置上用手旋转蜗杆所需的扭矩均应相同，没有咬住现象。

5. 蜗杆传动机构的修复

① 一般传动的蜗杆蜗轮磨损或划伤后，要更换新的。

② 大型蜗轮磨损或划伤后，为了节约材料，一般采用更换轮缘法修复。

③ 分度用蜗杆机构(又称分度蜗轮副)的传动精度要求很高，修理工作复杂和精细，一般采用精滚齿后剃齿或珩磨法进行修复。

3.10　螺旋传动机构的装配

螺旋传动是利用螺杆和螺母的啮合来传递动力和运动的机械传动，其作用是将旋转运动转换成直线运动，将转矩转换成推力。它具有传动精度高、工作平稳、无噪声、易于自锁、能传递较大的扭矩等特点，在机床中得到广泛的应用。如图 3-55(a)所示为常见的滑动螺旋传动机构。

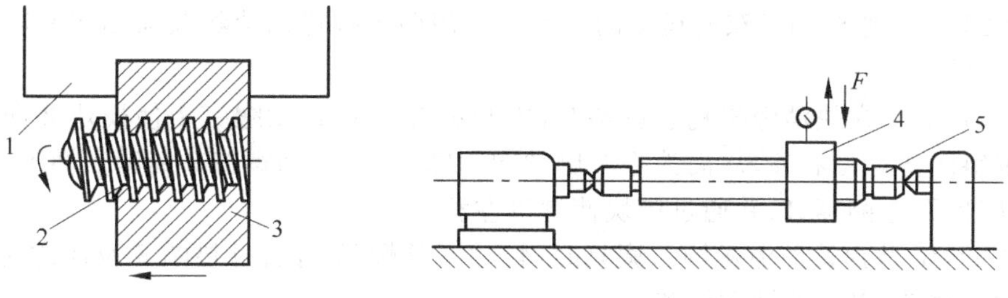

(a) 滑动螺旋传动机构　　(b) 螺旋副径向间隙的测量

图 3-55 螺旋传动

1—床鞍；2,5—丝杠；3,4—螺母

1. 螺旋传动机构的装配技术要求

为了保证丝杠的传动精度和定位精度，螺旋机构装配后一般应满足以下要求。

① 螺旋副应有较高的配合精度和准确的配合间隙。

② 螺旋副轴线的同轴度及丝杠轴心线与基准面的平行度，应符合规定要求。

③ 螺旋副相互转动应灵活，丝杠的回转精度应在规定范围内。

2. 螺旋传动机构的装配

1）螺旋副配合间隙的测量和调整

(1) 径向间隙的测量

螺旋副的径向间隙直接反映丝杠与螺母的配合精度，其测量方法如图 3-55(b)所示。将百分表触头抵在螺母上，用稍大于螺母重量的力 F 压下或抬起螺母，百分表指针的摆动量即为径向间隙值。

(2) 轴向间隙的消除和调整

丝杠与螺母的轴向间隙直接影响其传动的准确性，进给丝杠应有轴向间隙消除机构，简称消隙机构。

① 单螺母消隙机构。螺旋副传动机构只有一个螺母时，常采用如图 3-56 所示的消隙机构，使螺旋副始终保持单向接触。注意消隙机构的消隙力方向应和切削力 F_x 方向一致，以防止进给时产生爬行，影响进给精度。

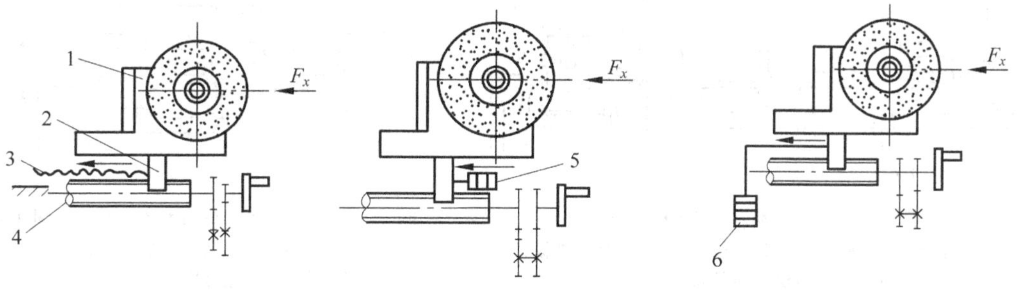

(a) 弹簧拉力消隙　　(b) 油缸压力消隙　　(c) 重锤消隙

图 3-56 单螺母消隙机构

1—砂轮架；2—螺母；3—弹簧；4—丝杠；5—油缸；6—重锤

② 双螺母消隙机构。双向运动的螺旋副应用两个螺母来消除双向轴向间隙，其结构如图 3-57 所示。

图 3-57(a)是楔块消隙机构。调整时，松开螺钉 3，再拧动螺钉 1 使楔块 2 向上移动，以推动带斜面的螺母右移，从而消除右侧轴向间隙，调好后用螺钉 3 锁紧。消除左侧轴向间隙时，则松开左侧螺钉，并通过楔块使螺母左移。

图 3-57(b)是弹簧消隙机构。调整时，转动调整螺母 7，通过垫圈 6 及压缩弹簧 5，使螺母 8 轴向移动，以消除轴向间隙。

图 3-57(c)是利用垫片厚度来消除轴向间隙的机构。当丝杠与螺母磨损后，可通过修磨垫片 10 来消除轴向间隙。

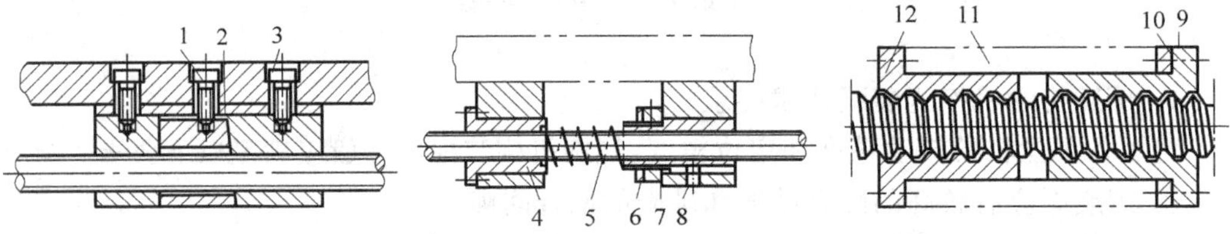

图 3-57　双螺母消隙机构

1,3—螺钉；2—楔块；4,8,9,12—螺母；5—弹簧；6—垫圈；7—调整螺母；10—垫片；11—工作台

2）校正丝杠与螺母轴心线的同轴度及丝杠轴心线与基准面的平行度

为了能准确且顺利地将旋转运动转换为直线运动，螺旋副必须同轴，丝杠轴心线必须和基面平行，为此安装丝杠、螺母时应按以下步骤进行。

① 先正确安装丝杠两轴承支座，用专用检验心棒和百分表校正，使两轴承孔轴心线在同一直线上，且与螺母移动时的基准导轨平行，如图 3-58 所示。校正时可以根据误差情况修刮轴承座结合面，并调整前、后轴承的水平位置，使其达到要求。

心轴上母线 a 用于校正垂直平面，侧母线 b 用于校正水平平面。

② 再以平行于基准导轨面的丝杠两轴承孔的中心连线为基准，校正螺母与丝杠轴承孔的同轴度，如图 3-59 所示。校正时将检验棒 4 装在螺母座 6 的孔中，移动工作台 2，如检验棒 4 能顺利插入前、后轴承座孔中，即符合要求；否则应按 h 尺寸修磨垫片 3 的厚度。

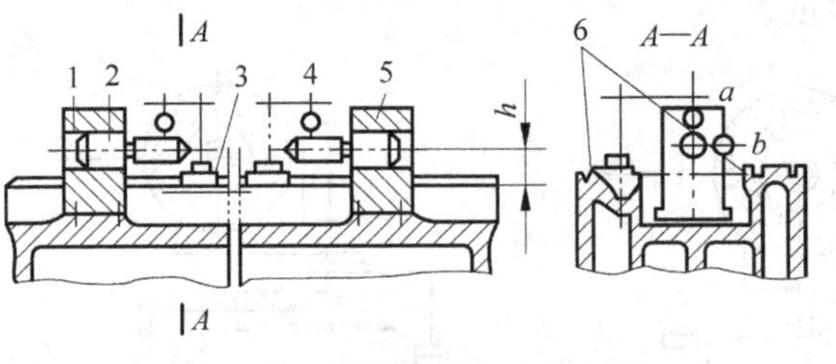

图 3-58　安装丝杠两轴承支座

1,5—前后轴承座；2—检验心棒；3—磁力表座滑板；4—百分表；6—螺母移动基准导轨

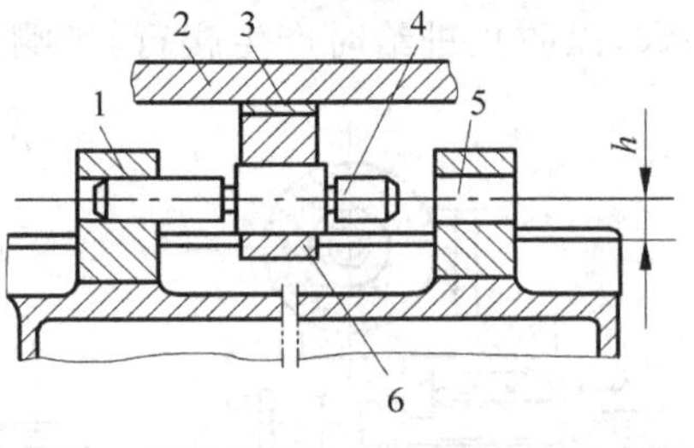

图 3-59　校正螺母与丝杠轴承孔的同轴度

1,5—前后轴承座；2—工作台；3—垫片；4—检验棒；6—螺母座

3）调整丝杠的回转精度

丝杠的回转精度是指丝杠的径向跳动和轴向窜动的大小。装配时，通过正确安装丝

杠两端的轴承支座来保证。

3. 螺旋传动机构的修复

螺旋传动机构经过长期使用，丝杠和螺母都会出现磨损，常见的损坏形式有丝杠螺纹磨损、丝杠轴颈磨损、螺母磨损及丝杠弯曲等。

① 丝杠螺纹磨损的修复。梯形螺纹丝杠的磨损不超过齿厚的10%时，通常用车深螺纹的方法修复，再根据修复后的丝杠配车新螺母；矩形螺纹丝杠磨损后，一般不能修复，只能更换新的；对磨损过大的精密丝杠，常采用更换的方法。

② 丝杠轴颈磨损的修复。丝杠轴颈磨损后，可根据磨损情况，采用镀铬、涂镀、堆焊等方法加大轴颈；在车削轴颈时，应与车削螺纹同时进行，以便保持这两部分轴线的同轴度；磨损的衬套应更换。

③ 螺母磨损的修复。螺母磨损通常比丝杠快，因此常需要更换。

④ 丝杠弯曲的修复。弯曲的丝杠常用矫正法修复。

3.11 联轴器和离合器的装配

联轴器是用来连接不同机构中的两根轴（主动轴和从动轴）使之共同旋转以传递运动和扭矩的机械零件。在高速重载的动力传动中，有些联轴器还有缓冲、减振和提高轴系动态性能的作用。联轴器由两半部分组成，分别与主动轴和从动轴连接。一般动力机大都借助于联轴器与工作机相连接。离合器是一种能使主、从动轴在机器工作时就能方便地将它们接合或分开的传动装置。联轴器与离合器大多数已标准化。

1. 联轴器的装配

联轴器将两轴牢固地连接在一起，在机器运转的过程中，两轴不能分开，只有在机器停车后，经过拆卸，才能使它们分离。按结构形式不同，联轴器可分为锥销套筒式、凸缘式、十字槽式（十字滑块式）、弹性圆柱销式、万向联轴器等。无论哪种形式的联轴器，装配的主要技术要求是保证两轴的同轴度。下面介绍凸缘式、十字槽式联轴器的装配要求与方法。

1）凸缘式联轴器的装配

图 3-60(a)为较常见的凸缘式联轴器的结构，该结构通过螺栓将安装在两根轴上的圆盘连接起来传递扭矩，其中一个圆盘有凸肩，另一个有相应的凹槽。安装时，凸肩与凹槽能准确地嵌合，使两轴达到同轴度要求。图 3-60(b)、图 3-60(c)为凸缘式联轴器的应用情况。

(1) 装配要求

① 应严格保证两轴的同轴度，否则两轴不能正常传动，严重时会使联轴器或轴变形和损坏。

② 保证各连接件（如螺母、螺栓、键、圆锥销等）连接可靠、受力均匀，不允许有自动松脱的现象发生。

(2) 装配方法

如图 3-60(b)所示，凸缘式联轴器的装配方法如下。

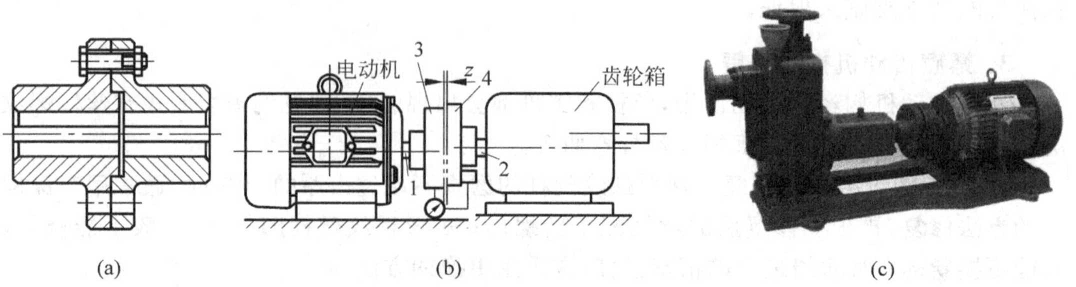

图 3-60 凸缘式联轴器及其装配

1,2—轴；3,4—凸缘盘

① 将凸缘盘 3 和 4 用平键分别装在轴 1 和轴 2 上，并固定齿轮箱。

② 将百分表固定在凸缘盘 4 上，并使百分表触头抵在凸缘盘 3 的外圆上，找正凸缘盘 3 和 4 的同轴度。

③ 移动电动机，使凸缘盘 3 的凸台少许插进凸缘盘 4 的凹孔内。

④ 转动轴 2，测量两凸缘盘端面间的间隙 z。如果间隙均匀，则移动电动机使两凸缘盘端面靠近，固定电动机，用螺栓紧固两凸缘盘，最后再复查一次同轴度。

2) 十字槽式联轴器的装配

十字槽式联轴器由两个带槽的联轴盘和中间盘组成，如图 3-61 所示。中间盘两面各有一个中心线互相垂直的矩形凸块，两个联轴盘的端面都有与中间盘对应的矩形凸槽，凸块可在凸槽中游动，以适应两轴之间存在的一定径向偏移和少量的轴向移动。

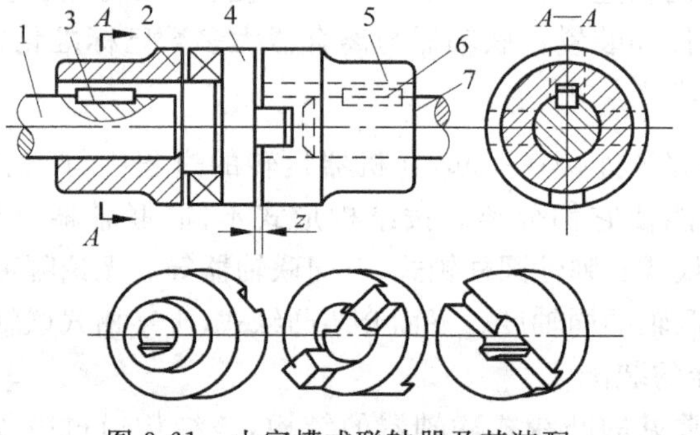

图 3-61 十字槽式联轴器及其装配

1,7—轴；2,5—联轴盘；3,6—键；4—中间盘

(1) 装配要求

① 装配时，允许两轴有少量的径向偏移和倾斜，一般情况下轴向摆动量可在 1～2.5mm，径向摆动量可在(0.01d+0.25)mm 左右(d 为轴直径)。

② 中间盘在装配后，应能在两联轴盘之间自由滑动。

(2) 装配方法

① 分别在轴 1 和轴 7 上装配键 3 和键 6，安装联轴盘 2 和 5。用直尺作为检查工具，检查直尺是否与联轴盘 2 和 5 的外圆表面均匀接触，并且在垂直和水平两个方向都要均匀接触。

② 找正后，安装中间盘 4，并移动轴，使联轴盘和中间盘留有少量间隙 z，以满足中间盘的自由滑动要求。

2. 离合器的装配

离合器分牙嵌式和摩擦式两种。

1）牙嵌式离合器的装配

牙嵌式离合器靠啮合的牙面来传递扭矩，结构简单，但有冲击，如图 3-62 所示。它由两个端面具有凸齿的结合子组成，其中结合子 1 固定在主动轴上，结合子 2 用导键或花键与从动轴连接。通过操纵手柄控制的拨叉 4 可带动结合子 2 轴向移动，使结合子 1 和 2 接合或分离。导向环 3 用螺钉固定在主动轴的结合子 1 上，以保证结合子 2 移动的导向和定心。

（1）装配要求

① 接合和分离时，动作要灵敏，能传递设计的转矩，且工作平稳可靠。

② 结合子齿形啮合间隙要尽量小些，以防旋转时产生冲击。

（2）装配方法

① 将结合子 1 和 2 分别装在轴上，结合子 2 与从动轴和键之间能轻松滑动，结合子 1 要固定在主动轴上。

② 将导向环 3 安装在结合子 1 的孔内，用螺钉紧固。

③ 将从动轴装入导向环 3 的孔内，再装拨叉 4。

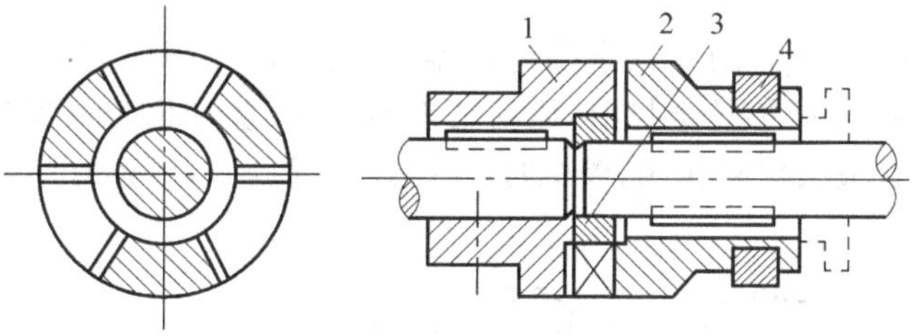

图 3-62 牙嵌式离合器的装配

1，2—结合子；3—导向环；4—拨叉

2）摩擦式离合器的装配

摩擦式离合器靠接触面的摩擦力传递扭矩，分为圆锥式及片式两种。

（1）圆锥式摩擦离合器

圆锥式摩擦离合器的特点是结合平稳，且可起安全作用，但结构复杂，需经常调整。如图 3-63 所示为圆锥式摩擦离合器的结构，它利用锥体 5 的外锥面和齿轮 4 的内锥面的紧密结合，把齿轮 4 的运动传给齿轮 6。图 3-63 所示为扳平手柄 1 的情况，使手柄 1 紧压套筒 3，齿轮 4 与锥体 5 压紧，接通运动；当向下扳动手柄 1 时，即不再压紧套筒 3，内、外锥面在弹簧作用下脱开，切断运动。

圆锥式摩擦离合器的装配方法如下。

① 两圆锥面接触必须符合要求，用涂色法检查时，其斑点应均匀分布在整个圆锥表面上，如图 3-64(a)所示。图 3-64(b)为接触斑点靠近锥底，图 3-64(c)为斑点靠近锥顶，都表示锥体的角度不正确，可通过刮削或磨削方法来修整。

② 结合时要有足够的压力把两锥体压紧，断开时应完全脱开。开合装置必须调整到

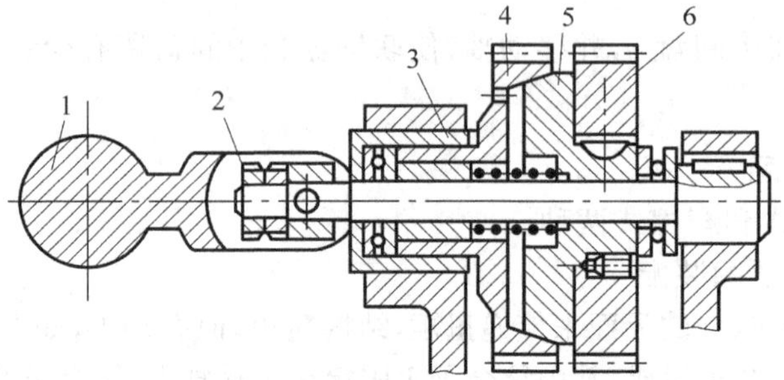

图 3-63　圆锥式摩擦离合器的装配

1—手柄；2—螺母；3—套筒；4,6—齿轮；5—锥体

把手柄 1 扳到如图 3-63 所示位置时，两个锥面能产生足够的摩擦力；扳下手柄 1 时，运动能完全断开。摩擦力的大小可通过调节螺母 2 来控制。

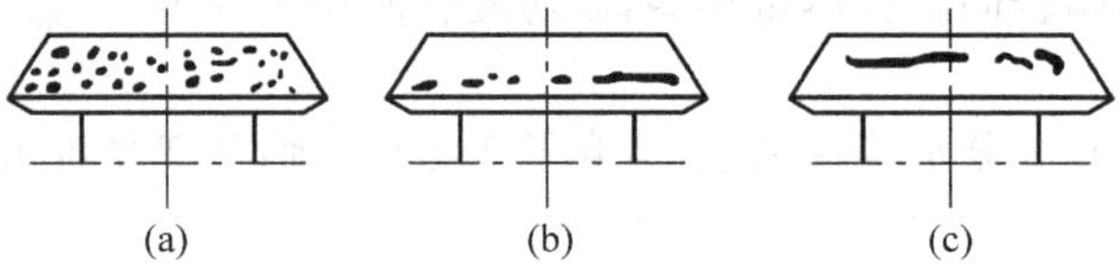

图 3-64　涂色法检查圆锥式摩擦离合器的斑点分布

(2) 片式摩擦离合器

如图 3-65 所示，装配后的片式摩擦离合器要求松开时，间隙要适当。如间隙过大，操纵时会压紧不够，内、外摩擦片会打滑，传动转矩不够，摩擦片也容易发热、磨损；如间隙过小，操纵压紧费力，且失去保险作用，停机时，摩擦片不易脱开，严重时可导致摩擦片烧坏。

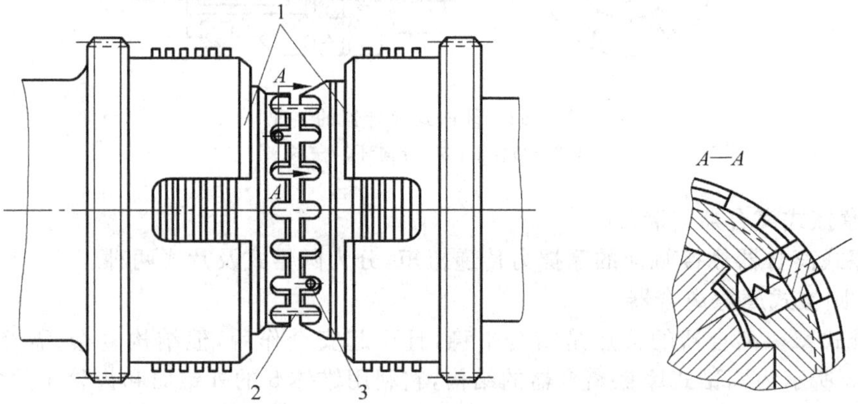

图 3-65　片式摩擦离合器的调整

1—螺母；2—花键套；3—定位销

调整方法是：先将定位销压入螺母的缺口下，然后转动螺母调整间隙；调整后，要使定位销弹出，以防止螺母在工作中松脱。

3. 联轴器与离合器的修复

(1) 联轴器的修复

联轴器传动机构的损坏形式表现为联轴器孔与轴的配合松动，连接件或连接部位的磨损、变形及连接件的损坏。

滑块式联轴器与轴配合松动时，可将轴颈镀铬或喷涂，以增大轴颈的方法来修复；磨损严重时应更换新的。

(2) 离合器的修复

牙嵌式离合器的损坏形式通常是接合牙齿磨损、变形或崩裂。轻微的磨损可重新铣削、磨削或焊补，损坏严重时则需更换。

圆锥摩擦式离合器的表面出现不均匀磨损时，可重新磨削或刮研。片式摩擦离合器出现弯曲或严重擦伤时，可调平或更换。

3.12　轴承的装配

轴承是在机械传动过程中起固定和减小载荷摩擦系数的部件，如图 3-66 所示。当其他机件在轴上彼此产生相对运动时，轴承用来降低动力传递过程中的摩擦系数和保持轴中心位置的固定，是当代机械设备中一种举足轻重的零部件。按运动元件摩擦性质的不同，轴承可分为滚动轴承和滑动轴承两类；按承受载荷的方向不同，轴承可分为向心轴承（承受径向力）、推力轴承（承受轴向力）和向心推力轴承（同时承受径向力和轴向力）等。

(a) 滚动轴承

(b) 滑动轴承

图 3-66　轴承

1. 滑动轴承的装配

滑动轴承是指在滑动摩擦下工作的轴承。其结构简单、制造方便、径向尺寸小、润滑油膜有吸振能力、工作平稳可靠、无噪声，并能承受较大的冲击负荷，所以多用于精密、高速及重载的场合。

1) 滑动轴承的类型及结构形式

(1) 滑动轴承的类型

按摩擦状态，滑动轴承可分为以下两种。

① 动压润滑轴承。利用润滑油的黏性和轴颈的高速旋转，把油液带进轴承的楔形空间而形成压力油膜，使轴颈与轴承被油膜隔开，这种轴承称为动压润滑轴承。

② 静压润滑轴承。将压力油强制送入轴和轴承的配合间隙中，利用液体静压力支承载荷的一种润滑轴承，称为静压润滑轴承。

(2) 滑动轴承的结构形式

① 整体式滑动轴承。如图 3-67 所示，这种轴承实际上就是将一个青铜套压入轴承座内，并用紧定螺钉固定而制成。该轴承结构简单，制造容易，但磨损后无法调整轴与轴

承之间的间隙，所以通常用于低速、轻载、间歇工作的机械上。

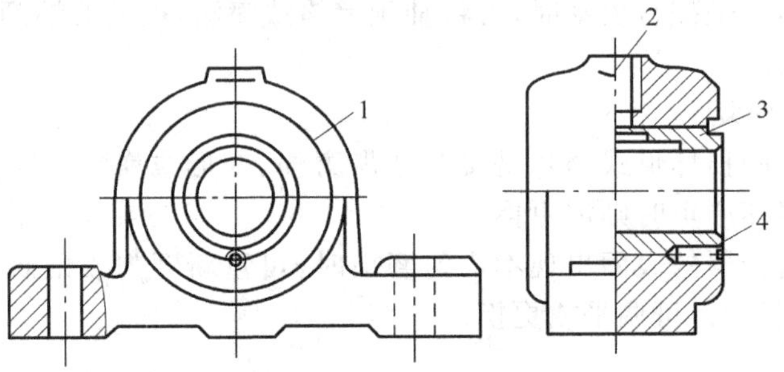

图 3-67 整体式滑动轴承

1—轴承座；2—油孔；3—轴瓦；4—紧定螺钉

② 剖分式滑动轴承。如图 3-68 所示，这种轴承由轴承座、轴承盖、(剖分、整体)轴瓦及螺栓等组成。

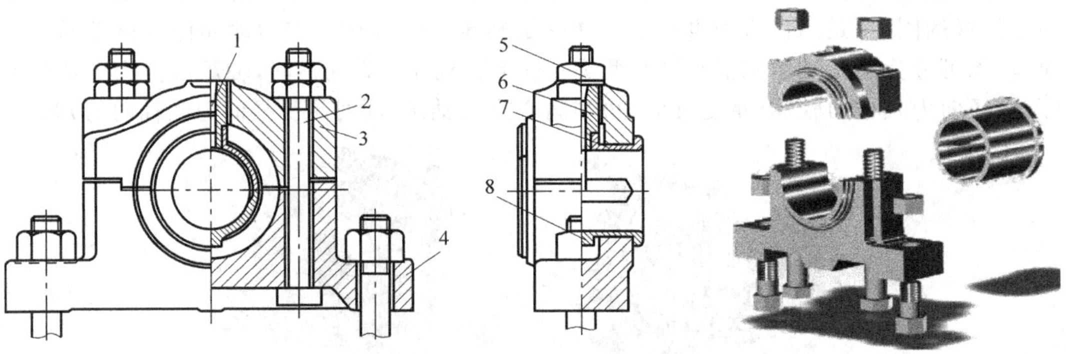

(a) 部分轴瓦　　(b) 整体轴瓦

图 3-68 剖分式滑动轴承

1—油杯座孔；2—螺栓；3—轴承盖；4—轴承座；5—螺母；6—套管；7—上轴瓦；8—下轴瓦

③ 内柱外锥式滑动轴承。如图 3-69 所示，这种轴承由轴承、轴承外套及前、后螺母等组成。其外表面为圆锥面，与轴承外套贴合。在外圆锥面上对称分布有轴向槽，其中一条槽切穿，并在切穿处嵌入弹性垫片，使轴承内径大小可以调整。

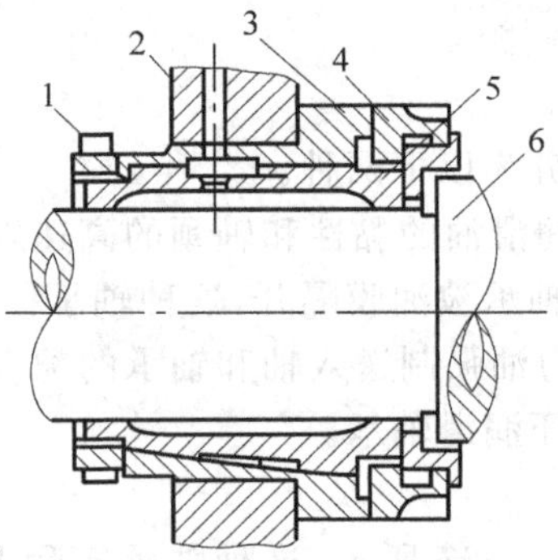

图 3-69 内柱外锥式滑动轴承

1—后螺母；2—箱体；3—轴在外套；4—前螺母；5—轴承；6—主轴

④ 多瓦式自动调位轴承。如图 3-70 所示，其结构有三瓦式和五瓦式两种，而轴瓦又分为长轴瓦和短轴瓦两种。

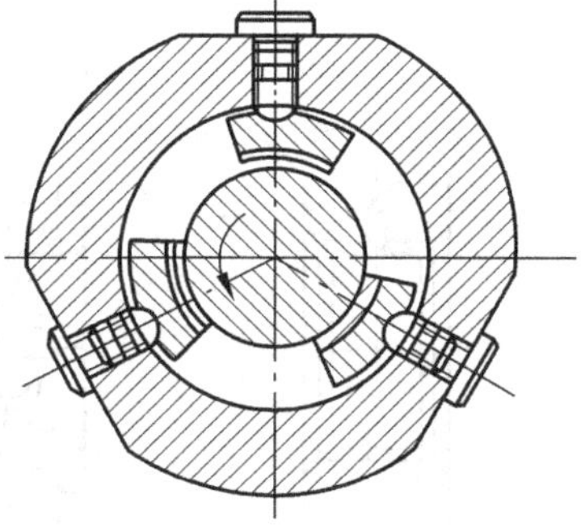
(a) 三瓦式

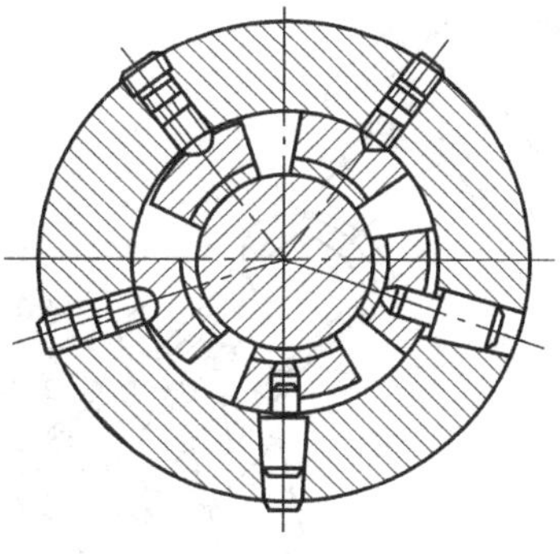
(b) 五瓦式

图 3-70 多瓦式自动调位轴承

2）滑动轴承的装配方法

滑动轴承装配的技术要求主要是在轴颈与轴承之间获得合理的间隙，保证轴颈与轴承的良好接触，使轴颈在轴承中旋转平稳可靠。滑动轴承的装配方法取决于它们的结构形式。

（1）整体式滑动轴承的装配

整体式滑动轴承的装配过程是压入、修正、定位、检验轴套。

压入的方法可根据轴套的尺寸和过盈量的大小来确定。当尺寸和过盈量比较小时，可用手锤加垫板将轴套敲入；若尺寸或过盈量较大时，为保证装配时轴套与孔的中心对准，可用压力机或专用工具压入，装配时要注意。

① 将轴套和轴承座孔去除毛刺，清理干净后在轴承座孔内涂润滑油。

② 将轴套装入轴承座孔内，对于重负荷的轴套，装配后要用紧定螺钉固定，以防转动。轴套的定位方式如图 3-71 所示。

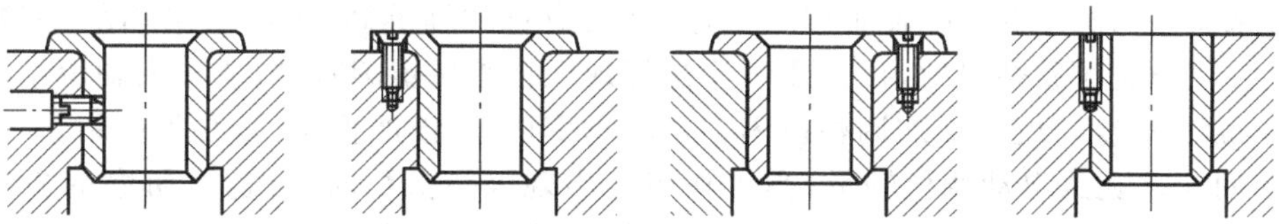
(a) (b) (c) (d)

图 3-71 轴套的定位方式

③ 轴套压入轴承座孔后，易发生尺寸和形状变化，孔径缩小、成椭圆、锥形等，应采用铰削或刮削的方法对内孔进行修整、检验，以保证轴颈与轴套之间有良好的间隙配合。

④ 装配好的轴套要测定它的椭圆度、锥度和尺寸，以及轴线与端面的垂直度。

（2）剖分式滑动轴承的装配

如图 3-72 所示，剖分式滑动轴承的装配顺序是，先将下轴瓦装入轴承座内，再装垫片，然后装上轴瓦，最后装上轴承盖并用螺母固定。装配要点如下。

① 上、下轴瓦与轴承座、盖应接触良好，不允许有缝隙，同时轴瓦的台肩应紧靠轴承座两端面。如不符合要求时，对厚壁轴瓦应以座孔为基准修刮轴瓦背部；对薄壁轴瓦不

能修刮，需进行选配。为了达到配合的紧固性，轴瓦的剖分面应比轴承座的剖分面高出一些。轴瓦的定位方式如图 3-73 所示。

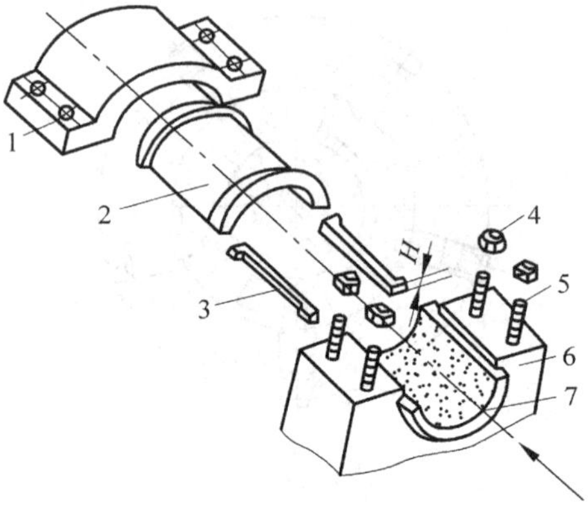

图 3-72 剖分式滑动轴承的装配

1—轴承盖；2—上轴瓦；3—垫片；4—螺母；5—双头螺柱；6—轴承座；7—下轴瓦

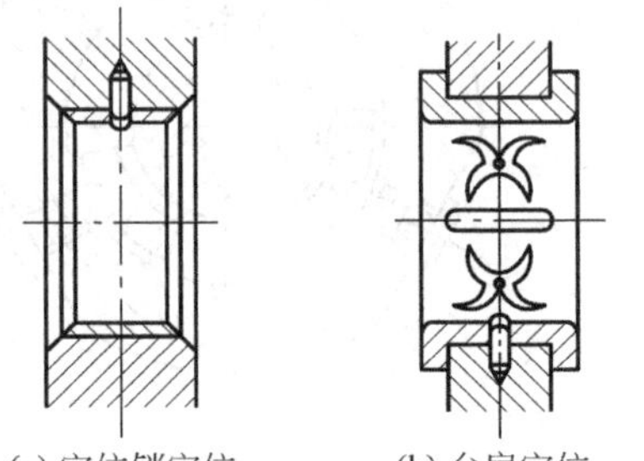

图 3-73 轴瓦的定位方式

② 为提高配合精度，轴瓦孔与轴应进行研点配刮。

内柱外锥式滑动轴承、多瓦式自动调位轴承的装配内容从略，请参考相关的轴承安装手册。

3）滑动轴承的修复

滑动轴承的损坏形式有工作表面的磨损，或工作表面的烧熔、剥落及裂纹等。造成这些缺陷的主要原因是油膜因某种原因被破坏，而导致轴颈与轴承表面的直接摩擦。

① 整体式滑动轴承的修复，一般采用更新轴套的方法；对于大型或贵重的金属整体式滑动轴承内孔磨损后，可重新浇铸轴承合金进行修复。

② 对于剖分式滑动轴承的轻微磨损，可通过调整垫片、重新修刮的办法处理。

③ 对于内柱外锥式滑动轴承，如工作表面没有严重擦伤，仅进行精度修整时，可以通过螺母来调整间隙；当工作表面有严重擦伤时，应将主轴拆卸，重新刮研轴承，恢复其配合精度。当没有调整余量时，可采用喷涂法等加大轴承外锥圆直径，或车去轴承小端部分圆锥面，加长螺纹长度以增加调整范围。当轴承变形、磨损严重时，则必须更新。

④ 对于多瓦式自动调位轴承，当工作表面出现轻微擦伤时，可通过研磨的方法对轴承的内表面进行研抛修复；当工作表面因抱轴烧伤或磨损较严重时，可采用刮研的方法对轴承的内表面进行修复。

2. 滚动轴承的装配

滚动轴承是将运转的轴与轴座之间的滑动摩擦变为滚动摩擦，从而减少摩擦损失的一种精密的机械元件。滚动轴承一般由内圈、外圈、滚动体和保持架 4 部分组成，如图 3-74 所示，内圈的作用是与轴相配合并与轴一起旋转；外圈的作用是与轴承座相配合，起支撑作用；滚动体是借助于保持架均匀地将滚动体分布在内圈和外圈之间，其形状大小和数量直接影响滚

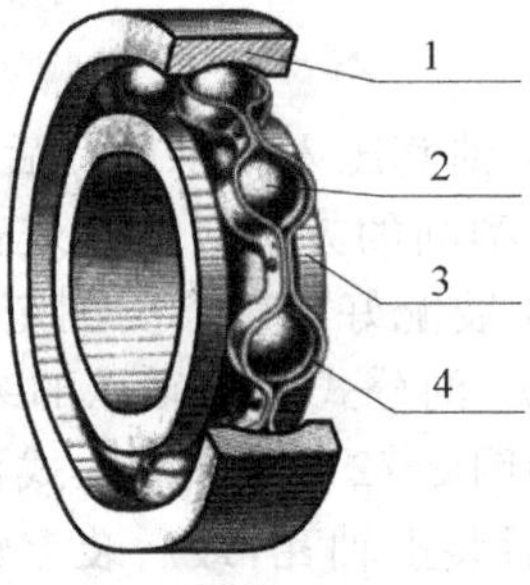

图 3-74 滚动轴承的组成

1—外圈；2—滚动体；3—内圈；4—保持架

动轴承的使用性能和寿命；保持架能使滚动体均匀分布，防止滚动体脱落，引导滚动体旋转并起润滑作用。目前，润滑剂也被认为是滚动轴承的第五大件，它主要起润滑、冷却、清洗等作用。

滚动轴承具有摩擦力小、轴向尺寸小、更换方便和维护容易等优点，所以在机械制造中应用十分广泛。

1）滚动轴承装配的技术要求

① 滚动轴承上带有标记代号的端面应装在可见方向，以便更换时查对。

② 轴承装在轴上或装入轴承座孔后，不允许有歪斜现象。

③ 同轴的两个轴承中，必须有一个轴承在轴受热膨胀时有轴向移动的余地。

④ 装配轴承时，压力（或冲击力）应直接加在待配合的套圈端面上，不允许通过滚动体传递压力。

⑤ 装配过程中应保持清洁，防止异物进入轴承内。

⑥ 装配后的轴承应运转灵活，噪声小，工作温度不超过 50℃。

2）滚动轴承的装配方法

滚动轴承的内圈和轴颈为基孔制配合，外圈和轴承座孔为基轴制配合，其装配方法应视轴承尺寸大小和过盈量来选择。一般滚动轴承的装配方法有锤击法、螺旋或杠杆压力机压入法、热装法和液压套合法等。

（1）不可分离型轴承的装配

角接触球轴承是整体式圆柱孔轴承的典型，它的装配工艺具有圆柱孔轴承装配的代表性。因其内、外圈不能分离，装配时应按轴承座圈配合松紧程度来决定其装配顺序与装配方法。

轴承座圈的装配顺序一般遵循先紧后松的原则进行。

① 若轴承内圈与轴配合较紧，轴承外圈与轴承座孔配合较松，则应先将轴承安装在轴上，然后将轴连同轴承一起装入轴承座孔内。压装时，力应直接作用在轴承内圈端面上，如图 3-75(a)所示。

② 若轴承外圈与轴承座孔配合较紧，轴承内圈与轴配合较松，则先将轴承压装在轴承座孔内，然后再把轴装入轴承。压装时，力应直接作用在轴承外圈端面上，如图 3-75(b)所示。

③ 若轴承内、外圈装配的松紧程度相同时，可用安装套使力同时作用在轴承内、外圈端面上，把轴承压入轴颈和轴承座孔中，如图 3-75(c)所示。

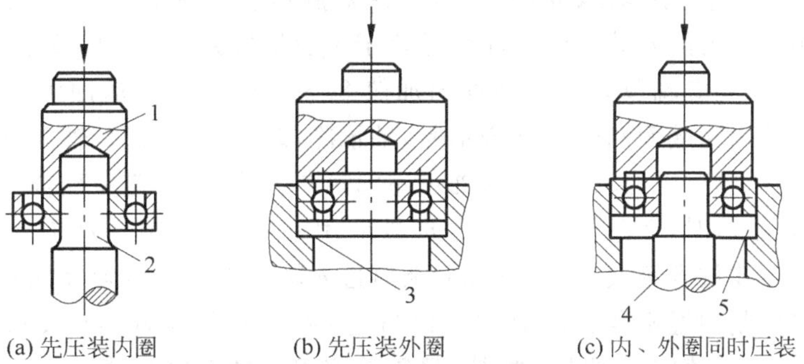

(a) 先压装内圈　(b) 先压装外圈　(c) 内、外圈同时压装

图 3-75　轴承座圈的装配顺序

1—安装套；2—轴颈；3,5—轴承座孔；4—轴

压入轴承时，可根据配合过盈量的大小，分别采用锤击法、压入法、热装法等进行。

① 锤击法。用于配合过盈量较小的场合。如图 3-76(a)所示是用铜棒垫上安装套，用锤子将轴承内圈装到轴颈上。严禁用锤子直接敲击轴承座圈，如图 3-76(b)所示。图 3-76(c)、图 3-76(d)是用锤子及铜棒在轴承内圈(或外圈)端面上对称地进行敲击装配。

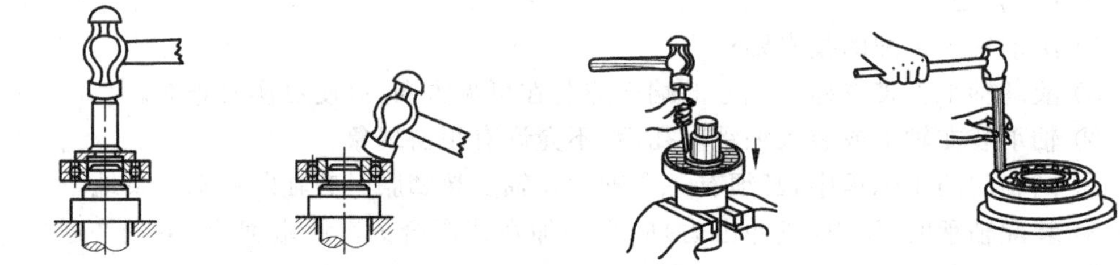

(a) 锤击正确方法　(b) 锤击错误方法　(c) 将轴承套到轴颈上　(d) 将轴承装入孔内

图 3-76　锤击法

② 压入法。当配合过盈量较大时，可用压力机械压入，如图 3-77 所示。

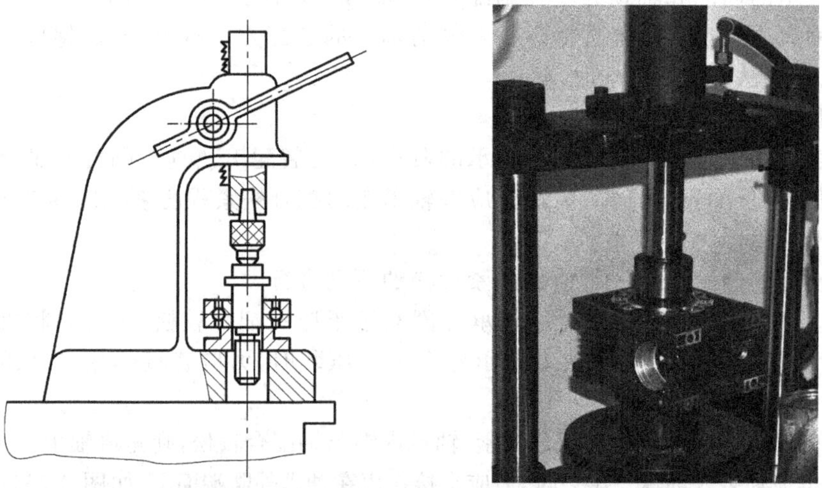

图 3-77　压力机压入轴承

③ 热装法。通过加热轴承或轴承座，利用热膨胀将紧配合转变为松配合的安装方法，是一种常用和省力的安装方法。此法适合于过盈量较大的轴承的安装。热装前，把轴承或可分离型轴承的套圈放入油箱中均匀加热 80～100℃，然后从油中取出尽快装到轴上，为防止冷却后内圈端面和轴肩贴合不紧，轴承冷却后可以再进行轴向紧固。轴承外圈与轻金属制的轴承紧配合时，采用加热轴承座的热装方法，可以避免配合面受到擦伤。

用油箱加热轴承时，在距箱底一定距离处应用一网栅，如图 3-78 所示，或者用钩子吊着轴承，轴承不能放到箱底上，以防沉淀杂质进入轴承内或不均匀地加热；油箱中必须有温度计，严格控制油温不得超过 100℃，以防止发生回火效应，使套圈的硬度降低。

也可以利用电磁感应原理进行加热，目前普遍采用的有简易式感应加热器和手提式感应加热器两种。加热时将感应器套入轴承内圈，如图 3-79 所示，加热至 80～100℃后立

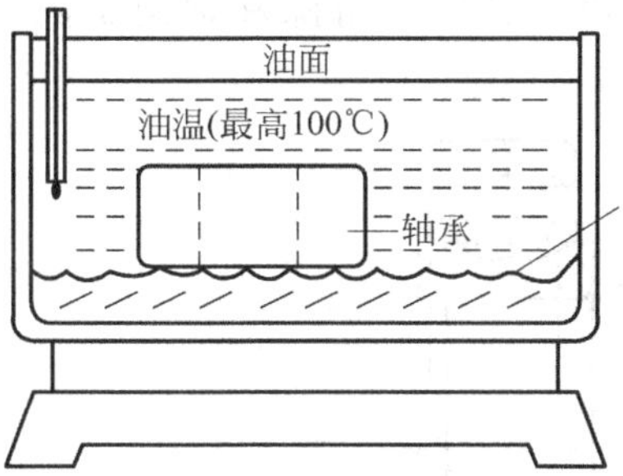

图 3-78 用油箱加热轴承

图 3-79 感应加热器

即切断电源,停止加热后进行安装。

(2) 分离型轴承的装配

圆锥滚子轴承是分离型轴承的典型。它的内、外圈可以分离,装配时可分别将内圈和滚动体一起装在轴上,外圈装入轴承座孔中,装配时仍按其过盈量大小来选择装配方法和工具。

(3) 圆锥孔轴承的装配

圆锥孔轴承(如调心滚子轴承)的内圈带有一定的锥度,可以直接安装在锥形轴颈上;也可以用紧定套或退卸套作为中介,安装在圆柱形轴颈上,如图 3-80 所示。对于装在退卸套上的情况,在安装时必须在退卸套的配合面上涂上一层极薄的润滑油,以减少摩擦,方便安装;但注意绝不可涂油较厚,否则会使退卸套失去自锁能力。当取下压紧螺钉和螺母以换装固定螺母时,退卸套会随之松动而偏离调定位置,造成安装失误。

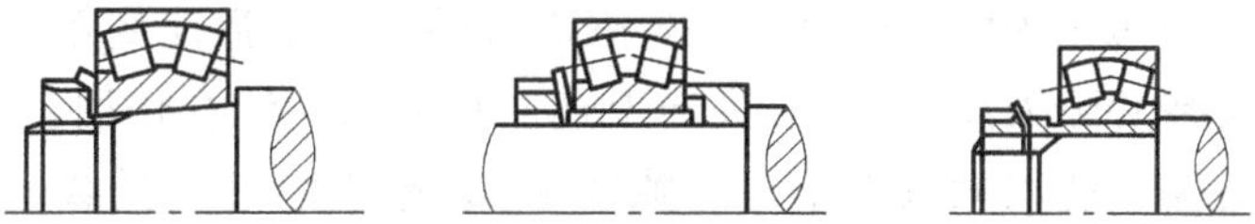

(a) 装在锥形轴颈上　(b) 装在紧定套上　(c) 装在退卸套上

图 3-80 圆锥孔轴承的装配

(4) 推力球轴承的装配

推力球轴承的轴圈与轴多采用过渡配合,座圈与轴多采用动配合,且常常成对安装。在安装时,应注意检验其轴向游隙,以及与轴一起转动的轴圈和轴中心线的垂直度。推力球轴承有松圈和紧圈之分,装配时一定要注意,千万不能装反,否则将造成轴发热甚至卡死现象。装配时,应使紧圈靠在转动零件的端面上,松圈靠在静止零件(或箱体)的端面上,如图 3-81 所示;否则滚动体将丧失作用,从而加剧配合零件的磨损。

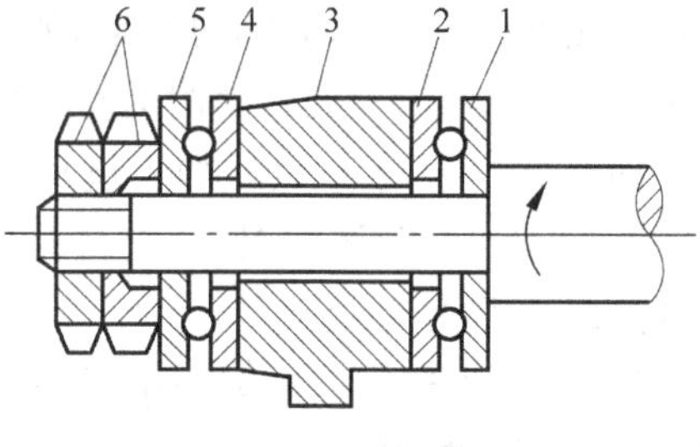

图 3-81 推力球轴承的装配

1,5—紧圈;2,4—松圈;3—箱体;6—螺母

(5) 滚动轴承游隙的调整

滚动轴承的游隙是指在一个套圈固定的情况

下,另一个套圈沿径向或轴向的最大活动量。游隙又分径向游隙和轴向游隙两种,如图 3-82 所示。

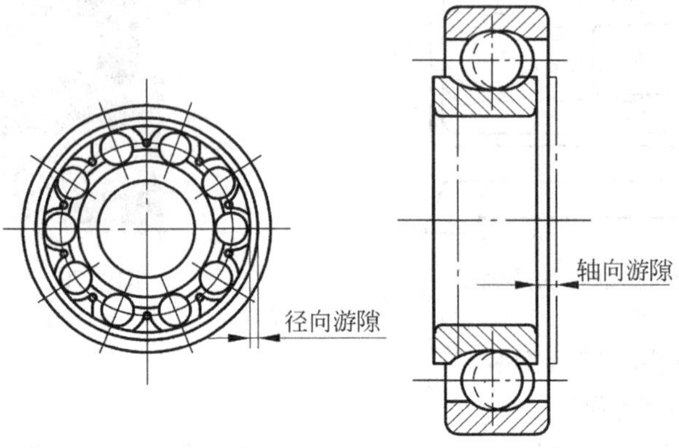

图 3-82 轴承的游隙

一般来说,径向游隙越大,轴向游隙也越大,反之亦然。根据轴承所处状态不同,径向游隙又分为原始游隙、配合游隙和工作游隙。

原始游隙:是在轴承安装前自由状态时的游隙。原始游隙是由制造厂加工、装配所确定的。

配合游隙:是轴承与轴及轴承座安装完毕而尚未工作时的游隙。由于过盈安装,或使内圈增大,或使外圈缩小,或两者兼而有之,均使安装游隙比原始游隙小。

工作游隙:是轴承在工作状态时的游隙。工作时内圈温升最大,热膨胀最大,使轴承游隙减小;同时,由于负荷的作用,滚动体与滚道接触处产生弹性变形,使轴承游隙增大。轴承工作游隙比安装游隙大还是小,取决于上述两种因素的综合作用。

滚动轴承的游隙不能太大或太小。游隙太大,会造成同时承受载荷的滚动体的数量减少,使单个滚动体的载荷增大,从而降低轴承的旋转精度,降低使用寿命。游隙太小,会使摩擦力增大,产生的热量增加,加剧磨损,同样使轴承的使用寿命降低。因此,许多轴承在装配时都要严格控制和调整游隙。通常采用使轴承的内圈对外圈做适当的轴向相对位移的方法来保证游隙。游隙的调整方法有垫片调整法、螺钉调整法和内外套调整法等。

① 垫片调整法。垫片调整法是最常用的调整方法,通过调整轴承盖与壳体端面间的垫片厚度来调整轴承的轴向游隙,如图 3-83 所示。调整时,一般先不加垫片,拧紧侧盖的固定螺钉,直到轴不能转动时为止(此时轴承内无游隙),此时,用厚薄规测量侧盖与轴承座端面之间的距离 k,然后加入垫片,垫片厚度 δ 等于 k 值加上轴向游隙。应该注意,采用垫片调整法调整游隙时,一套垫片应由多种不同厚度的垫片组成,垫片应平滑光洁,其内外边缘不得有毛刺。

② 螺钉调整法。如图 3-84 所示,调整的顺序是,先松开锁紧螺母,再调整螺钉,待游隙调整好后再拧紧螺母。

(6) 滚动轴承的预紧

对于承受载荷较大、旋转精度要求较高的轴承,大多是在无游隙甚至有少量过盈的状

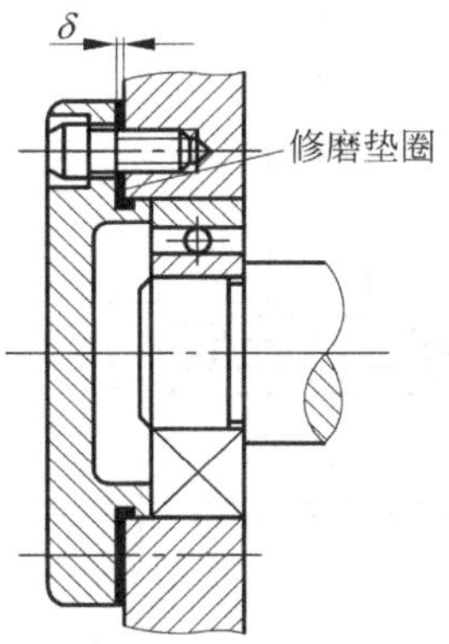

图 3-83 用垫片调整轴承游隙

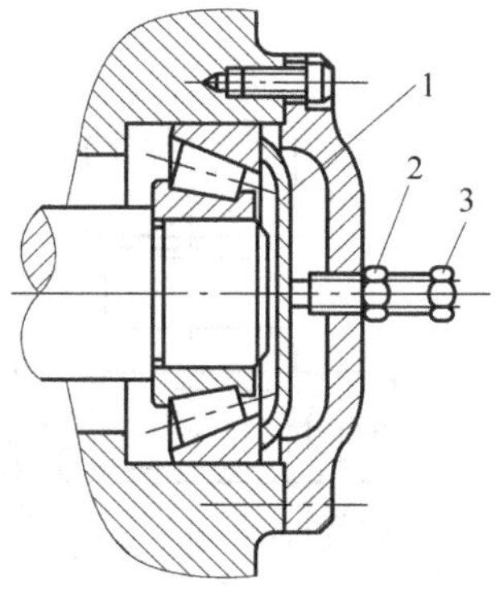

图 3-84 用螺钉调整轴承游隙

1—压盖；2—锁紧螺母；3—螺钉

态下工作的，这都需要在装配时对轴承进行预紧。预紧就是轴承在装配时，给轴承的内圈或外圈施加一个轴向力，以消除轴承游隙，并使滚动体与内、外圈接触处产生初变形。预紧能提高轴承在工作状态下的刚度和旋转精度。滚动轴承的预紧原理如图 3-85 所示。

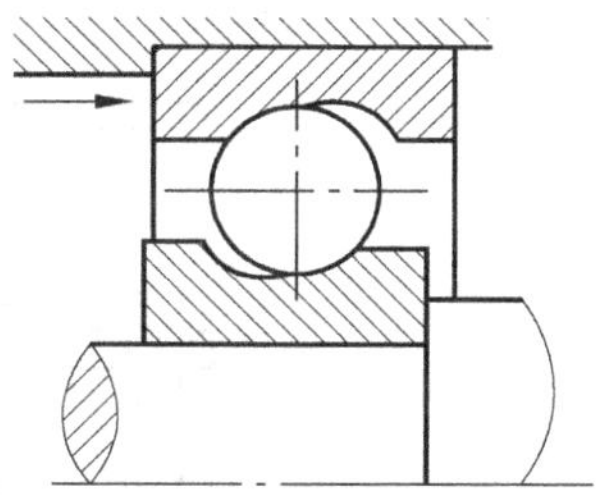

图 3-85 滚动轴承的预紧原理

(7) 滚动轴承的密封

滚动轴承为了防止润滑剂流失和灰尘、杂物、水分等侵入，必须采用适当的密封装置，具体请见 4.2 节。

(8) 滚动轴承的拆卸

滚动轴承的拆卸方法与其结构有关。对于拆卸后还要重复使用的轴承，拆卸时不能损坏轴承的配合表面，不能将拆卸的作用力加在滚动体上，如果拉拔轴承外圈，将损坏轴承。如图 3-86 所示的拆卸方法是不正确的。

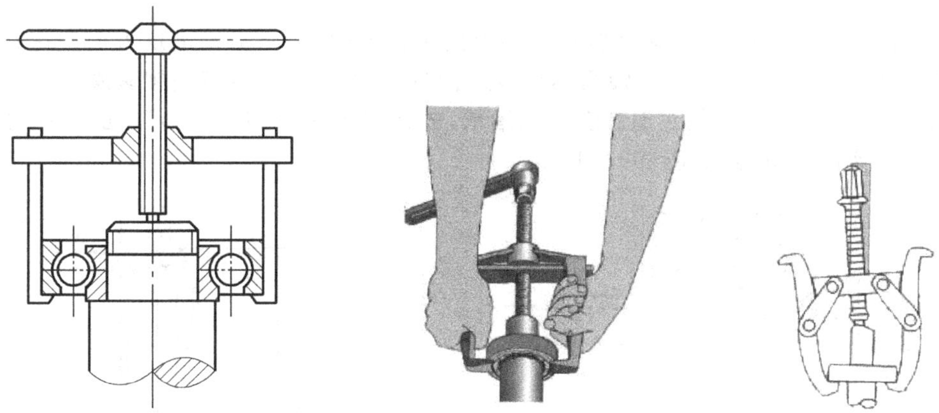

图 3-86 不正确的拆卸方法

① 圆柱孔轴承的拆卸。可以用压力机拆卸圆柱孔轴承，如图 3-87 所示；也可以用拔轮器，如图 3-88 所示。

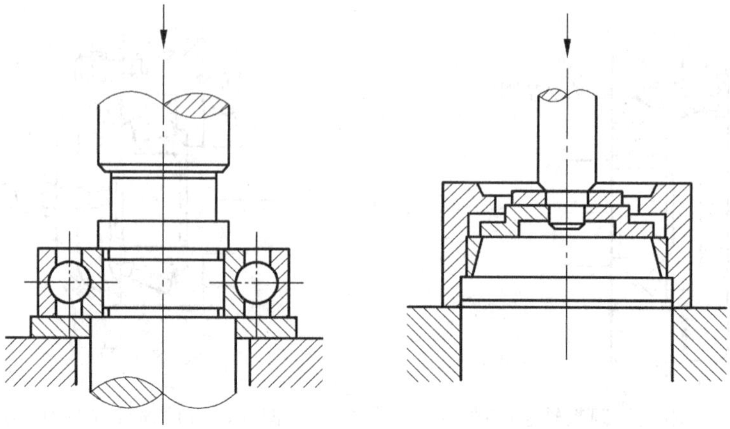

(a) 从轴上拆卸　　(b) 分离轴承外圈

图 3-87　用压力机拆卸圆柱孔轴承

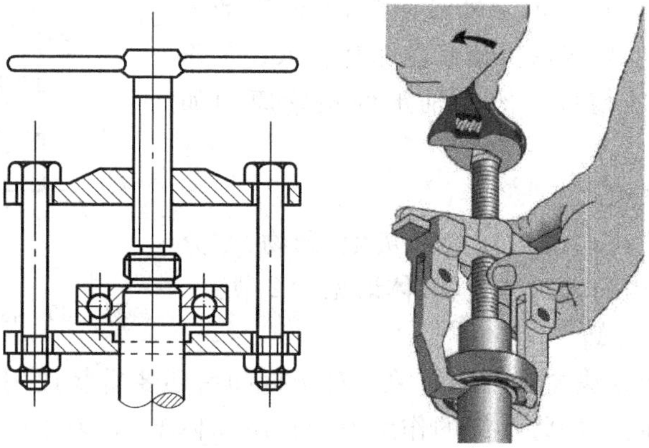

图 3-88　用拔轮器拆卸圆柱孔轴承

② 圆锥孔轴承的拆卸。装在锥形轴颈上的圆锥孔轴承,可沿锥度反方向敲出;装在紧定套上的圆锥孔轴承,可拧下锁紧螺母,然后利用软金属棒和手锤向锁紧螺母方向将轴承敲出,如图 3-89 所示;装在退卸套上的轴承,先将锁紧螺母卸掉,然后用退卸螺母将退卸套从轴承座圈中拆出,如图 3-90 所示。

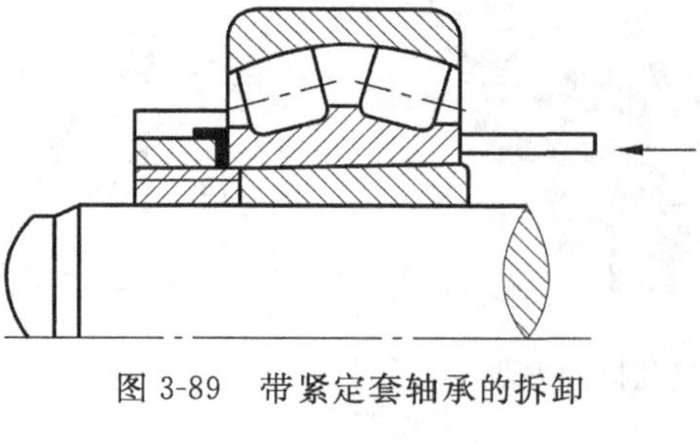

图 3-89　带紧定套轴承的拆卸

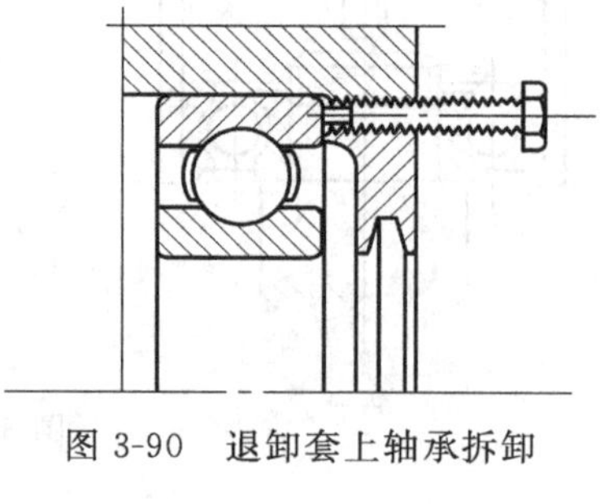

图 3-90　退卸套上轴承拆卸

对于尺寸和过盈量较大而又需要经常拆卸的轴承,常采用液压套合法进行,如图 3-91 所示。

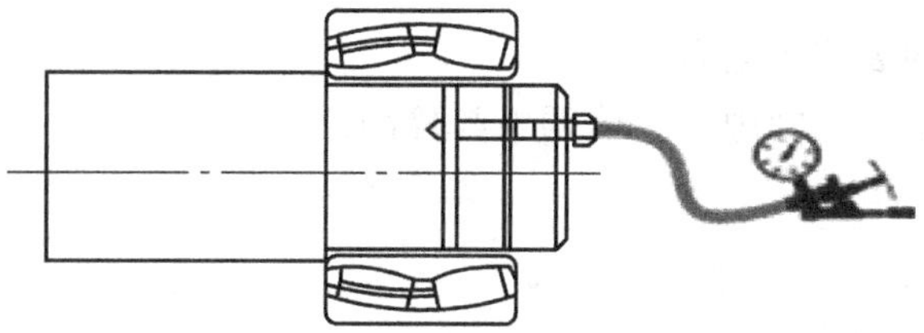

图 3-91 液压套合法拆装轴承

3）滚动轴承的修复

滚动轴承的故障现象一般表现为两种，一是轴承安装部位温度过高，二是轴承运转中有噪声。

① 轴承温度过高。在机构运转时，安装轴承的部位允许有一定的温度，当用手抚摸机构外壳时，应以不感觉烫手为正常；反之则表明轴承温度过高。

② 轴承噪声。滚动轴承在工作中允许有轻微的运转响声，如果响声过大或有不正常的噪声或撞击声，则表明轴承有故障。

滚动轴承在长期使用中会出现磨损或损坏，发现故障后应及时调整或修复，否则轴承将会很快地损坏。滚动轴承损坏的形式有工作游隙增大及工作表面产生麻点、凹坑或裂纹等。

对于轻度磨损的轴承可通过清洗轴承、重新更换润滑油和精确调整间隙的方法来恢复轴承的工作精度和工作效率。对于磨损严重的轴承，一般采取更换处理。

3. 轴承安装注意事项

① 在安装轴承前，应确保安装表面和安装环境的清洁。如果轴承内有铁屑、毛刺、灰尘等异物进入，将使轴承在运转时产生噪声与震动，甚至会损伤滚道和滚动体。

② 轴承表面应涂有防锈油，安装前应用清洁的汽油或煤油仔细清洗，再涂上干净优质或高速高温的润滑油脂方可安装使用。全封闭轴承一般无须清洗加油。

4. 轴组的装配

根据最新的国家试题库，钳工中级考核的实操考核部分仅仅涉及减速箱、车刀架等小型设备的装调，理论考核部分涉及轴组装配的内容也不多。由于篇幅原因，在此仅对轴组的装配进行简单介绍，详细内容将在钳工高级工部分介绍。

轴是机械中的重要零件，所有带内孔的传动零件，如齿轮、带轮、蜗轮等都要装到轴上才能工作。轴、轴上零件与两端轴承支座的组合，称为轴组。轴组装配是指将装配好的轴组组件，正确地安装到机器中，达到装配的技术要求，保证其能正常工作。轴组装配主要是指将轴组装入箱体（或机架）中，进行轴承固定、游隙调整、轴承预紧、轴承密封和轴承润滑装置的装配。轴组的装配要求是轴和其上零件装配后运转平稳。

3.13 立式齿轮减速器拆装“校企合一”操作训练

1. 实操内容

对如图 3-92 所示的立式齿轮减速器进行拆装训练，考核要求如下。

① 根据轴组类零件的配合性质，正确选择装配方法。

② 箱体类零件的装配工艺合理。

③ 齿轮副传动精度及间隙的正确调整与检测。

④ 时间定额：360min。

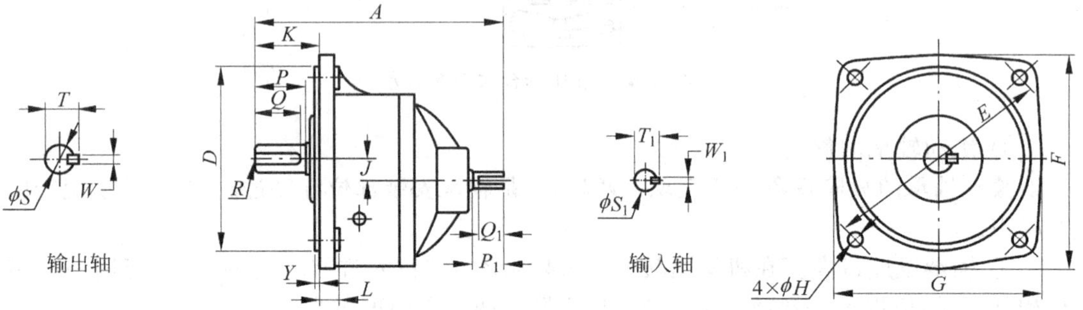

输出轴					
S	Q	P	T	W	R
22	35	40	25	6	M6
28	40	45	31	8	M8
32	50	55	35	10	M10
40	60	65	43	12	M12
50	75	80	54	14	M12
60	90	95	64	18	M16

尺寸单位：mm

马　力	减速比	机型	A	法兰尺寸						J	K	Y	输入轴					重量/kg
				D	E	F	G	H	L				P_1	Q_1	S_1	T_1	W_1	
200W(1/4hp)	1/5-1/120	22CVD	193	148	185	170	160	11	12	17.5	50	3.5	25	22	14	16	5	8
400W(1/2hp)	1/3-1/40	22CVD	198	148	185	170	160	11	12	17.5	50	3.5	30	27	16	18	5	8
	1/5-1/100	28CVD	259	170	220	205	195	11	13	23	60	4	30	27	16	18	5	13
750W(1hp)	1/3-1/40	28CVD	269	170	220	205	195	11	13	23	60	4	40	35	19	21.5	6	13
	1/5-1/120	32CVD	310	185	255	240	220	13	15	31	70	4	40	35	19	21.5	6	20
1500W(2hp)	1/3-1/40	32CVD	320	185	255	240	220	13	15	31	70	4	50	40	24	27	8	20
	1/5-1/100	40CVD	365	230	310	285	270	15	21	36	85	5	50	45	24	27	8	36
2200W(3hp)	1/3-1/40	40CVD	365	230	310	285	270	15	21	36	85	5	50	45	24	27	8	36
	1/5-1/100	50CVD	427	280	390	370	354	19	23	51	94	5	52	50	28	31	8	57
3000W(4hp)	1/3-1/40	40CVD	365	230	310	285	270	15	21	36	85	5	50	45	24	27	8	36
	1/5-1/100	50CVD	427	280	390	370	354	19	23	51	94	5	52	50	28	31	8	57
4000W(5hp)	1/3-1/10	40CVD	365	230	310	285	270	15	21	36	85	5	50	45	24	27	8	36
	1/3-1/80	50CVD	427	280	390	370	354	19	23	51	94	5	52	50	28	31	8	57
	1/6-1/80	60CVD	537	350	440	416	399	24	28	55	112	5	55	50	32	35	10	90
5500W(7.5hp)	1/3-1/15	50CVD	427	280	390	370	354	19	23	51	94	5	52	50	28	31	8	57
	1/3-1/50	60CVD	537	350	440	416	399	24	28	55	112	5	55	50	32	35	10	90
7500W(10hp)	1/3-1/15	50CVD	427	280	390	370	354	19	23	51	94	5	52	50	28	31	8	57
	1/3-1/50	60CVD	537	350	440	416	399	24	28	55	112	5	55	50	32	35	10	90
11kW(15hp)	1/3-1/25	60CVD	537	350	440	416	399	24	28	55	112	5	55	50	32	35	10	90
15kW(20hp)	1/3-1/25	60CVD	537	350	440	416	399	24	28	55	112	5	55	50	32	35	10	90

图 3-92　立式齿轮减速器

2. 实操准备

准备以下材料、工具、量具、刃具等。

① 立式齿轮减速器一台。

② 常用工具：橡胶锤、手动拔销器、铁锤、活动扳手、螺丝刀（一字和十字）、铜棒、内六角扳手、拔轮器、尖嘴钳（弯嘴尖嘴钳）、胶（铁）棒、套筒、锉刀（4 号纹、5 号纹）等，如图 3-1 所示。

③ 常用量具：百分表及表座、外径千分尺、内径量表、塞尺（0.02～0.5mm）。

④ 其他：工作灯、清洗液、油类、润滑脂、棉布等。

3. 考核内容与评分标准

立式齿轮减速器拆装训练的考核内容与评分标准如表 3-4 所示。

表 3-4 立式齿轮减速器拆装训练的考核内容与评分标准

姓名：________ 学号：________ 总成绩：________

序号	考核内容		考核要求	配分	评分标准	检测结果	扣分	得分
1	主要项目	轴组	轴的精度保持在 0.04mm	4	轴的精度被破坏扣 4 分			
			轴承游隙的调整（按技术要求）	6	调整游隙不当扣 6 分			
			齿轮与轴和花键的配合 D11、H9	8	任何两者配合不正确扣 8 分			
			间隙调整与定位准确性 0.10～0.30mm	8	相配件的间隙调整不当扣 3 分，2 处以上调整不当扣 8 分			
		箱体总成	两齿轮标准中心距±0.09mm	5	中心距达不到图样要求扣 5 分			
			轮齿接触精度：沿齿高方向不低于 45%，沿齿长方向不低于 60%	10	单一方向不达标扣 5 分，高度和宽度方向均不达标扣 10 分			
			输入轴与输出轴平行度 0.03～0.05mm	5	不符合技术要求扣 5 分			
			箱体内的 45 号机油按规定加入（口述）	3	加错机油扣 2 分，高度不符合要求的扣 1 分			
			减速器的剖分面、各接触面的密封性符合要求	4	箱体上、下剖面结合不好扣 4 分，其他地方结合不好扣 3 分			
			总成后的运转平衡性符合要求	7	启动困难、空载阻力大扣 7 分			
			总成后的主要技术指标符合设计要求	15	主要技术指标不达标扣 10 分			

续表

序号	考核内容		考核要求	配分	评分标准	检测结果	扣分	得分
2	一般项目	准备	对轴、轴承、齿轮及相关标准件的精度、外观进行检查	5	未认真阅读图样和装配技术要求扣2分，对各部件不检查扣3分			
		装配规程	按装配工艺规程进行装配，并及时、合理调整间隙	5	未按工艺规程操作扣2分，间隙调整不合理扣3分			
		其他	清洁，无渗漏	5	不符合要求扣5分			
3	安全文明生产		① 正确执行国家有关安全技术操作规程 ② 正确执行企业有关文明生产规定	4	① 造成设备严重损坏及人员重伤以上事故，考核全程否定，即按0分处理 ② 其余违规，扣4分			
4	设备使用		各种相关及辅助设备的使用符合设备使用有关规定	3	违规扣3分			
5	工具、量具使用		各种工具、量具的使用符合有关规定	3	违规扣3分			
合计				100				

4. 操作步骤

箱体总成所占的分数比例最高，轴组、装配规程等也占了一定的分数比例。在第一次进行拆装时，要熟记拆装顺序，并注意装配顺序与拆卸顺序是相反的。

装配步骤应该遵循：阅读装配图及所有工艺文件→检查所有装配零件→按装配原则选定基准件后顺序组装→检查装配的正确性→加油试运转→调整检测各项指标符合要求。

拆卸与装配装立式齿轮减速器的参考步骤如表3-5和表3-6所示。

表3-5 拆卸立式齿轮减速器的参考步骤

工步号	工步内容	图示
1	拧开放油螺栓，将润滑油放干净；用螺丝刀(一字)将输出轴(大轴)端油封拆卸下来(油封为损耗品，一般拆卸后要更换新油封)	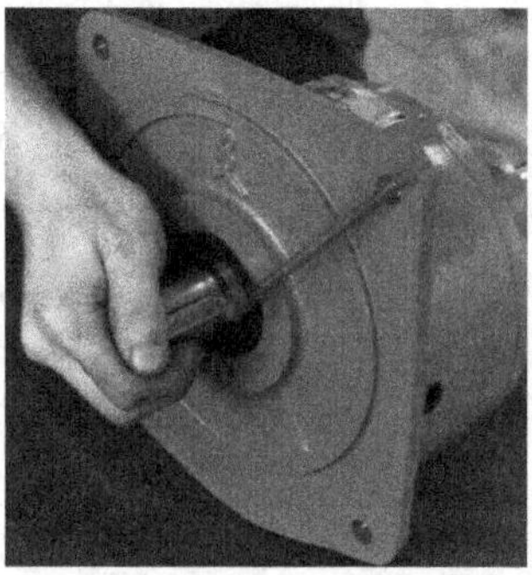

续表

工步号	工 步 内 容	图　　示
2	从外到内拆卸,用内六角扳手将端盖螺钉拆下;用 3 颗 M6 螺钉将端盖均匀顶出	
3	将减速器箱体分离	
4	整齐摆放好减速器各零部件	
5	用拉拔器将轴承拉出	
6	用拔销器将两中间齿轴拔出	

续表

工步号	工 步 内 容	图　示
7	用敲击法将输出轴拆下	
8	用卡簧钳将前端盖的孔用卡簧拆下	
9	用敲击法将输入轴拆下	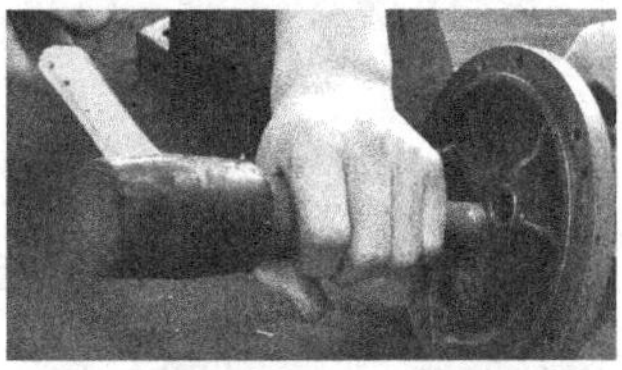
10	对拆卸下来的零件进行检查，清洗零件、箱体、前端盖、后端盖，并且去锈、去毛刺、去油污等	

表 3-6　装配立式齿轮减速器的参考步骤

工步号	工 步 内 容	图　示
1	熟悉装配图，了解其结构及传动关系，明确装配技术要求；用煤油将零件擦洗干净；在轴承座上涂润滑油，用套筒将两个轴承装入箱体内	

续表

工步号	工 步 内 容	图　　示
2	用敲击法将输出轴装入箱体	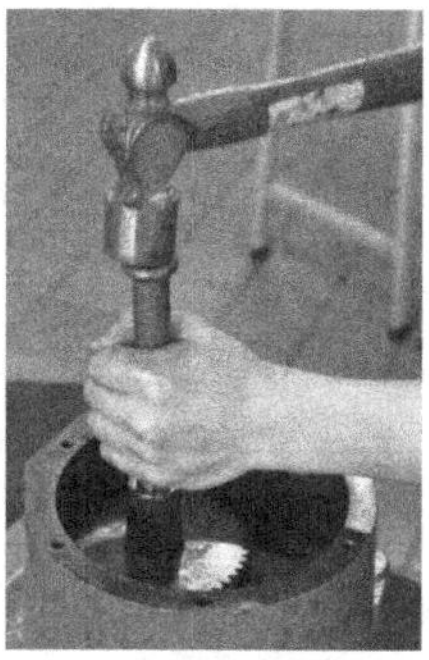
3	分别安装两中间齿轴，检验安装位置、齿轮啮合间隙、接触斑点及转动灵活性	
4	用套筒将另外两个轴承装入箱体内	
5	将输入轴装入前端盖，并装上孔用卡簧	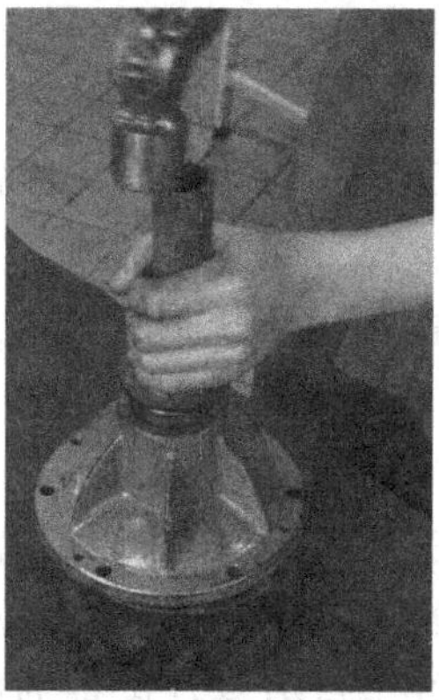

续表

工步号	工 步 内 容	图　　示
6	装上前端盖,并(对称)拧紧端盖螺栓	
7	安装新油封	
8	检查、加油、调试,摆放好工具	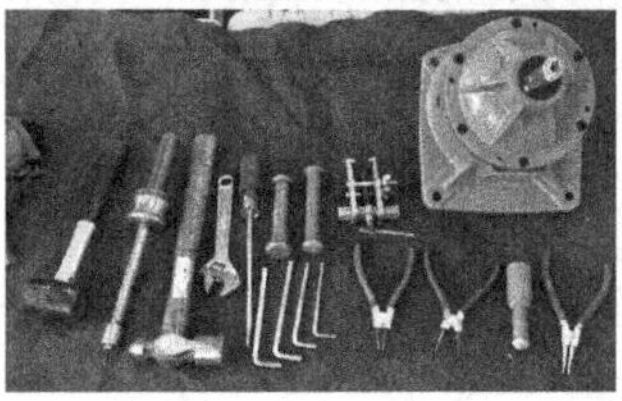

5. 注意事项

(1) 拆卸时的注意事项

① 敲击前、后盖时要做上记号(以免错装),拆卸时用泊錾或螺丝刀把盖脱离箱体。

② 用铜棒敲出齿轴及齿轮,要记清输出轴与输入轴的关系。

③ 要分清拆卸下来的各齿轮的传动关系。

④ 认真检查在拆卸过程中有无损坏零部件,如有损坏要及时修复。

⑤ 把清洗、处理好的零件按顺序摆放好,记清数量,以利于安装。

(2) 装配时的注意事项

如装配后由于压得太紧,导致轴不能转动,那么就要在端盖上加垫片调整,调整后用手转动输入轴能转动至输出轴,无发现阻尾现象即可。

(3) 其他注意事项

① 认真检查工作场地是否有多余的零件,若有漏装应及时进行重新装配。

② 操作完毕后整理工作位置,清理干净工作场地,整理好工具、量具、刃具,搞好场地卫生;做好工量刃具及设备的保养工作。

③ 输入轴、输出轴擦干净后加上润滑油以防生锈,废油要倒在指定的容器内。

CHAPTER 4

第4章

机械装置的润滑、密封与治漏

知识要点：机械装置在运转时，如果一些摩擦部位得不到适当的润滑，就会产生干摩擦，从而可能造成机件的损坏。对机械装置实行润滑，可以减少摩擦、降低磨损，提高机械设备的使用效率和延长寿命。

技能目标：掌握润滑油的作用、润滑方式及密封和治漏的方法。

学习建议：利用已学的装配知识来理解润滑知识，养成严格规范的设备保养习惯。

4.1 机械装置的润滑

1. 润滑剂的种类

生产中常用的润滑剂包括润滑油、润滑脂和固体润滑剂等。

润滑油是用在各种类型机械上以减少摩擦、保护机械及加工件的液体润滑剂，主要起润滑、冷却、防锈、清洁、密封和缓冲等作用。润滑油占全部润滑材料的85%，其种类和牌号繁多。润滑基础油主要分矿物基础油、合成基础油及生物基础油3大类。其中，矿物基础油的应用最广泛，它是由原油提炼而成。润滑基础油的主要生产过程包括常减压蒸馏、溶剂脱沥青、溶剂精制、溶剂脱蜡、白土或加氢补充精制。

润滑脂用于机械的摩擦部分，起润滑和密封作用；也用于金属表面，起填充空隙和防锈作用。它主要由矿物油(或合成润滑油)和稠化剂调制而成。

固体润滑剂是当不能用润滑油或润滑脂来润滑时，润滑机械摩擦部分的无机固体物质。其种类很多，主要有石墨、二硫化钼和滑石粉等。固体润滑剂的粒子具有晶体层格结构，可互相滑过而发生润滑作用。

润滑剂的种类、特点及应用如表4-1所示。

2. 润滑的原理和作用

润滑的原理是把一种具有润滑性能的物质，加到两个相互接触物体的摩擦面上，从而降低摩擦和减少磨损。

表 4-1 润滑剂的种类、特点及应用

种类		特点及应用
润滑油	机械油(L-AN 全损耗系统用油)	其牌号有 N10、N15、N32 和 N46 等。数值表示油的黏度等级。黏度等级小的油适用于高速轻载的机械;黏度等级大的油适用于低速重载的机械
	精密机床主轴油	其牌号有 N2、N5、N7 和 N5 共 4 种。既适用于精密机床主轴的滑动轴承,也适用于中等转速的精密滚动轴承
	重型机械用油	其牌号有 N68。适用于大型轧钢机和剪断机
润滑脂(黄油)	钙基润滑脂	应用最广,呈黄色,防水性好,但熔点低、耐热性差。适用于工作温度不高和潮湿的场合
	钠基润滑脂	呈暗褐色或黑色,耐热性较好,但不耐水。适用于高温重载的场合
	锂基润滑脂	一种高效能润滑脂,呈白色,表面光滑,具有良好的防腐和抗水性能。适用于高速和精密机床的滚动轴承
	铅基润滑脂	呈奶油状,表面光滑,缺乏塑性。具有很好的耐水、耐热、润滑和黏附性。常用于精密仪器和高速齿轮等润滑
固体润滑剂	石墨、二硫化钼、聚四氟乙烯等	耐高温、高压,适用于速度很低、载荷特重或温度很高、很低的特殊条件及不允许有油、脂污染的场合

(1) 控制摩擦

对摩擦副进行润滑后,由于润滑剂介于对偶表面之间,使摩擦状态改变,相应摩擦因数及摩擦力也随之改变。试验证明,摩擦因数和摩擦力的大小是随着半干摩擦、边界摩擦、半流体摩擦、流体摩擦的顺序递减的,即使在同种润滑状态下,因润滑剂种类及特性不同而不同。

(2) 减少磨损

摩擦副的黏着磨损、磨粒磨损、表面疲劳磨损以及腐蚀磨损等,都与润滑条件有关。在润滑剂中加入抗氧化和抗腐蚀添加剂,有利于抑制腐蚀磨损;而加入油性和极压抗磨损添加剂,可以有效地减轻黏着磨损和表面疲劳磨损;流体润滑剂对摩擦副具有清洗作用,也可减轻磨粒磨损。

(3) 降温冷却

降低摩擦副的温度是润滑的一个重要作用。众所周知,摩擦副运动时必须克服摩擦力而做功,消耗在克服摩擦力上的功全部转化为热量,其结果将引起摩擦副温度上升。用润滑剂不仅可以实现液润滑,减少摩擦热的产生,还可以将摩擦热及时带走。

(4) 防止腐蚀

摩擦副不可避免地要与周围介质接触,与腐蚀性物质(水、盐等)或分子产生化学反应,引起腐蚀、锈蚀而被破坏。在摩擦副对偶表面上,若有含防腐、防锈添加剂的润滑剂覆盖时,就可避免或减少由腐蚀而引起的损坏。

上述 4 点是润滑的主要作用。对于某些润滑而言,还有如下所述的独特作用。

(5) 密封作用

半固体润滑剂具有自封作用,它不仅可以防止润滑剂流失,还可以防止水分和杂质等的侵入。使用在蒸汽机、压缩机和内燃机等设备上的润滑剂,不仅能保证润滑,而且使汽缸与活塞之间处于高度密封的状态，使之在运动中不漏气，起到密封作用并提高效率。

(6) 传递动力

有不少润滑剂具有传递动力的作用，如齿轮在啮合时，其动力不是在齿面间直接传递，而是通过一层润滑膜传递。液压传动、液力传动都是以润滑剂作为传动介质而传力的。

(7) 减震作用

所有润滑剂都有在金属表面附着的能力，且本身的剪切阻力小，所以在摩擦副对偶表面受到冲击载荷时，也都具有吸震的能力。如汽车的吸震器就是利用油液减震的，当汽车车体上下震动时，就带动吸震器中的活塞在密封液压缸中上下移动，缸中的油液则逆着活塞运动方向，从活塞的一端流向另一端，通过液体摩擦将机械能吸收而达到稳定车体的目的。

3. 润滑油的主要质量指标

① 黏度：是指在一定温度下，润滑油流动时内部阻力大小的数值，是润滑油牌号选定的基础。

② 黏温特性：是指润滑油黏度受温度影响比较显著，温度升高时黏度变小，温度降低时黏度变大。

③ 凝固点：是指油品在规定的试验条件下，冷却至停止移动时的最高温度。

④ 倾点：是指油品在规定的试验条件下，冷却后仍能流动的最低温度。

4. 润滑方式

常用的润滑方式有集中润滑、分散润滑、连续润滑、间歇润滑、压力润滑、无压润滑和循环润滑等多种，生产中可根据实际情况灵活选用。

集中润滑：由一个集中油源向机器或机组的摩擦点供送润滑剂。

分散润滑：由不同的油源向机器或机组的摩擦点供送润滑剂。

连续润滑：润滑剂连续地送入摩擦表面的润滑方式。

间歇润滑：润滑剂间歇地送入摩擦表面的润滑方式。

压力润滑：压力润滑属于强制润滑，靠油泵以一定压力将润滑剂输送给摩擦副。

无压润滑：不需要额外的压力，润滑剂自行流向摩擦副。

循环润滑：润滑剂送至摩擦点进行润滑后又回到油箱再循环使用的润滑方式。

全损耗性润滑：润滑剂送至摩擦点进行润滑后不再返回油箱循环使用的润滑方式。

飞溅润滑：将润滑剂飞溅到运动副摩擦表面上以保持润滑的方式。

油链润滑：使用油链随轴一起转动，将下面储油器中的润滑剂带至轴颈上的润滑方式。

5. 机械装置的润滑

机床中需要润滑的机械装置主要包括滑动轴承、滚动轴承、导轨、变速箱和链传动机构等。

1) 滑动轴承的润滑

由于轴颈与轴瓦为面接触，摩擦和磨损严重，因此，润滑对滑动轴承非常重要。

(1) 润滑剂的选用

滑动轴承的润滑剂可根据轴颈速度和轴承的工作条件、工作要求和工作环境等进行选择，一般用矿物润滑油或润滑脂。其中，以润滑油应用最广；润滑脂适用于轴颈速度为1～2m/s的滑动轴承，在温度变化大或高速场合下不宜使用。

(2) 润滑方式的选择

重要或精密机床主轴的滑动轴承，一般均采用连续润滑(滴油、油浴或压力润滑)方式，如图4-1所示，以保证其在充分润滑条件下工作；小型、低速或间歇运转的轴承，可用油壶或油杯人工定期供油。如图4-2所示为常用的油杯结构。

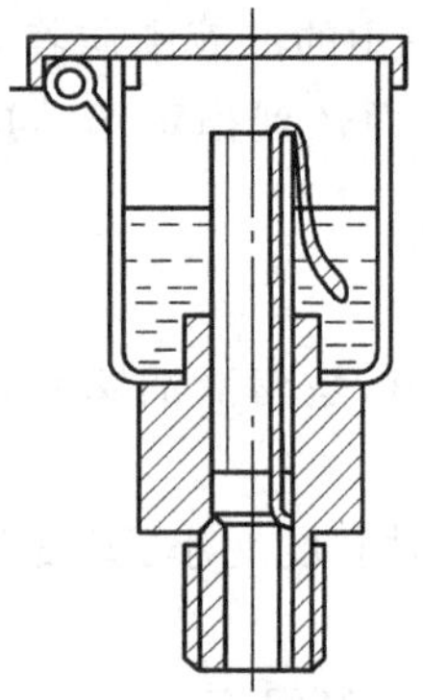

图4-1　滴油润滑

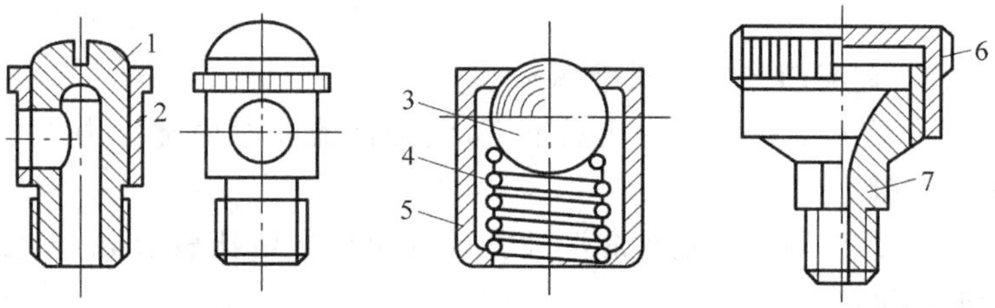

(a) 旋套式　(b) 压配式　(c) 旋盖式

图4-2　油杯的结构

1,5,7—杯体；2—旋盖；3—钢球；4—弹簧；6—旋盖

(3) 选择润滑油黏度的一般原则

润滑油黏度的大小由轴颈转速、轴承间隙及轴承所承受的负荷来决定，一般应具有在轴承工作温度下能形成油膜的最低黏度。

① 重载低速、高温度等条件下，选用高黏度主轴油。

② 高速时，选用低黏度的主轴油。如当主轴转速为1000～3000r/min、主轴与轴承间的热间隙为0.01～0.02mm时，选用的主轴油牌号为N15。

③ 重载时，润滑油的黏度也应选高些。

④ 在加工粗糙、轴承与轴的间隙较大的情况下，应选黏度较高的油。

2) 滚动轴承的润滑

(1) 润滑方式的选择

滚动轴承的润滑方式要根据轴承具体的工况来确定。如间歇运动机构的轴承可采用间歇润滑方式；低速轴承可采用油浴润滑等，如图4-3所示。

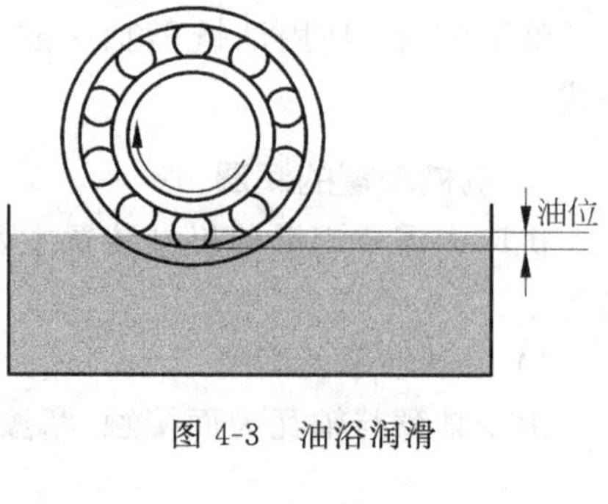

图4-3　油浴润滑

(2) 选用润滑油或润滑脂的依据

滚动轴承可采用油润滑或脂润滑。选用润滑油或润滑脂主要应考虑摩擦副的运动性质及速度、摩擦副的工作条件、环境温度、摩擦表面的状态、润滑方法及机床的特殊要求等。在高温条件下工作的润滑剂，其热稳定性和化学稳定性要好；而液压

系统用油则应具有较好的抗氧化、抗磨损、抗泡沫和防锈蚀等性能，且黏度指数要高。常用的有 L-HL15、L-HL22、L-HL46 牌号的液压油及 L-AN32、L-AN46 牌号的全损耗系统用油，N15 牌号的主轴油及高速全损耗系统用油等。

(3) 润滑油或润滑脂黏度的选择

① 在冲击、震动或间歇性工作条件下工作的摩擦副，应用黏度高的润滑油(脂)。

② 高速、轻载时，应选用低黏度的油(脂)。

③ 低速、重载时，应选用高黏度的油(脂)。

④ 高温条件下，选用黏度较大、闪点较高、油性较好以及氧化安定性较好的润滑油或抗氧化安定性的基础油和稠化剂制成的滴点较高的润滑脂。

根据上述情况，从有关手册中选定相应的牌号。

(4) 润滑脂的充填量

润滑脂一般在装配时加入。轴承润滑脂的充填量不宜过多，一般充填量占轴承内部空间的 1/4～1/3，高速时应不超过 1/3。

3) 导轨的润滑

导轨因结构形式不同，分为滑动导轨、静压导轨及滚动导轨。

(1) 润滑方式

对于滑动导轨，当导轨面负荷较小、摩擦频次较少时，采用间歇无压润滑；当导轨面负荷较大，且连续摩擦时，采用连续压力循环润滑方式。

(2) 润滑油黏度的选择

精密机床滑动导轨的滑行速度很慢，当润滑剂供给不足、质量不好或选择不当时，易产生爬行现象，因此，不能使用一般的全损耗系统用油，必须选用具有良好抗爬性并具有合适黏度的导轨油。

当机床导轨面负荷较大时，导轨油应选用黏度较高的，如滚齿机应选用 N68、N100 或 N150 牌号的导轨油；当负荷较小时，如磨床，应选用 N32 或 N68 牌号的导轨油即可。

(3) 润滑性能的改善

机床的导轨在修理过程中，可改变修理工艺，由宽刮代替点刮。宽刮有利于油楔的建立，增加油膜厚度，减少摩擦系数，从而改善导轨的润滑状态。

4) 变速箱的润滑

变速箱是机械设备中最复杂的部件，由箱体、传动轴、轴承、齿轮副、离合器、凸轮、螺旋副及操纵元件等组成。由于各种不同的摩擦副同时集中在同一箱体中，一般均采用集中润滑方式。

选择变速箱齿轮的润滑方式主要根据齿轮工作的线速度来确定。一般当齿轮旋转的最大线速度小于 0.8m/s 时，采用手工涂润滑脂的方法；当线速度在 0.8～12m/s 时，采用浸油润滑；当齿轮的线速度大于 12m/s 时，采用压力喷油润滑。

润滑油黏度的选择：一般根据变速箱的变速级数、齿轮中心距和环境温度等因素进行选择。

5) 链传动机构的润滑

根据链节距和链速的不同可采用不同的链传动润滑方式，常选用的润滑剂有 N32 等机械油。注意,链传动机构在高温环境下工作时应选用黏度较大的润滑油。

6. 设备润滑管理

设备润滑管理是指控制设备摩擦、减少和消除设备磨损的一系列技术方法和组织方法,其目的如下所述。

① 给设备以正确润滑,减少和消除设备磨损,延长设备使用寿命。

② 保证设备正常运转,防止发生设备事故和降低设备性能。

③ 减少摩擦阻力,降低动能消耗。

④ 提高设备的生产效率和产品加工精度,保证企业获得良好的经济效益。

⑤ 合理润滑,节约用油,避免浪费。

润滑管理的基本任务如下所述。

① 建立设备润滑管理制度和工作细则,拟订润滑工作人员的职责。

② 搜集润滑技术、管理资料,建立润滑技术档案,编制润滑卡片,指导操作工和专职润滑工搞好润滑工作。

③ 核定单台设备润滑材料及其消耗定额,及时编制润滑材料计划。

④ 检查润滑材料的采购质量,做好润滑材料进库、保管、发放的管理工作。

⑤ 编制设备定期换油计划,并做好废油的回收、利用工作。

⑥ 检查设备润滑情况,及时解决存在的问题,更换缺损的润滑元件、装置、加油工具和用具,改进润滑方法。

⑦ 采取积极措施,防止和治理设备漏油。

⑧ 做好有关人员的技术培训工作,提高润滑技术水平。

⑨ 贯彻润滑的"五定"、"三滤"原则,总结、推广、学习和应用先进的润滑技术和经验,以实现科学管理。

"五定"的内容如下。

① 定点:即确定每台设备的润滑部位和润滑点。用润滑图表形式和着色标志,具体规定每台设备应在什么地方加油、换油。

② 定质:即按照润滑图表规定的部位和润滑点加(换)规定牌号的润滑油脂、润滑剂,并按国家检验标准和掺配、代用规定切实保证油脂的质量。为此,润滑装置和加油工具应保持清洁、完整,对设备的润滑状态要进行日常检查,装机用油要进行工况监测,润滑装置要进行观察与检测,对漏油、渗油设备要进行分析鉴定。

③ 定时:即根据设备润滑卡或润滑图表规定的时间,对设备各润滑部位、润滑点进行加油、添油和清洗、换油,保证设备得到良好润滑。设备换油周期必须根据定期抽样化验结果、设备实际使用情况和润滑剂在使用过程中的失效速度,合理地加以确定或调整。

④ 定量:在保证设备得到良好润滑的前提下,实行用油定量消耗、废油定额回收、漏油及时治理,既要保证设备得到足够的润滑,又要避免浪费。

⑤ 定人:即按照合理分工的原则,使每个润滑部位、润滑点的加油、添油、清洗和换油有专人负责;必须建立明确分工、负责的润滑工作责任制。

"三滤"的内容如下。

① 入库过滤：即油液经运输入库、经泵入油罐储存时要进行过滤。

② 发放过滤：即油液发放注入润滑容器时要经过过滤。

③ 加油过滤：即油液加入设备储油部位时要经过过滤。

设备润滑管理是设备工程的重要内容之一，是防止和延缓零件磨损和其他形式失效的重要手段之一。加强设备的润滑管理工作，并把它建立在科学管理的基础上，对保证企业的均衡生产，保持设备完好，充分发挥设备效能，减少设备事故和故障，提高企业经济效益和社会效益都有着极其重要的意义。

搞好设备的润滑工作是企业设备管理中不可忽视的环节。润滑在机械传动中和设备保养中均起着重要作用，润滑能影响到设备性能、精度和寿命。对企业的在用设备，应按技术规范的要求，正确选用各类润滑材料，并按规定的润滑时间、部位、数量进行润滑，以降低摩擦、减少磨损，从而保证设备的正常运行，延长设备寿命，降低能耗，防治污染，达到提高经济效益的目的。

4.2　机械装置的密封

机械装置中实行的密封，是指采用适当措施以阻挡零件间接触处出现液体或气体的泄漏。密封可以防止灰尘、杂质的侵入，减少润滑剂的流失，保持封闭腔的密封，从而避免资源、能源的浪费和环境的污染，保持设备稳定运行。在易燃、剧毒及放射性物质的场合，密封就有其更加重要的作用了。

对密封的基本要求是密封性好、安全可靠、寿命长，力求结构紧凑、系统简单、制造维修方便、成本低廉。大多数的密封件为易损件，应保证互换性，实现标准化、系列化。

密封的类型很多，各种类型的密封都有其特点和使用范围。密封主要有静密封和动密封两类。所有的静密封和大部分的动密封都是靠密封面互相靠近或嵌入以减少或消除间隙来达到密封的目的，这类密封方式称为接触式密封；密封面间有间隙，依靠各种方法减少密封间隙两侧的压力差而阻漏的密封称为非接触式密封。

1. 静密封

在工作状态下，两零件间无相对运动，其结合面之间的密封称为静密封，如图 4-4 所示。

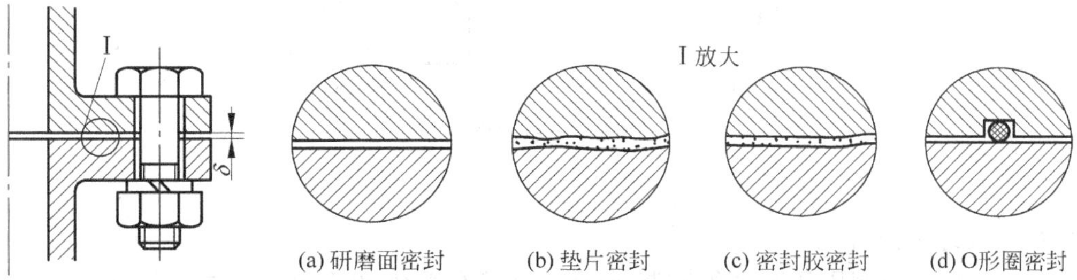

图 4-4　**静密封**

静密封的主要类型、特点及应用如表 4-2 所示。

表 4-2 静密封的主要类型、特点及应用

类 型	特点及应用
金属垫片密封	采用纯铜、铝、铅、低碳钢、不锈钢及合金钢等制成的各种类型的垫片，垫于结合面中间进行密封。常用于高温、高压的场合
非金属垫片密封	采用天然橡胶、纸板、牛皮、聚四氟乙烯及其合成品制成的各种垫片，垫于结合面中间进行密封。适用于常温、中低压场合
密封胶	这类密封直接采用成品密封胶进行密封。使用时，把它们涂敷在设备的各种静结合面上。它们可以用于形状复杂或材料不同的结合面上
管螺纹密封	管螺纹的密封采用聚四氟乙烯薄膜缠绕在螺纹表面(缠绕方向与螺纹旋向相反)，拧入后，使聚四氟乙烯填充在管螺纹之间进行密封；厌氧胶也是用于管螺纹密封的材料，使用时，先将结合面上的油污、水、灰尘等擦干净，有锈的要除掉锈，然后将厌氧胶涂敷在螺纹表面，涂层厚度为 0.06～0.1mm，等厌氧胶干燥后即可对管螺纹起到很好的密封作用

2. 动密封

在工作状态下，两零件间有相对运动，其结合面之间的密封称为动密封。在回转轴的动密封中，有接触式、非接触式和组合式三种类型。密封装置一般设置在轴承上(称为密封轴承)或轴承的支承部位。

1) 接触式密封

(1) 毡圈密封

图 4-5 所示的密封装置结构简单，但因摩擦和磨损较大，主要应用于工作环境比较清洁的场合下的密封润滑脂。密封处的圆周速度为 4～5m/s，工作温度不得超过 90℃。

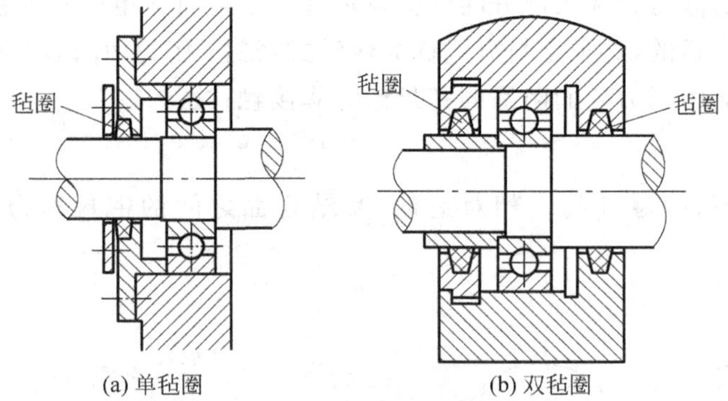

图 4-5 毡圈密封

(2) 密封圈密封

图 4-6 所示密封圈用耐油橡胶制成，借助本身的弹性和用弹簧使之压紧在轴上，可以密封润滑脂或润滑油。密封处的圆周速度不应超过 7m/s，工作温度为－40～100℃。安

装时应注意密封唇的方向，用于防止漏油时，密封唇应向着轴承；用于防止外界污物侵入时，密封唇应背着轴承；也可以同时用两只密封圈以提高密封效果。

（3）机械密封

机械密封又称端面密封。如图 4-7 所示是一种简单的机械密封，动环与轴一起转动，静环固定在机座端盖上，动环与静环端面在弹簧的弹力作用下互相贴紧，起到很好的密封作用。这种密封多用于工作环境恶劣的场合。

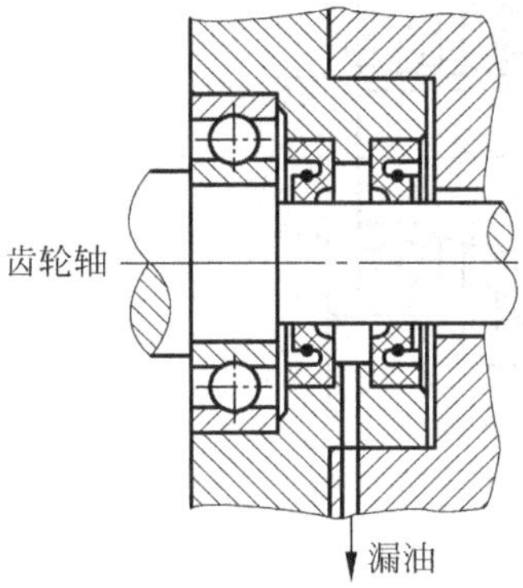

图 4-6　密封圈密封

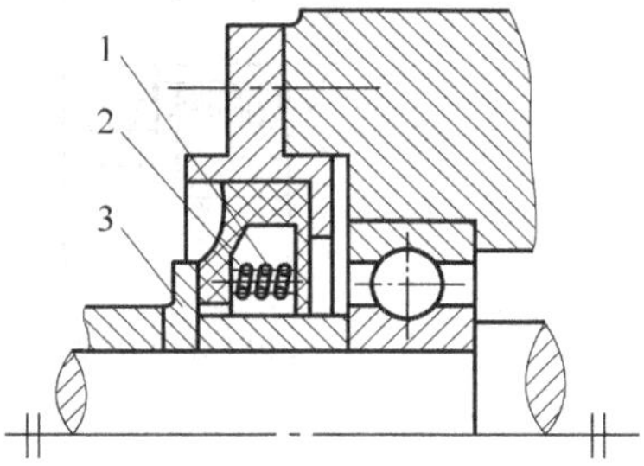

图 4-7　机械密封

1—弹簧；2—静环；3—动环

2）非接触式密封

（1）间隙密封

图 4-8 所示密封靠轴与轴承盖的孔之间充满润滑脂的微小间隙（0.1～0.3mm）实现密封。在轴承盖的孔中开槽后，密封效果更好。这种装置常用于环境比较清洁和不很潮湿的场合。

（2）挡油环密封

如图 4-9 所示，工作时挡油环随轴一起转动，利用离心力甩去落在挡油环上的油和杂质，起到密封作用。挡油环常用于减速器内的齿轮用油润滑、轴承用脂润滑时轴承的密封。

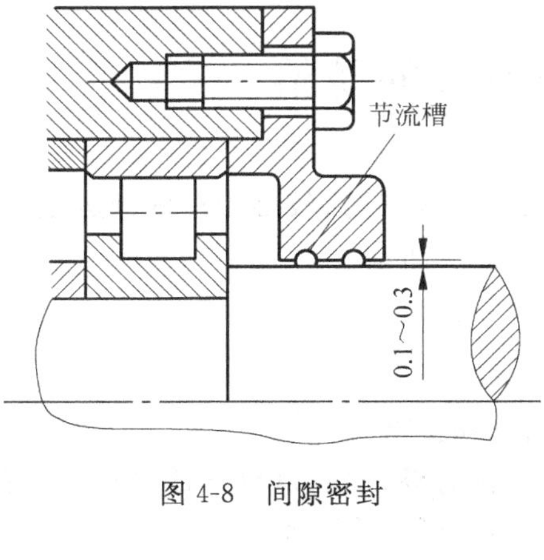

图 4-8　间隙密封

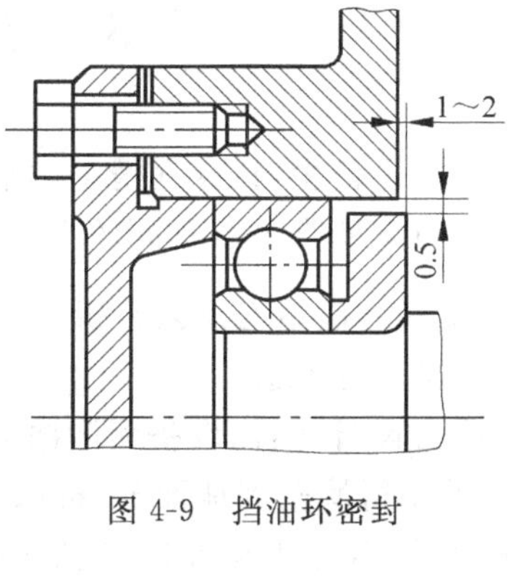

图 4-9　挡油环密封

(3) 迷宫式密封

图 4-10 所示密封由转动件与固定件间曲折的窄缝形成，窄缝中的径向间隙为 0.2～0.5mm，轴向间隙为 1～2.5mm，并注满润滑脂。工作时轴的圆周速度越高，其密封效果越好。这种密封多用于多尘、潮湿和轴表面圆周速度小于 30mm/s 的场合。

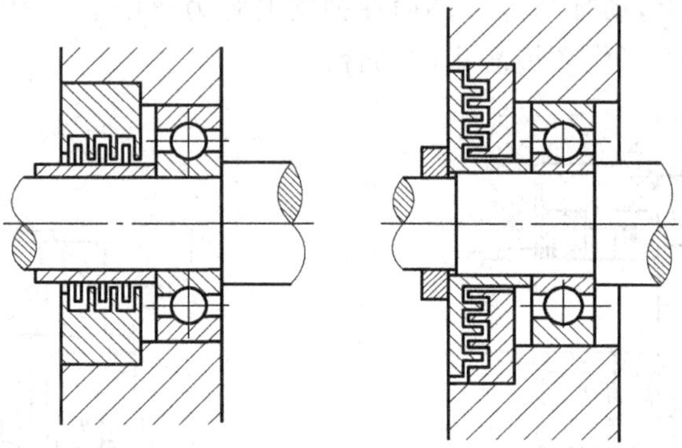

(a) 径向曲路密封　　(b) 轴向曲路密封

图 4-10　迷宫式密封

3) 组合式密封

在一些重要的密封部位通常采用几种密封组合使用的形式。如图 4-11 所示是毡圈密封与迷宫式密封的组合方式，可提高密封效果。

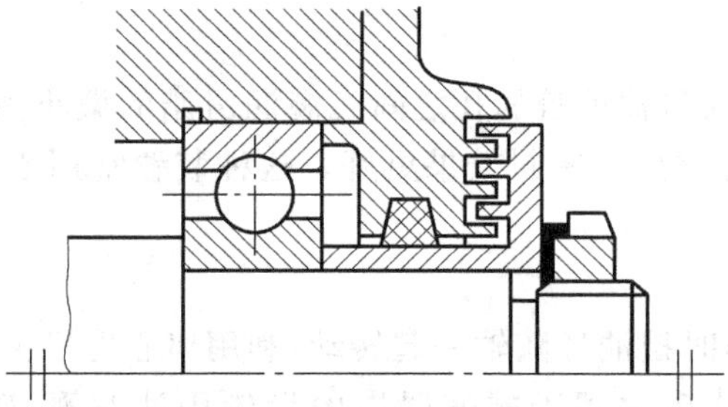

图 4-11　组合式密封

4.3　机械设备泄漏的防治

在机械设备中，机床润滑油的泄漏是维护工作中较普遍、较难治理的问题之一，对机床中各种泄漏通常采取不同的方法和措施进行有效的防治。

1. 漏油的检查与原因分析

(1) 漏油的形态

对单台设备而言，设备无漏油的标准应达到下列要求。

① 油不得滴落到地面上，机床外部密封处不得有渗油现象(外部活动连接处虽有轻微的渗油，但不流到地面上，当天清扫时可以擦掉者，可不算漏油)。

② 机床内部允许有些渗油，但不得渗入电气箱内和传动带上。

③ 冷却液不得与润滑系统或工作液压系统的油液混合，也不得漏入滑动导轨面上。

④ 漏油的处数，不得超过该机床可能造成漏油部位的5%。

设备漏油一般分为渗油、滴油、漏油三种。

① 渗油。对于固定连接的部位，每半小时滴一滴油者为渗油；对于活动连接的部位，每6min滴一滴油者为渗油。

② 滴油。无论是动结合面还是静结合面，每2～3min滴一滴油者为滴油。

③ 漏油。每分钟滴五滴以上者为漏油。

设备漏油程度等级又分为严重漏油、漏油和轻微漏油3级。

(2) 检查漏油的一般方法

检查漏油主要是指对机械系统和液压系统的漏油进行检查。其检查内容及方法如表4-3所示。

表4-3 检查漏油的内容及方法

检查内容	检查方法
机械系统漏油	按部件进行普查。先将被检部件外表擦干净，再观察漏油部位并测定渗漏程度。对于静密封主要检查箱体盖缝、油标、油管、管接头处，对于动密封主要检查轴孔配合处、旋转工作台等
	对重点部件要进行细查，如箱体等
	重视设备在使用过程中的日常观察工作。在日常对设备的清洁工作中观察渗漏情况，弄清渗漏部位
液压系统漏油	按顺序进行普查。从油泵开始，依次检查滤油器、控制阀、油管、管接头、油缸等部位。检查应在擦干净后的正常供油状态下进行。对于重点怀疑的部位可缠上白吸油纸，观察是否因有油渗出而变黄，以便判断
	通过增压试验进行细查。为了检查出可能漏油的薄弱环节，可以进行增压试验，使压力比正常工作压力高出25%～30%，然后检查油路各部分的渗漏情况
	由日常液压动作进行观察。对于液压系统来说，不仅要防治其外泄漏问题，还要注意从部件的一个腔流到另一腔的内泄漏问题。内泄漏可以表现在动作失调、开关失灵、效率下降等方面

(3) 设备漏油的常见原因

设备漏油可归纳成两方面的原因，如表4-4所示。

表4-4 设备漏油的常见原因

类　型	原因分析
先天性原因	设计不合理。对密封结构考虑不周造成润滑油回流不畅或飞溅溢出
	加工工艺、密封件和装配工艺中的质量出现问题，不按制造工艺施工，如结合面加工精度不高，尺寸超差；运动副材料早期磨损，造成间隙过大；结合面粗糙不平；紧固件旋紧顺序不对，紧固力大小不均；铸件未经时效处理，结合面变形等而泄漏
	密封件的选用、制造、安装不当

续表

类　型	原因分析
生产过程中的原因	加工材料侵入。当机床加工铸铁等易产生硬质颗粒或粉末的工件时，硬颗粒及粉末容易侵入运动副中，加剧其磨损，使间隙增大，密封失效而发生泄漏
	机床开停频繁。当启动机床时，各运动副刚要运转的一瞬间，一般都处在半干摩擦状态，各运动副容易磨损。如机床开停频繁，运动副的磨损速度必然加快，使其间隙迅速增大而发生泄漏。同时，运动副的间隙增加，也必然导致振动加大，反过来又促使磨损加速，造成更大的泄漏
	振动。机床振动能歪曲结合面形状，降低结合精度，引起紧固件松动，使静密封失效
	未注意维护保养。如未定期更换密封件，不定期、定量加润滑油(脂)，不及时调整间隙，检修质量不符合标准，维修中修复或装配不当等，这些都必然导致泄漏发生

2. 治漏的一般标准与方法

(1) 治漏的一般标准

治漏应达到使设备外部静结合面处不得有渗油现象，动结合面处允许有轻微渗油，但不得流到地面上。

在设备的内部允许有些渗油，但不得渗入电气箱和传动带上，不得滴落到地面，并能引回到油箱内。

(2) 治漏的方法

常用的治漏方法及应用如表4-5所示。

表4-5　常用的治漏方法及应用

方　法	应　用
紧固法	通过紧固渗漏部位的螺钉、螺母、管接头等来消除连接部位因松动而引起的漏油现象
疏通法	保证回流油路畅通，不被污物堵住；或将过小的回油孔改成大直径回油孔或增加新的回油孔使油路畅通，设计时要设回油槽、回油孔、挡板等
封涂法	在渗漏处涂抹封口胶进行密封紧固，以消除渗漏现象。此方法简单方便、成本低廉、效果明显、适应性广
调整法	调整相关件的位置。例如，调整滑动轴承孔与轴颈之间的间隙；减少液压润滑系统的压力；调整刮油装置，如毛毡的松、紧、高、低等。调整法应是治漏的首选方法
堵漏法	对漏油的铸件砂眼、通螺纹孔使用堵塞的办法进行治漏。如在箱体的砂眼堵塞环氧树脂，在通孔堵塞铅块等
修理法	箱盖结合面不严密时，对其进行表面刮研修理；油管喇叭口不严密时，对喇叭口进行修理；液压润滑件因毛刺、拉伤、变形而漏油时，对液压件进行修理，通过修理而达到治漏
换件法	更换密封件或相关件，达到治漏的目的
改造法	对因设计不合理而造成的漏油，可通过改造原有结构、改换密封材料、改变润滑介质、减小配合间隙、增加挡油板及接油盘的方法进行改造治漏。改造治漏要注意不要破坏设备原有的强度和刚度

续表

方 法	应 用
接漏法	有的部位漏油难以避免,除采用其他方法减少泄漏量外,可增设接油盘、接油杯,或流入油池,或定时清理
管理法	加强漏油和治漏的管理十分重要,制订防治漏油的计划,配备必要的技术力量,将治理工作列入计划修理中,落实在岗位责任制中,在维护和修理中加强质量管理,做到合理拆卸和装配,不破坏配合性质和密封装置。加强设备泄漏防治工作的培训工作和普及防治泄漏的知识

(3) 设备治漏计划

设备管理人员和润滑管理技术人员对漏油设备要做到详细调查,对漏油部位和原因要登记制表,并根据漏油的严重程度,安排治漏计划和实施方案。

治理漏油、实施治漏方案不仅是设备维修管理工作的一项任务,也是节能、降低消耗的内容之一,治漏工作应抓好“查”、“治”、“管”3个环节。

① 查。查看现象,寻找漏点,分析原因,制订计划,提出措施。

② 治。采用堵、封、接、修、焊、改、换等方法,针对实际问题治理漏油。

③ 管。加强管理,巩固“查”、“治”效果。在加强管理上,应做好有关工作,例如,建立、健全润滑管理制度和责任制,严格油料供应和废油回收利用制度,建立、健全合理的原始记录并做好统计工作,建立润滑站,配备专职人员,加强巡检并制订耗油标准等。

一些企业在润滑管理中总结出了治理漏油的十种方法,即勤、找、改、换、缠、回、配、引、垫、焊的设备治漏十字法。

① 勤:勤查、勤问、勤治。

② 找:仔细寻找漏油部位和原因。

③ 改:更改不合理的结构和装置。

④ 换:及时更换失效的密封件和其他润滑元件。

⑤ 缠:在油管接头处缠密封带、密封线等。

⑥ 回:增加或者扩大回油孔,使回油畅通,不致外溢。

⑦ 配:对密封圈及槽沟接合面做到正确选配。

⑧ 引:在外溢、外漏处加装引油管、断油槽、挡油板等。

⑨ 垫:在接合面加专用纸垫或涂密封胶。

⑩ 焊:焊补漏油油孔、油眼。

此外,做好密封工作对防止和减少漏油也会起到积极作用。

4.4 润滑油抗磨测试“校企合一”操作训练

1. 实操内容

如图4-12所示,润滑油抗磨测试机是用来测试润滑油抗摩擦性能的机器,其操作简单、易懂,适合各种润滑油的测试。

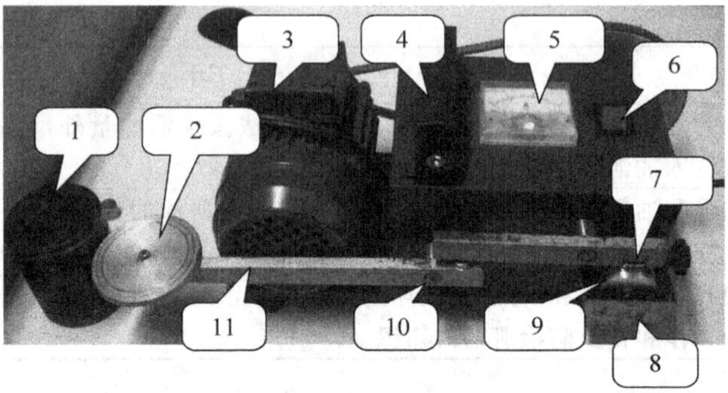

图 4-12　润滑油抗磨测试机结构

1—砝码；2—砝码托盘；3—电动机；4—手柄；5—电流表；6—开关；
7—测试轮；8—油盒；9—摩擦轮；10—销钉；11—杠杆

本操作训练通过润滑油抗磨测试机来测试两种不同的润滑油，并对比其测试结果，来判断润滑油的品质优劣。通过润滑油测试操作训练，加深对润滑油的认识。本内容只是作为认识性的操作训练，不做评分要求。

2. 实操准备

① 润滑油抗磨测试机一台（包括砝码）、摩擦轮一个、测试轮一个。

② 优质润滑油（1 号润滑油）、劣质润滑油（2 号润滑油）各 100mL。

③ 清洗液、油类、润滑脂、棉布、抛光用纱布等。

3. 操作步骤

润滑油抗磨测试的参考操作步骤如表 4-6 所示。

表 4-6　润滑油抗磨测试的参考操作步骤

工步号	工 步 内 容	图　　示
1	通电前检查各机械部位是否有螺钉松动，电缆是否有破损现象；（无负荷下）通电检查电动机运转是否正常，有没有明显噪声；空载下电流在 0.5A 左右（此数值可参照润滑油抗磨测试机的说明书）	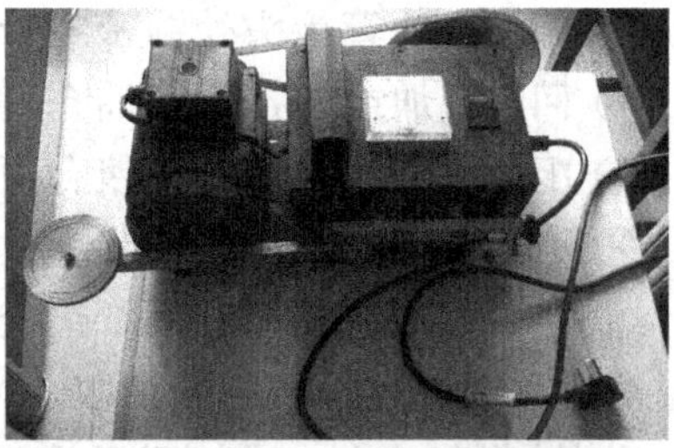
2	将测试轮放入杠杆的卡口，旋紧螺钉	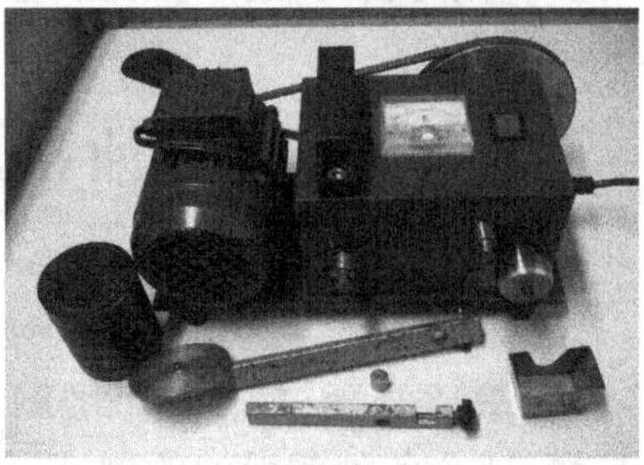

续表

工步号	工步内容	图示
3	将两个杠杆装入销钉上；将装有1号润滑油的油盒放入相应位置，使油盒内的油面接触到摩擦轮下部	
4	接通电动机电源，启动润滑油抗磨测试机，使电动机带动摩擦轮转动，然后在砝码托盘上添加1～2块砝码	
5	每当增加一块砝码，如果听见刺耳的摩擦声音，或者出现电流超过最大值或摩擦轮突然卡死的现象，应停止本次测试	
6	换用2号润滑油、测试轮（更换或转到新位置），重复上述测试，并做好记录	 

4. 结果分析

分别对两种不同的润滑油进行摩擦对比试验，根据其砝码负荷、电流表显示的电流大小、摩擦轮与测试轮的磨痕大小（摩擦面积）等，来判定润滑油的抗摩擦性能（品质优劣）。测试结果（示例参考）如表4-7所示。

表4-7 润滑油抗磨测试结果

润滑油	砝码负荷/块	电流大小/A	噪声	有无过载卡死现象	摩擦面积
1号（优质）	12	1.2	小	无	小
2号（劣质）	4～6	>1.5	很大	砝码放至第6块时卡死	大

5. 注意事项

① 每做一次实验要转动测试轮到一新的位置，清洗油盒，用油石把摩擦轮上的抗磨层打磨掉，并用抛光用纱布抹干净，否则测试结果不准确。

② 摩擦轮与测试轮抱死时,要关闭电源,以免电动机因负荷过大而受损。

③ 加载砝码时要均速,一般每10s加一块;不可时快时慢,否则测试重现性不好。

④ 加载砝码前需让摩擦轮在待测润滑油中无负荷运行一会儿(磨合期),以使油膜充分形成。

⑤ 操作完成后整理工作位置,清理干净润滑油抗磨测试机,整理好工具,搞好场地卫生;做好工具及设备的保养工作。

CHAPTER 5

第5章

机床及机床夹具

知识要点：机床是将金属毛坯加工成机器零件的机器，它是制造机器的机器，所以又称为“工作母机”或“工具机”，习惯上简称机床。机床夹具是机床上用于装夹工件和引导刀具的一种装置，其作用是将工件定位，以使工件获得相对于机床和刀具的正确位置，并把工件可靠地夹紧。

技能目标：了解卧式车床、数控车床以及夹具的基本知识，并应用于实操中。

学习建议：理论结合实际，熟悉机床各种型号、夹具的简单结构；认真听课，细心练习；谨记上学如上班、上课如上岗。

5.1 金属切削机床

1. 金属切削机床的型号

(1) 机床型号的构成

金属切削机床的型号是机床的代号，用以表明金属切削机床的类别、主要技术参数、结构特性等。我国目前的机床型号是按《金属切削机床型号编制方法》(GB/T 15375—2008)编制的。此标准规定，机床型号由大写汉语拼音字母及阿拉伯数字按一定规律组合而成，它适用于新设计的各类通用及专用金属切削机床及加工自动线(不包括组合机床、特种加工机床)。

机床型号的构成如下所示。

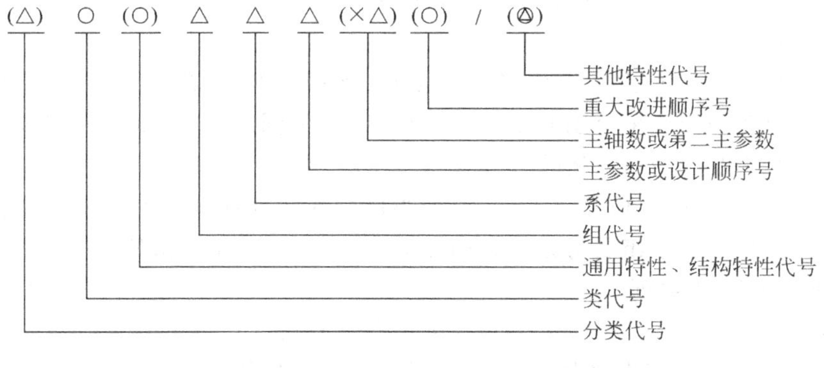

说明：机床的型号由基本部分和辅助部分组成，中间用“/”隔开，读作“之”。基本部分需统一管理，辅助部分纳入型号与否由企业自定。有“( )”的代号或数字，当无内容时，则不表示；若有内容则不带括号。“○”符号处用大写的汉语拼音字母表示；“△”符号处用阿拉伯数字表示；“◬”符号处用大写的汉语拼音字母或阿拉伯数字表示，或两者兼有之。

(2) 机床的分类及代号

机床的类代号用大写的汉语拼音字母表示。必要时，每类可分为若干分类。分类代号在类代号之前，作为型号的首位，并用阿拉伯数字表示。第“1”分类代号可省略，第“2”、“3”分类代号则应予以表示。例如，车床的类代号用C表示，钻床的类代号用Z表示。机床的分类和代号如表5-1所示。

表5-1　机床的分类和代号(GB/T 15375—2008)

类别	车床	钻床	镗床	磨　床			齿轮加工机床	螺纹加工机床	铣床	刨插床	拉床	锯床	其他机床
代号	C	Z	T	M	2M	3M	Y	S	X	B	L	G	Q
读音	车	钻	镗	磨	二磨	三磨	牙	丝	铣	刨	拉	割	其

(3) 通用特性代号

当某类型机床，除有普通型外，还有某种通用特性时，则在类代号之后加通用特性代号予以区分。通用特性代号用大写的汉语拼音字母表示，按其相应的汉字字意读音。例如，CK表示数控车床。机床的通用特性代号如表5-2所示。

表5-2　机床的通用特性代号(GB/T 15375—2008)

通用特性	高精度	精密	自动	半自动	数控	加工中心(自动换刀)	仿形	轻型	加重型	柔性加工单元	数显	高速
代号	G	M	Z	B	K	H	F	Q	C	R	X	S
读音	高	密	自	半	控	换	仿	轻	重	柔	显	速

(4) 结构特性代号

对主参数值相同而结构、性能不同的机床，在型号中加结构特性代号予以区分。但结构特性代号与通用特性代号不同，它的型号中没有统一的含义，只在同类机床中起区分机床结构、性能的作用。当型号中有通用特性代号时，结构特性代号应排在通用特性代号之后。结构特性代号用大写的汉语拼音字母表示。例如，CA6140型卧式车床型号中的A为结构特性代号，表示这种型号车床在结构上有别于C6140型车床。

(5) 组、系代号

将每类机床划分为10个组，每个组又划分为10个系(系列)。组、系划分的原则：在同一类机床中，主要布局或使用范围基本相同的机床，即为同一组；在同一组机床中，其主参数相同、主要结构及布局形式相同的机床，即为同一系。

机床的组代号用一位阿拉伯数字表示，位于类代号或特性代号之后；机床的系代号用一位阿拉伯数字表示，位于组代号之后。例如，CA6140型卧式车床型号中的“61”，表示它属于车床类第6组、1系列。

(6) 主参数

机床的主参数表示机床规格的大小并反映机床的最大工作能力。主参数代号是以机床最大加工尺寸或与此有关的机床部件尺寸的折算值表示，位于系代号之后。当折算值大于1时，则取整数，前面不加“0”，当折算值小于1时，则取小数点后第一位数，并在前面加“0”。

(7) 设计顺序号

某些通用机床，当无法用一个主参数表示时，则在型号中用设计顺序号表示。设计顺序号由1起始，当设计顺序号小于10时，由01开始编号。

(8) 主轴数

对于多轴机床，其主轴数应以实际数值列入型号，置于主参数之后，用“×”分开，读作“乘”。单轴可省略，不予表示。

(9) 第二主参数

第二主参数(多轴机床的主轴数除外)，一般不予表示，如有特殊情况，可在型号中表示。在型号中表示的第二主参数，一般以折算成两位数为宜，最多不超过三位数。以长度、深度值等表示的，其折算系数为1/100；以直径、宽度值等表示的，其折算系数为1/10；以厚度、最大模数值等表示的，其折算系数为1。当折算值大于1时，取整数；当折算值小于1时，则取小数点后第一位数，并在前面加“0”。

(10) 重大改进顺序号

当机床的结构、性能有更高的要求，并需按新产品重新设计、试制和鉴定时，为区别原机床型号，要在型号基本部分的尾部按改进的先后顺序选用A、B、C等汉语拼音字母表示。例如，型号CC6125B中的B表示CC6125型高精度卧式车床的第二次重大改进。

我国的机床型号编制方法曾做过多次修订和补充，对1976年以前已定型号且目前仍在生产或使用的型号暂不更改。例如，C618、C620-1、Z525等型号中，只有组代号而无系代号；车床的主参数表示中心高的1/10，钻床主参数与新型号相同；机床重大改进顺序号用阿拉伯数字1,2,3,…按顺序表示，加在型号尾部，并用“-”分开。

2. 车床型号示例

车床的型号很多，下面以C6132A1、CK6132A-1为例介绍其字母与数字的含义。

C6132A1型卧式车床实物如图5-1所示。

C——车床的类代号：C是车床的“车”汉语拼音第一个字母，代表车床类。

6——组别代号：车床类分10组，“6”表示普通落地及卧式车床组。

1——系代号：卧式车床型。

32——主参数：最大加工工件直径为320mm。

A1——改进次数：第一次重大改进。

CK6132A-1型数控车床实物如图5-2所示。

C——车床的类代号：C是车床的“车”汉语拼音第一个字母，代表车床类。

K——通用特性代号：数控。

6——组别代号：车床类分10组，“6”表示普通落地及卧式车床组。

1——系代号：卧式车床型。

32——主参数：最大加工工件直径为320mm。

A-1——改进次数：第一次重大改进。

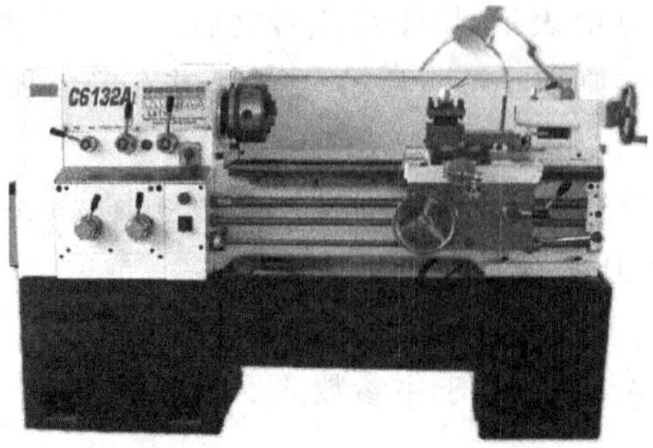

图 5-1　C6132A1 型卧式车床

图 5-2　CK6132A-1 型数控车床

3. 卧式车床的主要加工范围

卧式车床主要用于各种回转体零件的外圆、端面、锥度、切槽(切断)及公制螺纹、模数螺纹、英制螺纹等的车削加工，此外还可以用来进行钻孔、铰孔、镗孔、扩孔及加工蜗杆及特形面(圆球、圆弧)等，如图 5-3 所示。

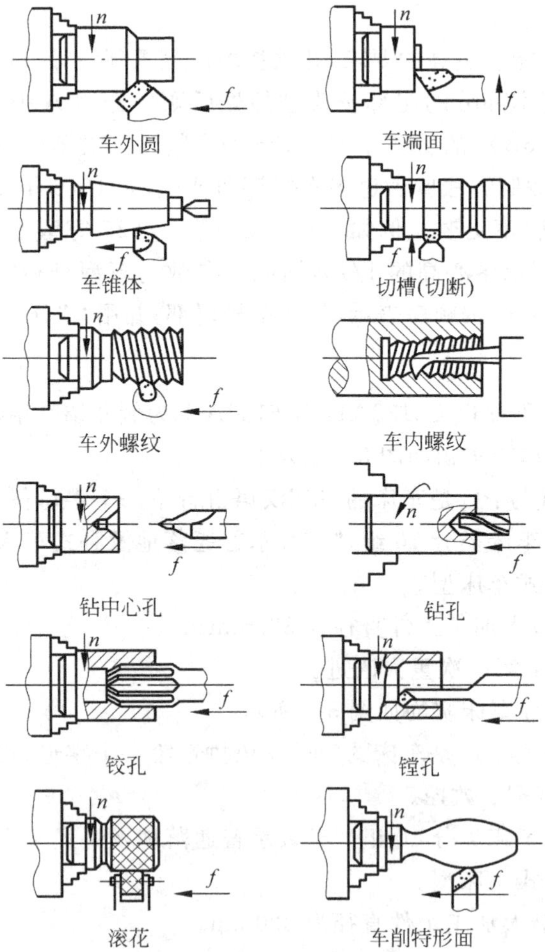

图 5-3　卧式车床的主要加工范围

4. C6132A1 型卧式车床的结构及其功用

C6132A1 型卧式车床的结构如图 5-4 所示。

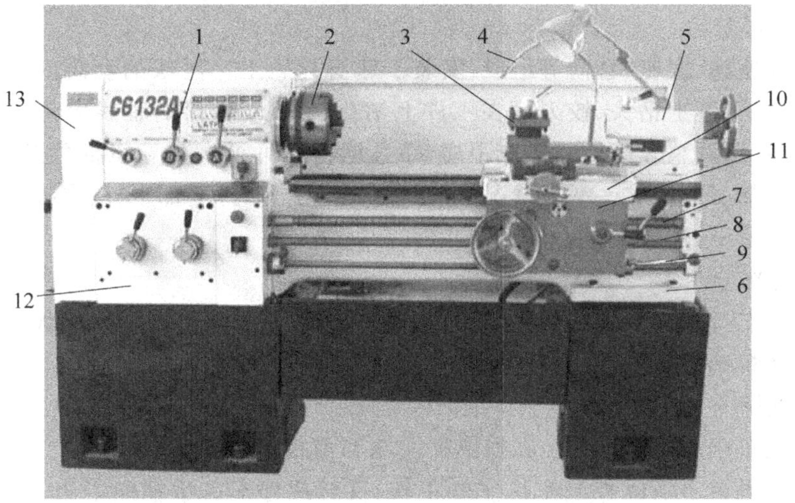

图 5-4 C6132A1 型卧式车床的结构

1—主轴箱；2—卡盘；3—刀架；4—冷却液管；5—尾座；6—床身；7—丝杠；8—光杠；9—操纵杆；10—溜板；11—溜板箱；12—进给箱；13—挂轮箱

(1) 车头部分

① 主轴箱。主轴箱内装有许多齿轮，将电动机的动力经床头箱内的齿轮传给主轴，再由主轴传递到工件上，使工件作旋转运动，变换箱外手柄位置可使主轴得到不同的转速，因此也称变速箱。它的主要作用是传递运动与变速，用来带动车床主轴及卡盘的转动；通过操纵变速手柄改变齿轮或离合器的位置，可使主轴获得 12 种不同的速度，从其铭牌中可以找出手柄与速度相对应的位置。主轴的反转是通过电动机的反转来实现的。

② 卡盘：是车床的一个重要附件，用来夹持工件，并带动工件一起转动。

(2) 溜板箱部分

① 溜板箱：把光杠和丝杠的动力传给溜板，变换箱体外面的手柄位置，经溜板使车刀部分作纵向或横向移动。

② 刀架：它位于小滑板上，并随滑板一起运动。刀架用来装夹车刀，可同时装夹 4 把车刀；松开锁紧手柄，即可转动刀架，把所需要的车刀更换到工作位置上，换刀时极为方便。

(3) 进给部分

① 进给箱：利用它的内部齿轮机构，可以把主轴的运动传给丝杠或光杠。变换箱体外面的手柄位置，可以使丝杠或光杠得到各种不同的转速。

② 丝杠：丝杠能带动床鞍作纵向移动，用来车削螺纹。丝杠是车床中主要的精密件之一，应长期保持丝杠的精度。

③ 光杠：用来把进给箱的运动传给溜板箱，使车刀按要求的速度作直线进给运动。

(4) 挂轮箱部分

挂轮箱用来把主轴的转动传给进给箱。调换箱内的齿轮,并与进给箱配合,可以车削不同螺距的螺纹。

(5) 尾座部分

尾座由尾座体、底座、套筒等组成,安装于床身导轨上。尾架的套筒内装上顶尖可用来支承工件,也可装上钻头、铰刀而在工件上钻孔、铰孔;套筒的轴线应与主轴的轴线重合。转动手轮,可调整套筒伸缩一定距离,并且尾座还可沿床身导轨推移至所需位置,以适应不同工件加工的要求。一般情况下,尾座的位置与床身端部平齐,在摇动滑板时严防尾架从床身上落下,造成事故。

(6) 床身部分

床身用来支持和安装车床的各个部件,如主轴箱、进给箱、溜板箱、溜板和尾座等。床身上面有两条精确的导轨,滑板和尾座可沿着导轨移动。

(7) 操纵杆

操纵杆是车床的控制机构。在操纵杆左端和溜板箱右侧各装有一个手柄,操作工人可以很方便地操纵手柄以控制车床主轴正转、反转或停车。手柄向上为正转,向下为反转,中间为停止位置。

(8) 附件

① 中心扶架:车细长轴时用来支承工件,工作时固定在床身上。

② 跟刀架:车细长轴时用来支承工件,工作时与刀具一起沿工件轴向移动。

③ 冷却系统:切削时用来浇注冷却液。

④ 电气系统:电气控制以及在工作时用于照明。

5. 机床的传动系统

实际操作前要理解、掌握车床传动系统的原理,避免由于对车床传动路线不清楚,盲目操作而引起事故。

C6132A1 型卧式车床的传动系统如图 5-5 所示。电动机驱动 V 带,把动力输入到主轴箱,通过变速机构变速使主轴得到不同的转速,再经过卡盘(或夹具)带动工件作回转运动。

主轴箱把旋转运动输入到交换齿轮箱,再通过进给箱变速后由丝杠或光杠驱动溜板箱和刀架部分,可以方便地实现手动、机动、快速移动及车螺纹等运动。

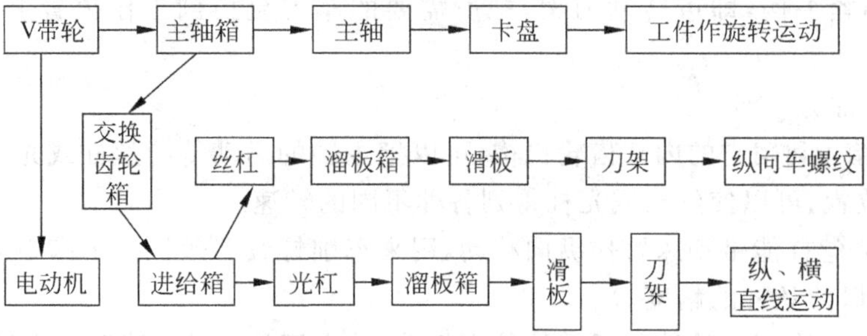

图 5-5 C6132A1 型卧式车床的传动系统

6. 数控机床的组成及其各部分的功能

如图 5-6 所示，数控机床一般由控制介质（加工程序）、数控系统、伺服系统、反馈装置、机床本体及各种辅助装置等组成。

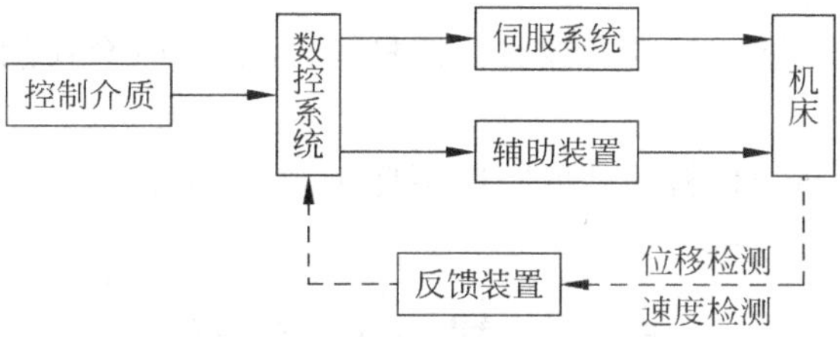

图 5-6 数控机床加工原理图

（1）控制介质

数控加工程序是数控机床进行自动加工的指令序列。加工程序可以手工输入，通过远程通信接口传输，或者通过控制介质输入。控制介质可以是穿孔纸带、磁盘、磁带或其他可以存储代码的介质，采用哪一种方式输入，取决于数控装置的输入设备类型。

（2）数控系统

数控系统是数控机床的核心，包括硬件（印制电路板、CRT 显示器、键盘、纸带阅读机等）及相应的软件，用于输入数字化的零件程序，并完成输入信息的存储、数据的变换、插补运算及实现各种控制功能。

（3）伺服系统

伺服系统是数控机床执行机构的驱动部件，包括主轴驱动单元、进给单元、主轴电动机及进给电动机等。它在数控装置的控制下通过电气或电液伺服系统实现主轴和进给驱动。当几个进给联动时，可以完成定位、直线、平面曲线和空间曲线的加工。

（4）反馈装置

反馈装置的主要作用是把检测到的位移和速度测量信号作为反馈信号，并将反馈信号转换成数字信号送回计算机，与数控装置发出的脉冲指令信号进行比较，若有偏差，经放大后控制驱动和执行部件，使其向消除偏差的方向运动，直到偏差为零。

（5）机床本体

数控机床的机床本体与传统机床相似，由主轴传动装置、进给传动装置、床身、工作台以及辅助运动装置、液压气动系统、润滑系统、冷却装置等组成。但数控机床在整体布局、外观造型、传动系统、刀具系统的结构以及操作机构等方面都已发生了很大的变化。

（6）辅助装置

辅助装置是指数控机床的一些必要的配套部件，用以保证数控机床的运行，如冷却、排屑、润滑、照明、检测等。它包括液压和气动装置、排屑装置、交换工作台、数控转台和数控分度头，还包括刀具及监控、检测装置等。

7. 机床使用相关事宜

① 机床一般带有旋转部件。例如，车床丝杠的横向和纵向进给运动是螺旋传动，所以操作机床时不能戴手套。为保证机床操作者的安全，机床照明灯的电压应选 36V 以

下,通常选择 24V 电压。

② 在研磨外圆柱面时,可用机床带动工件,用手推动研磨环在工件上沿轴线作往复运动进行研磨。若工件直径小于 80mm 时,车床转速应选择为 100r/min;若工件直径大于 80mm 时,车床转速应选择为 50r/min。

③ 车床主轴及其主轴承间的间隙过大或松动,在加工时会使加工零件发生振动而产生圆度误差。

④ 车床刀具切削部分材料的硬度一般不低于 60HRC。

5.2 机床夹具

在机床上用来安装工件以确定工件与刀具的相对位置,并将工件夹紧的一种辅助设备,称为机床夹具(简称夹具)。夹具作为一种装夹工件的工艺装备,是机械加工工艺系统的重要组成部分,在机械加工中占有十分重要的地位,广泛应用于机械加工、装配、检验等工艺过程。

夹具最早出现在 18 世纪后期。随着科学技术的不断进步,夹具已从一种辅助工具发展成为门类齐全的工艺装备。

1. 机床夹具的分类及应用场合

按夹具的通用特征,夹具可分为通用夹具、专用夹具、组合夹具、可调整夹具和成组夹具等。按夹具所用于的机床及性能不同,可分为钻床夹具、车床夹具、铣床夹具、磨床夹具等。

① 通用夹具:通用性强,被广泛应用于单件或小批量生产中。

② 专用夹具:专为某一工序设计,结构紧凑、操作方便、生产效率高、加工精度容易保证,适用于定形产品的成批生产和大量生产。

③ 组合夹具:由可反复使用的标准夹具零部件(或专用零部件)组装成易于连接或拆卸的专用夹具。

④ 可调整夹具:不对应特定的加工对象,适用范围宽,通过适当的调整或更换夹具上的个别元件,即可用于加工形状、尺寸和加工工艺相似的多种工件。

⑤ 成组夹具:专为某一组零件的成组加工而设计,加工对象明确,针对性强;通过调整可适应多种工艺及加工形状、尺寸。

2. 机床夹具的组成

机床夹具由以下几部分组成。

① 定位元件:定位元件用于确定工件在夹具中的位置。

② 夹紧装置:夹紧装置的作用是将工件压紧、夹牢,保证已确定的工件位置在加工过程中不发生变更。

③ 引导(对刀)元件:引导元件的作用是确定刀具相对于工件的正确位置并引导刀具进行加工。

④ 夹具体:夹具体是夹具的基础件,通过它将夹具上所有元件装配成一个整体。

⑤ 其他元件及装置：其他元件及装置包括用于改变工件与刀具相对位置以获得多个工位的分度装置，非手动夹具中作为生产动力部分的汽缸、液压缸和电磁装置，靠模装置及连接元件、自动定心装置等。

3. 机床夹具的作用

（1）保证稳定可靠地达到各项加工精度要求

使用夹具的主要作用是保证工件上被加工表面的相互位置精度，如表面之间的位置尺寸、平行度、垂直度、对称度、同轴度等。夹具的使用保证了在加工过程中同批工件对刀具和机床能保持确定的相对位置，这比划线找正的方法所能达到的精度要高。

（2）提高劳动生产率，降低生产成本，减轻工人劳动强度

采用夹具后，可省去划线工序，减少找正所需辅助时间，同时操作方便、安全，安装稳固，可以加大切削用量，减少基本时间，因此，能提高劳动生产率。如果再采用气动或液压传动夹紧装置，则效果更为显著，能减轻劳动强度，并可由较低技术等级的工人进行加工。

（3）扩大机床加工范围

使用夹具可扩大机床的加工范围，充分发挥机床的工艺性能，可以一机多用，解决缺乏某种设备的困难。

4. 工件的定位

（1）如何给工件定位

确定工件在机床上或夹具中占有准确加工位置的过程称为定位。工件的定位是靠工件上某些表面和夹具中的定位元件（或装置）相接触来实现的。

（2）六点定位规则

一个尚未定位的工件在夹具中的位置可以是任意的，可以将它视为在空间直角坐标系中的自由物体。如图 5-7(a)所示，在空间直角坐标系中，工件可沿着 3 个坐标轴移动和绕这 3 个坐标轴转动，分别用$\vec{x}$，$\vec{y}$，$\vec{z}$和$\overset{\frown}{x}$，$\overset{\frown}{y}$，$\overset{\frown}{z}$表示，通常把这些运动的可能性称为自由度。任何工件在空间如果不加任何约束、限制，它都有以上 6 个自由度。因此，要使工件在夹具中占有确定的位置，就必须限制这 6 个自由度。

如图 5-7(b)所示，用适当分布的与工件接触的 6 个支承点，来限制工件的 6 个自由度，使工件在夹具中的位置完全确定的方法，称为六点定位规则。

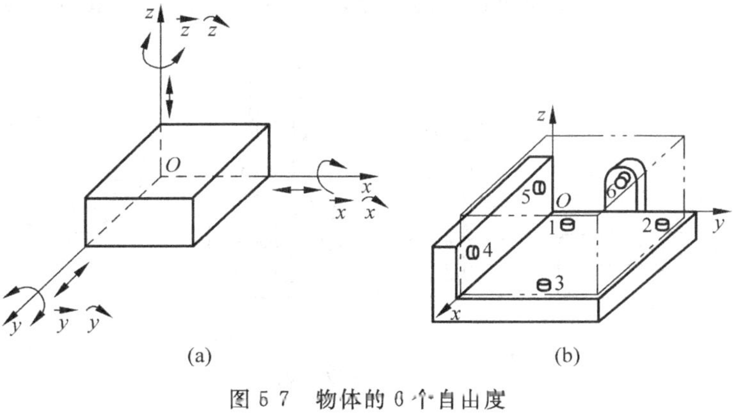

(a)　　(b)

图 5-7　物体的 6 个自由度

5. 定位方法和定位元件的选用

1）工件以平面定位

工件以平面为定位基准时，所用的定位元件为支承件，可分为基本支承和辅助支承两类。

(1) 基本支承

基本支承是用来限制工件自由度，具有独立定位作用的定位支承，常用的有固定支承、自位支承和可调支承等。

① 固定支承。固定支承有支承钉和支承板两种形式，如图 5-8 所示。

如图 5-8(a)所示的平头支承钉，适用于定位基准较光滑的工件平面；如图 5-8(b)所示的球头支承钉，其接触面积较小，便于与毛面稳定接触，适用于工件粗基准定位；如图 5-8(c)所示的齿纹头支承钉，用在工件的侧面，能增大摩擦系数，防止工件滑动；如图 5-8(d)所示的支承板，其结构简单，适用于侧面及顶面定位；如图 5-8(e)所示的支承板便于清除切屑，适用于底面定位。

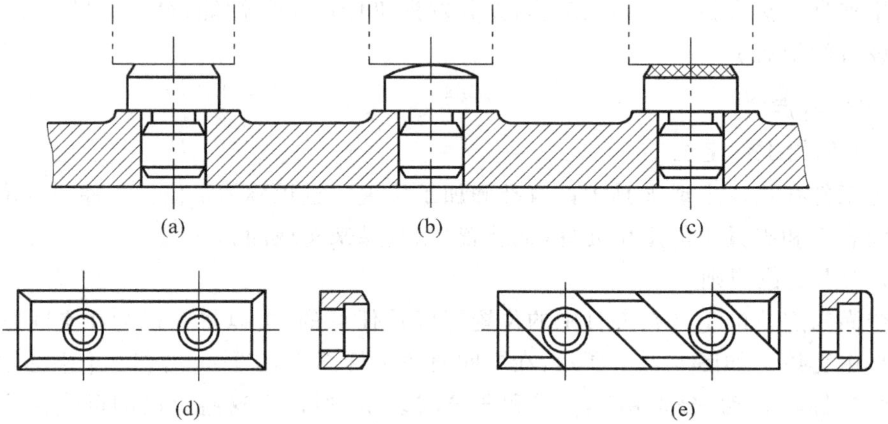

图 5-8 固定支承

② 自位支承。在工件定位时，自位支承能自动调整位置以适应工件定位基准的变化，也称浮动支承。如图 5-9(a)、图 5-9(b)所示为两点式自位支承，如图 5-9(c)所示为三点式自位支承，这类支承能适应定位基准变化，相当于一个定位支承，只限制一个自由度。

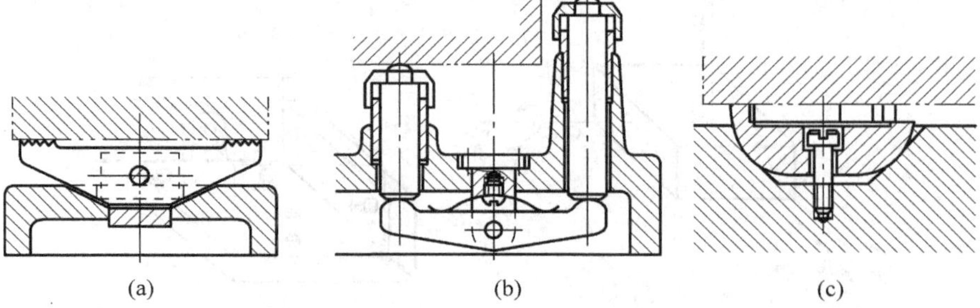

图 5-9 自位支承

③ 可调支承。在工件定位,支承钉的高度需要调整时,可采用如图 5-10 所示的可调支承。可调支承一般用于粗基准定位。

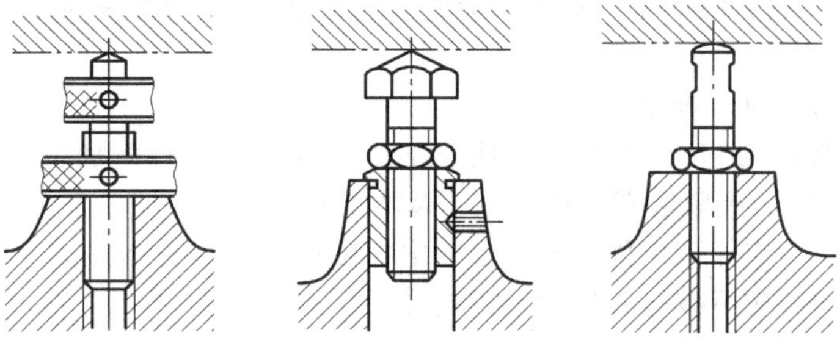

图 5-10　可调支承

(2) 辅助支承

当工件由于结构上的特点使定位不稳定或工件局部刚性较差而容易变形时,可在工件的适当部位设置辅助支承。如图 5-11 所示,当阶梯零件用平面 1 定位铣平面 2 时,在工件右部底面增设辅助支承 3,可避免加工过程中工件的变形。这种支承在定位支承对工件定位后才参与支承,仅与工件适当接触,不起定位作用。在对畸形工件划线时,要求工件重心或工件与夹具的组合重心应落在支承面内,否则必须加上相应的辅助支承。

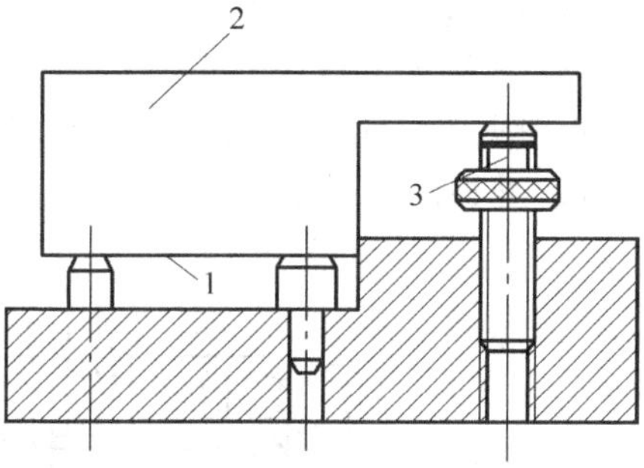

图 5-11　辅助支承

1,2—平面;3—辅助支承

2) 工件以外圆柱面定位

工件以外圆柱面为定位基准时,主要是保证外圆柱面的轴心线在夹具中占有预定的位置。根据加工要求和装夹方式等具体情况,常采用 V 形架、定位套等元件和装置进行定位。

3) 工件以圆柱孔定位

工件以圆柱孔为定位基准时,必须使孔的中心线与夹具体上有关定位元件的轴心线重合(同轴),常用的定位元件有定位心轴和定位销等。

6. 工件的夹紧

定位只是确定了工件的位置,但在加工过程中,要使工件在受到切削力、惯性力及重力等作用下不致产生振动或位移而使定位遭到破坏,就需要将工件夹紧。夹紧是在工件定位后,通过夹紧装置用外力使工件在加工过程中始终固定在正确位置上。

(1) 夹紧装置的组成

夹紧装置的种类很多,但其结构均由以下三部分组成。

① 力源装置。力源装置是产生夹紧力的装置,通常是指机动夹紧时所用的气动、液压、电动等动力装置。

② 中间递力机构。中间递力机构是介于力源装置和夹紧元件之间的传力机构。它把力源装置的夹紧作用力传递给夹紧元件,然后由夹紧元件最终完成对工件的夹紧。一般递力机构可以在传递夹紧作用力的过程中,改变夹紧作用力的方向和大小,并根据需要

也可以具有一定的自锁性能。

③ 夹紧元件及夹紧机构。夹紧元件是夹紧装置的最终执行元件，通过它和工件受压面的直接接触而完成夹紧动作。对于手动夹紧装置来说，夹紧机构则由中间递力机构和夹紧元组成。

(2) 夹紧装置的基本要求

在对工件夹紧的过程中，夹紧装置是否合理，对于确保工件的加工质量和提高生产率有很大的影响。为此，夹紧装置应满足如下基本要求。

① 牢：夹紧后，应保证工件在加工过程中的位置不发生变化。

② 正：夹紧时，应不破坏工件的正确定位。

③ 快：操作方便，安全省力，夹紧迅速。

④ 简：结构简单紧凑，有足够的刚性和强度，且便于制造。

7. 基本夹紧机构

夹具的夹紧机构种类很多，但其结构大多以斜楔、螺旋、偏心夹紧机构为基础，这三种夹紧机构合称为基本夹紧机构。

(1) 斜楔夹紧机构

斜楔夹紧机构是利用斜楔的斜面将斜楔推力转变为夹紧力，从而将工件夹紧的一种机构，如图 5-12 所示。

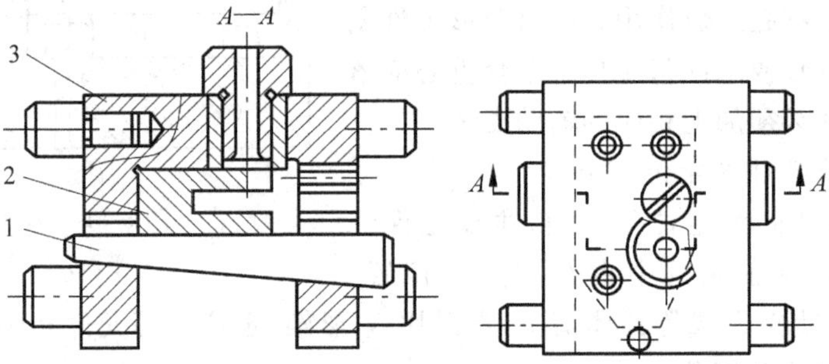

图 5-12 斜楔夹紧机构

1—斜楔；2—工件；3—夹具体

(2) 螺旋夹紧机构

由螺钉、螺母、压板等元件组成的夹紧机构，称为螺旋夹紧机构。螺旋夹紧机构的结构简单、夹紧可靠，在夹具中应用广泛；其缺点是夹紧和松开工件时比较费时、费力。

① 单螺旋夹紧机构。如图 5-13(a)所示为六角头压紧螺钉，它是用螺钉头部直接压紧工件。如图 5-13(b)所示，在螺钉头部装上摆动压块，可防止螺钉旋转时损伤工件表面或带动工件旋转。

② 螺旋压板夹紧机构。在夹紧机构中，结构形式变化最多的是螺旋压板夹紧机构。如图 5-14 所示为 5 种典型的螺旋压板夹紧机构。如图 5-14(a)、图 5-14(b)所示，两机构的施力螺钉位置不同；如图 5-14(c)所示采用铰链压板，减小了夹紧行程，使用上受工件尺寸形状的限制；如图 5-14(d)所示为钩形压板，其结构紧凑，适用于夹紧机构的空间位置受到限制的场合；如图 5-14(e)所示为自调式压板，它能适应工件高度由零到一定范围内的变化，其结构简单、使用方便。

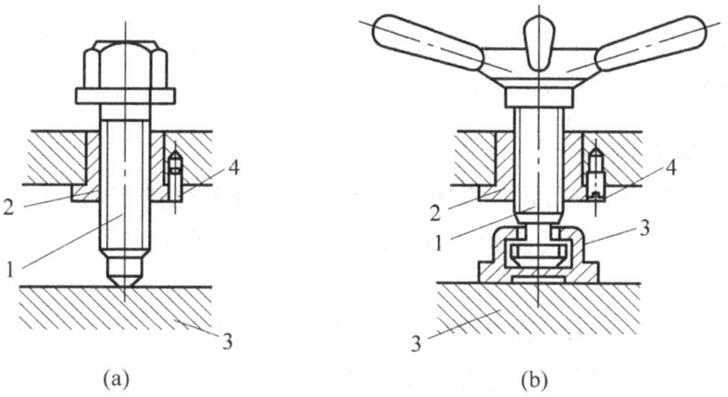

图 5-13 单螺旋夹紧机构

1—螺杆；2—可换螺母套；3—压块；4—螺钉

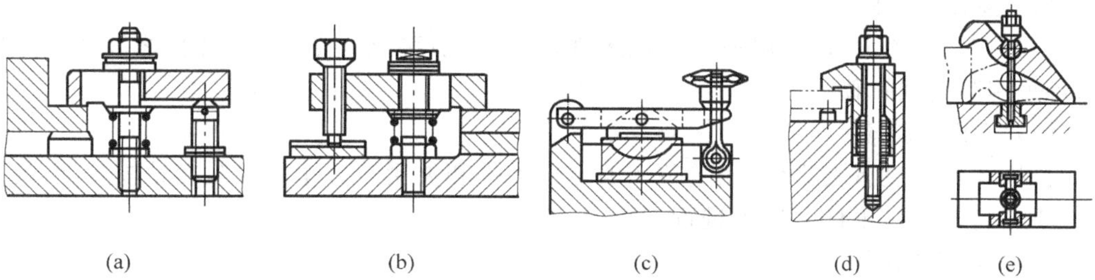

图 5-14 螺旋压板夹紧机构

(3) 偏心夹紧机构

偏心夹紧机构是用偏心件来实现夹紧作用的一种机构，常用的偏心件是偏心轮和偏心轴，如图 5-15 所示。其中，如图 5-15(a)所示是偏心轮和螺栓压板组合的夹紧机构；如图 5-15(b)所示是利用偏心轴夹紧工件的。

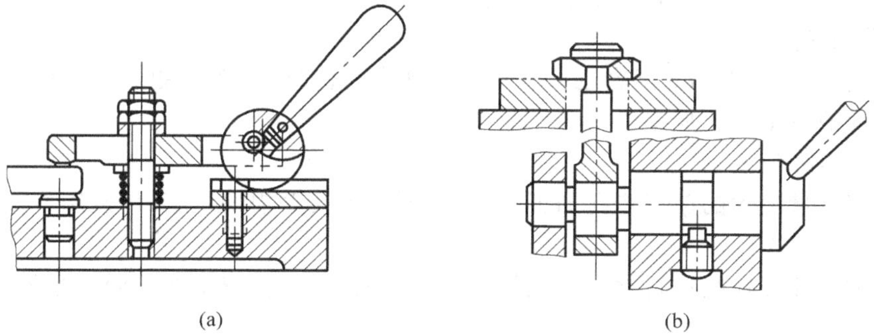

图 5-15 偏心夹紧机构

5.3 常用钻床夹具

1. 钻床夹具的特点

在钻床上进行钻孔、扩孔、铰孔、锪孔、攻螺纹等加工所用的夹具，称为钻床夹具(钻模)。在钻床夹具上，一般都装有钻套，通过它引导刀具可以保证被加工孔的坐标位置，并防止钻头在切入时引偏,从而保证和提高被加工孔的位置精度、尺寸精度及降低孔的表面粗糙度值,还可缩短工序时间,提高生产率。

2. 常用钻床夹具的类型

钻床夹具的类型在很大程度上取决于工件上被加工孔的分布情况。常用的钻床夹具主要有固定式、移动式、翻转式、盖板式和回转式等几种类型。

(1) 固定式钻模

固定式钻模在使用过程中,钻模和工件在机床上的位置固定不变,常用于在立式钻床上加工较大的单孔或在摇臂钻床上加工平行孔系。

(2) 移动式钻模

移动式钻模用于在单轴立式钻床上,钻削在中、小型工件同一表面上的多个孔。

(3) 翻转式钻模

对于在几个方向都有孔的中、小型工件,为了减少装夹次数,提高各孔之间的位置精度,可采用翻转式钻模。

(4) 盖板式钻模

盖板式钻模没有夹具体,供定位用的定位元件和夹紧装置全部安装在钻模板上,使用时只要将它覆盖在工件上即可进行加工。

(5) 回转式钻模

回转式钻模用于加工同心圆周上的平行孔系或分布在几个不同表面上的径向孔,它分立轴、斜轴和卧轴三种类型。

3. 钻套的类型及应用

钻套是钻模上的重要元件,它安装在模板或夹具体中。其作用是确定孔加工刀具的加工位置,保证被加工孔的轴线位置尺寸,引导刀具并增强刀具系统刚性。钻套的结构和尺寸已经标准化。按结构和使用情况,钻套可分为以下 4 种类型。

(1) 固定钻套

固定钻套采用 H7/n6 配合压装在钻模板孔内,磨损后一般不能更换。它一般用于生产批量较少的单工步孔加工。

(2) 可换钻套

在生产批量较大的单工步孔加工中,为了便于更换磨损的钻套,可选用可换钻套。

(3) 快换钻套

当被加工孔要连续进行钻、扩、铰等多种工步时,为能快速更换不同孔径的钻套,应选用快换钻套。

(4) 特殊钻套

对形状或被加工孔的位置比较特殊的工件,需要选用相应结构的特殊钻套。

5.4 组合夹具

组合夹具是在夹具元件高度标准化、通用化的基础上发展起来的一种夹具。它由一套预先制造好的,具有各种形状、功用、规格和系列尺寸的标准元件和组合件组合而成。

使用时，根据加工工件的工艺要求和加工特点，选择合适的标准件和组合件，可组装出加工、检验及装配等所需的各种夹具。为了保证组装后夹具有足够的准确性，各类元件都具有较高的表面精度、位置精度和配合精度。如图 5-16 所示是一种钻孔用的组合夹具。

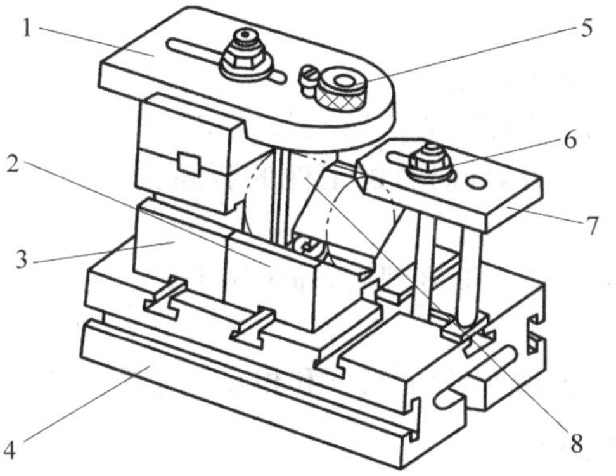

图 5-16 钻孔用的组合夹具

1—铅磨板；2—V 形架；3—方形支承；4—长方形基础板；5—钻套；6—压紧螺母；7—压板；8—工件

1. 组合夹具的构成

组合夹具主要由以下 8 类元件构成。

(1) 基础件

基础件包括各种规格尺寸的矩形、圆形基础板和基础角铁等，它是安装其他元件的基础，用来定位和安装其他元件。

(2) 支承件

支承件主要用于不同高度的支承和各种定位支承面，包括各种规格尺寸的垫板、矩形支承、角度支承和 V 形支承等。在一般情况下，支承件和基础件共同组成夹具的夹具体，在组合小型夹具时，支承件也可作为基础件。

(3) 定位件

定位件主要用于确定元件与元件、元件与工件之间的相互位置，以保证夹具的装配精度和工件的加工精度，同时增强元件之间的连接强度和整个夹具的刚度。它主要包括各种定位销、定位盘、定位支承等。

(4) 导向件

导向件用来确定刀具与工件的相互位置，加工时引导刀具到达加工部位，还可增强加工稳定性。常用的导向件有各种导向板、钻套、钻模板及导向支承等。

(5) 压紧件

压紧件的作用是将工件压紧在夹具上，包括各种形状、尺寸的压板。

(6) 紧固件

紧固件包括各种螺栓、螺钉、螺母和垫圈等。组合夹具使用的各种标准紧固件，要求强度高、寿命长、体积小，材料比一般标准紧固件好，加工精度也较高。

(7) 辅助件

辅助件的用途单一，包括连接板、浮动块、回转压板、平衡块及支承钉和支承环等。

(8) 组合件

组合件是指由几个元件组成，在夹具组装过程中，不拆散使用的独立部件。它按用途可分为定位组合件、分度组合件、导向组合件等。

2. 组合夹具的组装

组合夹具的组装就是把组合夹具的元件和组合件，按一定的步骤和要求组装成加工所需的夹具的过程。

组合夹具的组装步骤如下所述。

① 首先根据工件的加工图样(或实物)、加工工艺卡等技术资料确定组装方案，选择定位和夹紧方法及相应的元件，同时考虑工件的装卸、排屑、空刀位置、夹具的刚性、质量的平衡等因素。

② 进行夹具的试装，确认方案合理后，即可装上定位键，进行元件的连接和尺寸调整工作。

③ 仔细检查夹具的总装精度、尺寸精度和相互位置精度，经检验合格后方可交付使用。

3. 组合夹具的特点及应用

(1) 组合夹具的特点

① 灵活多变，能迅速根据工件不同的加工要求，提供各种定位夹紧形式，缩短生产周期。

② 保证加工质量，提高生产率。

③ 使用后便于拆卸、清洗和存放。

④ 可重复使用，大大节省了人力和物力。

⑤ 制造成本较高。

(2) 组合夹具的应用

① 适用于产品变化较大的生产，如新产品试制、单件或小批量生产及临时突击性生产。

② 可用于车、铣、刨、镗、磨、钻及检验等工序，尤其在钻孔中用量最大。

③ 可以满足各种不同形状工件的加工要求，不受工件形状的限制。

④ 组合夹具各元件间的配合尺寸公差一般为 IT7 级，因此，采用组合夹具的工件加工精度一般可达 IT8 级。

5.5 车床刀架拆装“校企合一”操作训练

1. 实操内容

对如图 5-17 所示的 C6132A1 车床刀架进行拆装训练。

本操作训练的考核要求如下。

① 车床刀架压紧手柄恢复到正确位置，定位可靠，转动灵活，其他精度和定位误差符合要求。

② 时间定额：240min。

图 5-17 C6132A1 车床刀架

2. 实操准备

准备以下的材料、工具、量具、刃具等。

① C6132A1 车床刀架一个。

② 常用工具：活动扳手、螺钉旋具(一字和

十字)、铜棒、锉刀(4 号纹、5 号纹)、刮刀、研磨膏、红丹油等。

③ 常用量具：百分表及表座、千分尺、塞尺(0.02～0.5mm)等。

④ 其他：车床刀架调整、修配中要用到的零部件，以及工作灯、清洗液、油类、润滑脂、棉布等。

3. 考核内容与评分标准

车床刀架拆装训练的考核内容与评分标准如表 5-3 所示。

表 5-3　车床刀架拆装训练的考核内容与评分标准

姓名：____________　　学号：____________　　总成绩：____________

序号	考核内容		考核要求	配分	评分标准	检测结果	扣分	得分
1	主要项目	手柄调整的角度正确	调整垫片厚度的量适合	40	重磨 1 次扣 15 分，2 次扣 20 分，3 次扣 40 分			
		手柄松开或压紧后刀架准确、可靠	调整垫片两端面平行、光整	15	压不紧或松开慢扣 15 分			
2	一般项目	准备工作	充分，无遗漏	10	不充分扣 10 分			
		调整过程工艺正确	拆卸方法合理，装配一次到位	20	有重复装配一次扣 10 分，方法不对扣 10 分			
			摩擦表面涂机油润滑	5	不加油扣 5 分			
3	安全文明生产		① 正确执行国家有关安全技术操作规程 ② 正确执行企业有关文明生产规定	4	① 造成设备严重损坏及人员重伤以上事故，考核全程否定，即按 0 分处理 ② 其余违规，扣 4 分			
4	设备使用		各种相关及辅助设备的使用符合设备使用有关规定	3	违规扣 3 分			
5	工具、量具使用		各种工具、量具的使用符合有关规定	3	违规扣 3 分			
合　计				100				

4. 垫片调整与操作步骤

(1) 垫片调整

本操作主要考核车床刀架垫片的厚度调整(刮削)，调整方法是把垫片减薄或加厚。当压紧手柄与车床刀架横线的角度较小时加厚垫片，当角度较大时减薄垫片，以压紧手柄达到理想位置为准。

压紧手柄的理想位置在压紧手柄与车床刀架横线成45°角左右，如图5-18所示。一般来说，将压紧手柄按图5-18所示位置顺时针旋转45°也是合格的，也就是要求压紧手柄的位置介于图5-18和图5-19所示位置之间。

图5-18 压紧手柄与车床刀架横线成45°角

图5-19 压紧手柄与车床刀架横线平行

垫片的调整量可通过以下方法调整。

① 将压紧手柄顺时针拧紧，记住压紧手柄当前的位置及角度，并做好记录。

② 根据拆卸前压紧手柄的位置及角度，结合以下公式计算垫片调整量。

$$t = \frac{\alpha}{360^\circ} \times p$$

式中，t——垫片调整量；

α——所需调整的角度；

p——压紧手柄的螺距(此数值可以用螺距仪、螺纹千分尺、梯形螺纹量规测量，如某型号车床刀架压紧手柄的螺纹为M22×2.5(普通螺纹)，则螺距为2.5mm)。

例如，当压紧手柄要恢复到理想位置需要顺时针旋转45°($\alpha=45^\circ$)，即垫片调整量为

$$t = \frac{\alpha}{360^\circ} \times p = \frac{45^\circ}{360^\circ} \times 2.5 = 0.3125(\text{mm})$$

也就是说，把垫片拆卸下来后(测量其原来的厚度并记录)，通过锉削和刮削，把垫片厚度减少0.3125mm，即可符合要求。

(2) 操作步骤

拆卸与装配车床刀架的步骤如表5-4和表5-5所示。

表5-4 拆卸车床刀架的参考步骤

工步号	工步内容	图示
1	将压紧手柄顺时针拧紧，记住当前压紧手柄的位置及角度，并做好记录；通过计算，得到垫片厚度减少量	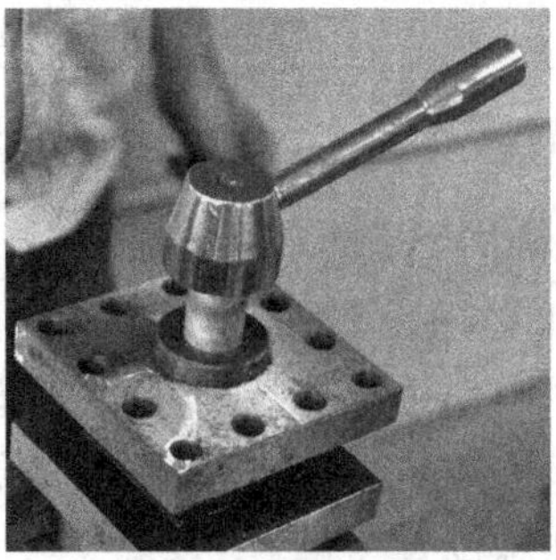

续表

工步号	工 步 内 容	图 示
2	逆时针旋转压紧手柄，拆下手柄，取出垫圈	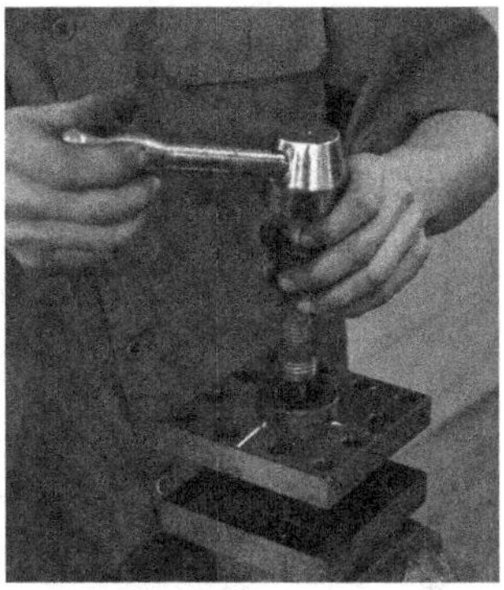
3	将车床刀架往上抬即可拆下刀架（注意防止弹簧将定位销弹出）	
4	清洗、检查各零件，测垫片厚度，并计算出所需垫片的厚度	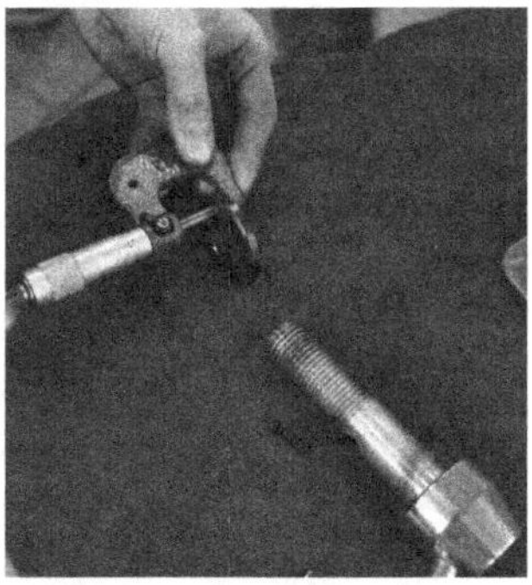
5	通过锉削、刮削加工垫片至所需的厚度	

续表

工步号	工 步 内 容	图　　示
6	涂色检查平面度是否符合要求	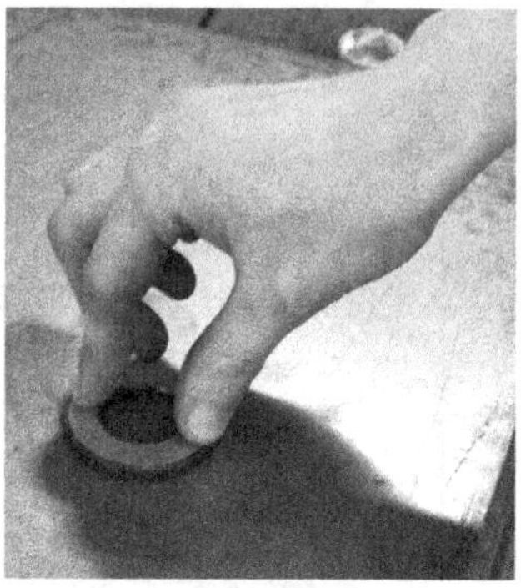
7	多点测量厚度,直到厚度符合要求	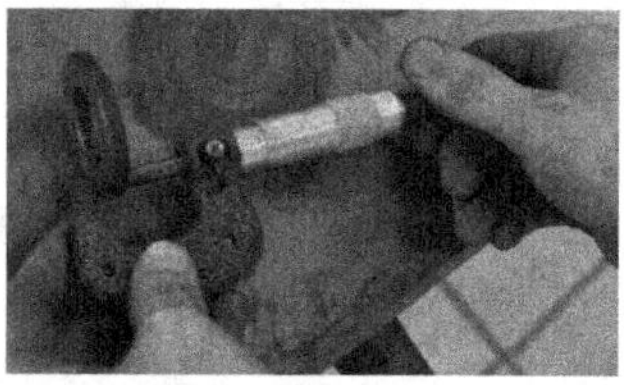

表 5-5　装配车床刀架的参考步骤

工步号	工 步 内 容	图　　示
1	清洗干净全部零件,安装手柄,先放入垫片,再安装定位销	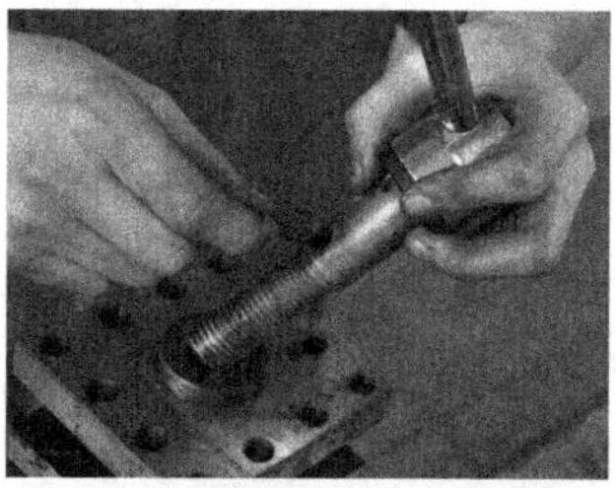
2	与拆卸相反顺序装上刀架及手柄,顺时针拧紧	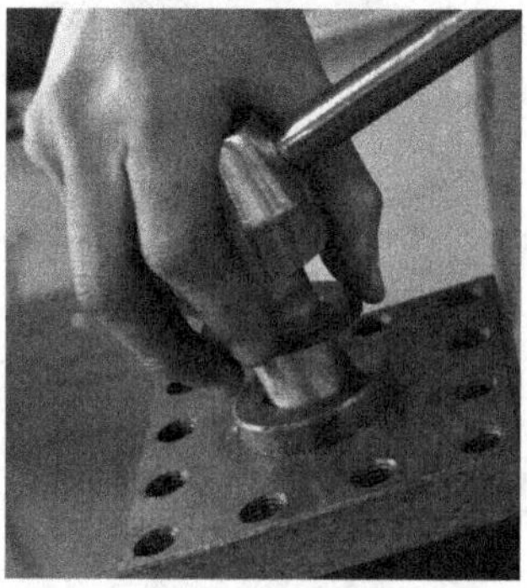

续表

工步号	工 步 内 容	图　　示
3	拧紧过程中,要注意定位销弹出	
4	检查并做微调直至达到要求为止	

5. 注意事项

(1) 拆卸时的注意事项

① 检查拆卸过程中有否碰伤零件,如有要及时修复。

② 拆卸后要清洗零件,并去锈、去毛刺、去油污等。

(2) 装配时的注意事项

① 装配前检查车床刀架底部与底座平面接触是否良好,如接触不良,要通过刮削使其接触良好,点数为每平方厘米 25 点左右。

② 安装前检查零件数量是否足够,每个零件都要擦洗干净;安装时要加润滑油,并防止转动车床刀架时损伤接触面。

(3) 调整时的注意事项

① 转动车床刀架是否灵活,定位是否精确,每次定位后转动定位插销的弹性应良好。

② 底座定位盘有 90°定位,车床刀架每转 90°时定位插销插入底座定位盘上,达到定位要求。

③ 旋转手柄压紧车床刀架,手柄旋紧后的位置要与主轴轴线成±45°角左右,否则不利于用力旋转手柄,当角度太大时可能会造成工件碰撞手柄的事故。

(4) 其他注意事项

① 操作完毕后整理工作位置,清理干净工作场地,整理好工具、量具、刃具,搞好场地卫生;做好工量刃具及设备的保养工作。

② 车床刀架擦干净后加上润滑油以防生锈,废油要倒在指定的容器内。

第3部分

钳工中级考级知识

CHAPTER 6

第6章

钳工中级考试理论试题精选

知识要点： 钳工中级考试涉及考级大纲的各个知识点，包括视图知识、车钳电知识、量具知识、金属知识、传动知识、装配知识、内燃机知识、安全文明知识、相关知识等。目前，多采用计算机无纸化考核，题型主要为单项选择题、判断题、多项选择题等。广州市技能鉴定中心的计算机无纸化考核每套试卷通常包括单项选择题（约 150 小题，每小题 0.5 分）、判断题（约 50 题，每小题 0.5 分），合计 100 分；考试时间为 120min；考试题目由计算机随机抽取，全部题目要求在计算机上完成，由计算机自动计算得分。

技能目标： 掌握钳工中级理论考试知识，了解考证样题，针对性复习，提前适应无纸化考试环境。

学习建议： 在理解基础上熟记，通过考核。

6.1 安全文明知识

1. 单项选择题

(1) 保持工作环境清洁有序，不正确的是(　　)。

A. 整洁的工作环境可以振奋职工精神

B. 优化工作环境

C. 工作结束后再清除油污

D. 毛坯、半成品按规定堆放整齐

(2) 不爱护工、卡、刀、量具的做法是(　　)。

A. 按规定维护工、卡、刀、量具

B. 工、卡、刀、量具要放在工作台上

C. 正确使用工、卡、刀、量具

D. 工、卡、刀、量具要放在指定地点

(3) 不爱护设备的做法是(　　)。

A. 定期拆装设备　　B. 正确使用设备

C. 保持设备清洁　　D. 及时保养设备

(4) 不符合着装整洁文明生产要求的是(　　)。

A. 按规定穿戴好防护用品　　B. 工作中对服装不作要求

C. 遵守安全技术操作规程　　D. 执行规章制度

(5) 不违反安全操作规程的是(　　)。

A. 不按标准工艺生产　　B. 自己制订生产工艺

C. 使用不熟悉的机床　　D. 执行国家劳动保护政策

(6) 不属于岗位质量措施与责任的是(　　)。

A. 岗位的质量责任,岗位的质量要求

B. 岗位工作要按工艺规程的规定进行

C. 明确不同班次之间相应质量问题的责任

D. 明确岗位工作的质量标准

(7) 不属于岗位质量措施与责任的是(　　)。

A. 明确岗位质量责任制度

B. 岗位工作要按作业指导书进行

C. 明确上下工序之间相应质量问题的责任

D. 满足市场需求

(8) 符合着装整洁文明生产的是(　　)。

A. 随便着衣　　B. 未执行规章制度

C. 在工作中吸烟　　D. 遵守安全技术操作规程

(9) 可能引起机械伤害的做法是(　　)。

A. 正确穿戴防护用品　　B. 不跨越运转的机轴

C. 旋转部件上不放置物品　　D. 可不戴防护眼镜

(10) 下列选项中,违反安全操作规程的是(　　)。

A. 严格遵守生产纪律　　B. 遵守安全操作规程

C. 执行国家劳动保护政策　　D. 可使用不熟悉的机床和工具

(11) 下列选项中,违反安全操作规程的是(　　)。

A. 自己制订生产工艺　　B. 贯彻安全生产规章制度

C. 加强法制观念　　D. 执行国家安全生产的法令、规定

(12) 下列选项中,可能引起机械伤害的做法有(　　)。

A. 转动部件停稳前不得进行操作　　B. 不跨越运转的机轴

C. 旋转部件上不得放置物品　　D. 转动部件上可少放些工具

(13) 下列选项中,不符合文明生产的是(　　)。

A. 按规定穿戴好防护用品　　B. 工作中对服装不作要求

C. 遵守安全技术操作规程　　D. 执行规章制度

(14) 下列选项中,不符合文明生产的是(　　)。

A. 创造良好的生产条件　　B. 优化工作环境

C. 工作中可以吸烟　　D. 遵守安全技术操作规程

参考答案

(1) C　(2) B　(3) A　(4) B　(5) D　(6) C　(7) D
(8) D　(9) D　(10) D　(11) A　(12) D　(13) B　(14) C

2. 判断题

(1) 不要在起重机吊臂下行走。　(　)
(2) 从业人员要遵守国家法纪,但不必遵守安全操作规程。　(　)

参考答案

(1) √　(2) ×

6.2　车钳电相关知识

1. 单项选择题

(1) (　　)是利用电流的热效应而反时限动作的继电器。
A. 接触器　B. 热继电器　C. 低压断路器　D. 主合电器
(2) (　　)是指加工表面和加工刀具不变的条件下所完成的那部分工艺过程。
A. 工序　B. 工步　C. 走刀　D. 工位
(3) (　　)用于加工工件内表面的车刀。
A. 内孔车刀　B. 外圆车刀　C. 端面车刀　D. 切断车刀
(4) (　　)用于限制被测形体的轴线对基准形体轴线的同轴位置误差。
A. 平行度公差　B. 垂直度公差　C. 倾斜度公差　D. 同轴度公差
(5) (　　)用于限制被测要素对基准要素相平行的误差。
A. 平行度公差　B. 垂直度公差　C. 倾斜度公差　D. 位置度公差
(6) (　　)用于限制回转面径向截面的形状误差。
A. 直线度公差　B. 平面度公差　C. 圆度公差　D. 圆柱度公差
(7) (　　)由基本偏差代号和公差等级代号组成。
A. 基本公差代号　B. 上偏差代号　C. 孔的公差代号　D. 下偏差代号
(8) (　　)运动一般采用小幅度的上下摆动式运动。
A. 錾削　B. 锉削　C. 锯削　D. 研磨
(9) (　　)只适用于单件小批生产中的多环高精度尺寸链。
A. 完全互换法　B. 选配法　C. 修配法　D. 调整法
(10) CA6140 车床被加工件端面圆跳动超差的主要原因是主轴(　　)或轴向窜动超差。

A. 径向游隙过小　　B. 轴向游隙过小
C. 轴向游隙过大　　D. 径向游隙过大

(11) CA6140 车床停车手柄处于停车位置主轴仍有转动现象的故障排除方法是(　　)离合器或调紧制动器。

A. 调松　　B. 调紧　　C. 调开　　D. 关闭

(12) CA6140 车床主轴前轴承处温升(　　),主要原因可能是前轴承预紧量过大。

A. 慢　　B. 低　　C. 不变　　D. 高

(13) CA6140 车床停车手柄处于停车位置主轴仍有转动现象的主要原因可能是摩擦离合器调整(　　),停车后脱不开,或是制动器过松。

A. 一般　　B. 松紧适当　　C. 太松　　D. 太紧

(14) M36×2-6g 代表普通螺纹、大径 36mm、(　　)。

A. 粗牙、螺距 2、中径/顶径公差带代号 6g、中等旋合长度
B. 细牙、螺距 2、中径/顶径公差带代号 6g、中等旋合长度
C. 粗牙、螺距 2、中径/顶径公差带代号 6g、长旋合长度
D. 细牙、螺距 2、中径/顶径公差带代号 6g、长旋合长度

(15) Tr40×14(P7)-7H 代表梯形螺纹、公称直径 40mm、(　　)。

A. 导程 14、螺距 7、右旋、中径公差带代号 7H、中等旋合长度
B. 导程 14、螺距 7、左旋、中径公差带代号 7H、长旋合长度
C. 导程 7、螺距 14、右旋、中径公差带代号 7H、中等旋合长度
D. 导程 7、螺距 14、右旋、顶径公差带代号 7H、长等旋合长度

(16) 扁錾主要用来錾削平面、去毛刺和(　　)。

A. 錾削沟槽　　B. 分割曲线形板料
C. 錾削曲面上的油槽　　D. 分割板料

(17) 标准麻花钻的刀尖角处的(　　) 较大,故刀齿薄弱。该处在切削过程中速度又最高,所以磨损严重。

A. 前角　　B. 后角　　C. 顶角　　D. 斜角

(18) 标准麻花钻钻削(　　)时,切屑成粉末不易排出,很快就把钻头两外缘转角磨损掉。

A. 强度大、硬度高的钢材　　B. 高锰钢、奥氏体不锈钢
C. 铸铁　　D. 铝合金

(19) 标准麻花钻钻削(　　)时,产生严重的加工硬化现象,越钻越硬,钻头磨损很快,产生毛刺严重。

A. 强度大、硬度高的钢材　　B. 高锰钢、奥氏体不锈钢
C. 韧而黏的钢材　　D. 铝合金

(20) 标准群钻降低了钻尖高度,可将(　　)磨的较短而不影响钻尖强度,同时大大降低切削时的轴向阻力,有利于切削速度的提高。

A. 横刃　　B. 外刃　　C. 内刃　　D. 主切削刃

(21) 标准群钻磨出了(　　)后,形成凹形圆弧刃,把主切削刃分成三段,起到了分屑

和排屑的作用，使排屑顺利。

A. 螺旋槽　B. 月牙槽　C. 分屑槽　D. 主切削刃

(22) 标准群钻是在标准麻花钻上采取磨出单边分屑槽、磨短横刃和(　　)的措施而成的。

A. 磨出螺旋槽　B. 磨出月牙槽　C. 磨出第二项角　D. 修磨棱边

(23) 标准群钻是在标准麻花钻上磨出(　　)形成凹形圆弧刃，降低钻尖高度。

A. 第二顶角　B. 单边分屑槽　C. 横刃　D. 月牙槽

(24) 薄板群钻，把麻花钻两主切削刃磨成(　　)切削刃，并使钻心刀尖略高于两外尖。

A. 直线形　B. 圆弧形　C. 波浪形　D. 三角形

(25) 不属于形位公差代号的是(　　)。

A. 形位公差特征项目符号　B. 形位公差框格和指引线

C. 形位公差数值　D. 基本尺寸

(26) 不属于硬度试验方法的有(　　)。

A. 压入法　B. 划痕法　C. 回跳法　D. 撞击法

(27) 常见的锪孔钻有柱形锪孔、锥形锪孔和(　　)。

A. 高速钢扩孔锪钻　B. 硬质合金扩孔锪钻

C. 端面锪钻　D. 麻花锪钻

(28) 车床床鞍移动对主轴的平行度精度称(　　)。

A. 距离精度　B. 相互距离位置精度

C. 相对运动精度　D. 配合精度

(29) 车床精度检验时，丝杠的轴向窜动，当 $Da \leqslant 800$mm 时允差值为(　　)。

A. 0.015　B. 0.02　C. 0.025　D. 0.03

(30) 车床精度检验时，当 $Da \leqslant 800$mm 时，检验主轴锥孔轴线的径向跳动(距主轴端面 L 处、300mm 测量长度上)允差值为(　　)mm。

A. 0.01　B. 0.02　C. 0.03　D. 0.04

(31) 车床精度检验时，当(　　)时，主轴的轴向窜动允差值为 0.015mm。

A. $600\text{mm} < Da \leqslant 1600\text{mm}$　B. $700\text{mm} < Da \leqslant 1600\text{mm}$

C. $800\text{mm} < Da \leqslant 1600\text{mm}$　D. $900\text{mm} < Da \leqslant 1600\text{mm}$

(32) 车床精度检验时，当(　　)时，中滑板横向移动时主轴轴线的垂直度允差值为 0.02/300(偏差方向 $a \geqslant 90°$)。

A. $600\text{mm} < Da \leqslant 1600\text{mm}$　B. $700\text{mm} < Da \leqslant 1600\text{mm}$

C. $800\text{mm} < Da \leqslant 1600\text{mm}$　D. $900\text{mm} < Da \leqslant 1600\text{mm}$

(33) 车床精度检验时，当 $Da \leqslant$(　　)mm 时，中滑板横向移动对主轴轴线的垂直度允差值为 0.02/300(偏差方向 $\alpha \geqslant 90°$)。

A. 600　B. 700　C. 800　D. 900

(34) 车床精度检验时，当 $Da \leqslant 800$mm 时，溜板移动在水平面内的直线度($Dc \leqslant 500$mm)允差值为(　　)mm。

A. 0.015　　B. 0.02　　C. 0.025　　D. 0.03

(35) 车床精度检验时，当 $Da \leqslant 800$mm 时，尾座移动对溜板移动的平行度($Dc \leqslant$ 1500mm，局部公差，在任意 500mm 测量长度上)允差值为(　　)mm。

A. 0.01　　B. 0.02　　C. 0.03　　D. 0.04

(36) 车床精度检验时，当 $Da \leqslant 800$mm 时，小滑板移动对主轴轴线的平行度(在 300mm 测量长度上)允差值为(　　)mm。

A. 0.02　　B. 0.03　　C. 0.04　　D. 0.05

(37) 车床精度检验时，丝杠的轴向窜动，当 $Da \leqslant$(　　)mm 时允差值为 0.015mm。

A. 700　　B. 800　　C. 900　　D. 1000

(38) 车床精度检验时，丝杠的轴向窜动，当 $Da \leqslant 800$mm 时允差值为(　　)mm。

A. 0.015　　B. 0.02　　C. 0.025　　D. 0.03

(39) 车床空运转时，应检验在(　　)转速下，车床的各部工作机构运转是否正常。

A. 低　　B. 中　　C. 高　　D. 所有

(40) 车床尾座体的划线要经过(　　)次不同位置安放，才能划完所有位置的线。

A. 一　　B. 二　　C. 三　　D. 四

(41) 车床主轴箱齿轮毛坯为(　　)。

A. 铸坯　　B. 锻坯　　C. 焊接　　D. 轧制

(42) 车外圆试验目的说法错误的是(　　)。

A. 检查主轴旋转精度

B. 检验主轴轴线对床鞍移动方向的平行度

C. 检验机床安装水平

D. 检验机床精车精度

(43) 车削是工件旋转作主运动，(　　)作进给运动的切削加工方法。

A. 工件旋转　　B. 刀具旋转　　C. 车刀　　D. 工件直线移动

(44) 锉刀按用途不同，分为(　　)种。

A. 一　　B. 二　　C. 三　　D. 五

(45) 锉刀在使用时不可(　　)。

A. 作撬杠用　　B. 作撬杠和手锤用

C. 作手锤用　　D. 侧面

(46) 锉削时，两脚错开站立，左右脚分别与台虎钳中心线成(　　)角。

A. 15°和 15°　　B. 15°和 30°　　C. 30°和 45°　　D. 30°和 75°

(47) 锉削外圆弧面时，采用对着圆弧面锉的方法适用于(　　)场合。

A. 粗加工　　B. 精加工　　C. 半精加工　　D. 粗加工和精加工

(48) 大型花键轴磨损，一般采用(　　)的方法修理。

A. 镀铬或堆焊　　B. 镀镍或堆焊　　C. 镀锌或堆焊　　D. 镀铜或堆焊

(49) 当毛坯尺寸、形状、位置上的误差和缺陷难以用找正的方法补救时，需要用(　　)的方法来解决。

A. 借料　　B. 找正　　C. 划线　　D. 上述答案都可以

(50) 导轨的精度要求，包括导轨几何精度，导轨的(　　)和导轨的表面粗糙度。

A. 平行度　　B. 垂直度　　C. 接触精度　　D. 直线度

(51) 导轨刮削时，通常选择(　　)的支承导轨作基准导轨。

A. 限制自由度较少　　B. 限制自由度较多，难刮

C. 较短　　D. 易刮

(52) 第一划线位置应选择待加工表面和非加工表面(　　)且重要的位置，并使工件上主要中心线平行于平板平面。

A. 多　　B. 较多　　C. 少　　D. 较少

(53) 第一划线位置应选择待加工表面和非加工表面多且重要的位置，并使工件上(　　)平行于平板平面。

A. 加工表面　　B. 已加工表面　　C. 待加工表面　　D. 主要中心线

(54) 电动机的分类不正确的是(　　)。

A. 交流电动机和直流电动机　　B. 异步电动机和同步电动机

C. 三相电动机和单相电动机　　D. 控制电动机和动力电动机

(55) 调整锯条松紧时，翼形螺母旋得太松锯条(　　)。

A. 锯削省力　　B. 锯削费力　　C. 不会折断　　D. 易折断

(56) 断面要求平整的棒料，锯削时应该(　　)。

A. 分几个方向锯下　　B. 快速地锯下

C. 从开始连续锯到结束　　D. 缓慢地锯下

(57) 对合轴瓦刮削时由粗刮到精刮，刮削点要(　　)。

A. 从小到大，从深到浅　　B. 从小到大，从浅到深

C. 从大到小，从深到浅　　D. 从大到小，从深到浅

(58) 关于机床负荷实验应达到的要求，下列说法错误的是(　　)。

A. 车床所有结构均应工作正常，不应有噪声、异响

B. 主轴转速不得比空运转速降低10%以上

C. 各手柄不得有颤抖和自动换挡现象

D. 允许将摩擦离合器适当调紧些

(59) 对双平面导轨面刮削时，应选择尺寸合适的标准平板配刮显点，平板宽度应(　　)双平面导轨宽度，长度应等于或小于双面导轨长度，但不能太短。

A. 大于　　B. 小于　　C. 大于或等于　　D. 小于或等于

(60) 对外圆试切件外径 D 的要求是(　　)。

A. D 要大于或等于车床最大切削直径的1/8

B. D 要小于或等于车床最大切削直径的1/8

C. D 要大于或等于车床最大切削直径的1/6

D. 无具体要求

(61) 对燕尾形导轨副的刮研一般采用(　　)的方法进行。

A. 以大平面配刮小平面　　B. 以小平面配刮大平面

C. 以角度面配刮平面　　D. 成对交替配刮

(62) 对于车削工件外径 $Da \leqslant 800$mm 的车床,若检验其主轴锥孔轴线的径向圆跳动时,测量长度应(　　)。

A. 等于 $Da/2$ 或不超过 300mm　　B. 等于 $Da/2$ 或不超过 200mm

C. 等于 800mm　　D. 大于 800mm

(63) 对于尺寸基准,下列说法错误的是(　　)。

A. 有时同一方向须要几个尺寸基准　　B. 一个方向最少有一个主要基准

C. 一个方向最少有一个辅助基准　　D. 长、宽、高三个方向必须都有基准

(64) 对于锉刀的保养,下列说法错误的是(　　)。

A. 新锉刀要先使用一面,用钝后再使用另一面

B. 锉刀使用时可以沾油和水

C. 锉刀在使用时,不可作撬杠和手锤用

D. 粗锉时,应充分使用锉刀的有效全长

(65) 对于毛坯工件,划线前一般要先做好(　　)工作。

A. 借料　　B. 找正　　C. 找正或借料　　D. 先借料后找正

(66) 对于组合导轨上各个表面的刮削次序,应先刮(　　)。

A. 大表面,难刮和刚度好表面　　B. 易刮,小表面

C. 小表面,易刮和刚度差表面　　D. 刚度差表面

(67) 对闸刀开关的叙述,不正确的是(　　)。

A. 适宜分断负载电流

B. 是一种简单的手动控制电器

C. 结构简单,操作方便,价格便宜

D. 用于照明及小容量电动机控制线路中

(68) 对闸刀开关的叙述,不正确的是(　　)。

A. 是一种简单的手动控制电器

B. 不宜分断负载电流

C. 用于照明及小容量电动机控制线路中

D. 分两极三极和四极闸刀开关

(69) 方箱的刮削基准面 A 面的对面为 B 面时,除达到平面度及接触研点要求外,还要用千分表检查其对 A 面的(　　)误差满足要求。

A. 直线度　　B. 平行度　　C. 垂直度　　D. 平面度

(70) 方箱的刮削先粗、细、精刮基准面,达到平面度及接触研点要求,平面度最好不超过(　　)mm。

A. 0.002　　B. 0.003　　C. 0.004　　D. 0.005

(71) 方箱的刮削现(　　)刮基准面,达到平面度及接触研点要求,平面度最好不超过 0.003mm。

A. 粗、细　　B. 粗、精　　C. 粗、细、精　　D. 粗、精、细

(72) 分度手柄转动(　　)周,装夹在分度头上的工件转动 1/20 周。

A. 1　　B. 2　　C. 4　　D. 10

(73) 分度头的主要功能是按照要求对工作进行(　　)或划线。

A. 分度加工　B. 找正　C. 装夹　D. 借料

(74) 封闭环公差的大小随组成尺寸链的(　　)而改变。

A. 所有增环公差大小　B. 所有减环公差大小

C. 组成环的基本尺寸大小　D. 组成环的公差大小

(75) 各运动部件的检验机床重量大于 10 吨的机床,允许用(　　)速运动。

A. 低　B. 高　C. 中　D. 均可

(76) 各组成环公差之和等于(　　)。

A. 封闭环最大极限尺寸　B. 封闭环最小极限尺寸

C. 封闭环公差　D. 以上都不对

(77) 根据加工工艺,箱体要经过(　　)次划线才能完成整个划线工作。

A. 一　B. 二　C. 三　D. 四

(78) 公差等级最低的是(　　)。

A. IT01　B. IT0　C. IT1　D. IT18

(79) 公差等级最高的是(　　)。

A. IT01　B. IT0　C. IT1　D. IT18

(80) 刮削单块平板的方法有(　　)和信封式刮削法两种。

A. 小平板研点刮削法　B. 中平板研点刮削法

C. 大平板研点刮削法　D. 标准平板研点刮削法

(81) 刮削单块平板时直至被刮平板工作面任何部位在每(　　)范围内的研点数达到规定数值,即表示被刮平板达到了要求的精度。

A. 15mm×15mm　B. 20mm×20mm

C. 25mm×25mm　D. 30mm×30mm

(82) 刮削外锥内圆柱轴承时,要在床头箱孔涂显示剂,将配刮好的主轴和轴承装入孔内,轴承小端装推力球轴承,并用螺母锁紧轴承与主轴至原来的(　　)。

A. 装配精度　B. 位置精度　C. 配刮精度　D. 形状精度

(83) 刮削与基准导轨相配的另一导轨时,刮削时只需进行配刮,达到接触精度要求,(　　)。

A. 须作单独的精度检验　B. 较少作单独精度检验

C. 不作单独精度检验　D. 较多作单独精度检验

(84) 刮研导轨时,一般都应将工件放在(　　)上,以便调整导轨的水平或垂直位置。

A. 平板　B. 平台　C. 调整垫铁　D. 调整方向

(85) 关于表面粗糙度符号、代号在图样上的标注,下列说法中错误的是(　　)。

A. 符号的尖端必须由材料内指向表面

B. 代号中数字的注写方向必须与尺寸数字方向一致

C. 同一图样上,每一表面一般只标注一次符号、代号

D. 表面粗糙度符号、代号在图样上一般注在可见轮廓线、尺寸线、引出线或它们的延长线上

(86) 关于封闭环的基本尺寸值说法正确的是(　　)。

A. 所有增环基本尺寸之和减去所有减环基本尺寸之和

B. 所有增环基本尺寸之和加上所有减环基本尺寸之和

C. 增环基本尺寸减去减环基本尺寸

D. 以上都不对

(87) 关于精车端面实验的试件说法,不正确的是(　　)。

A. 材料为铸铁件

B. 要求铸铁无气孔

C. 外径要等于或大于该车床最大切削直径的 1/2

D. 以上都不对

(88) 关于精车螺纹实验具体操作,说法错误的是(　　)。

A. 将试切件夹在车床两顶尖间,用拨盘带动工件旋转

B. 采用高速钢 60 度标准螺纹车刀

C. 切削用量 $n=1\text{r/min}$

D. 以上都不对

(89) 关于精车外圆具体操作,说法不正确的是(　　)。

A. 试件夹在卡盘中或插在主轴前端内锥孔中

B. 选一般车刀为硬质合金外圆车刀

C. 车削用量 $N=397\text{r/min}$

D. 以上都不对

(90) 关于精车圆试验目的说法,错误的是(　　)。

A. 检查主轴旋转精度

B. 检验主轴轴线对床鞍移动方向的平行度

C. 检验机床安装水平

D. 检验机床精车精度

(91) 关于精车圆试验目的说法,错误的是(　　)。

A. 检查主轴旋转精度

B. 检验主轴轴线对床鞍移动方向的平行度

C. 检验机床安装水平

D. 检验机床精车精度

(92) 关于主令电器叙述,不正确的是(　　)。

A. 按钮只允许通过小电流

B. 按钮不能实现长距离电器控制

C. 行程开关分为按钮式、旋转式和微动式 3 种

D. 行程开关用来限制机械运动的位置或行程

(93) 管接头处漏油时,应(　　)。

A. 使用插入式油管　　B. 更换管接头

C. 拧紧管接头　　D. 加密封圈

(94) 后角刃磨正确的标准麻花钻，其横刃斜角为(　　)。

A. 20°～30°　　B. 30°～45°　　C. 50°～55°　　D. 55°～70°

(95) 滑动导轨的结构，按截面形状不同分为V形、矩形、(　　)和圆柱形四种。

A. 三角形　　B. 燕尾形　　C. 梯形　　D. 正方形

(96) 滑动导轨的结构，按截面形状不同分为V形，矩形，燕尾形和(　　)四种。

A. 三角形　　B. 圆柱形　　C. 梯形　　D. 正方形

(97) 划车床尾座体第二划线位置的线时，应把已划的底面加工线调整到(　　)位置。

A. 垂直　　B. 倾斜　　C. 水平　　D. 平行

(98) 划车床尾座体第三划线位置的线时，应以(　　)找正顶尖套锁紧孔的中心线。

A. 加工表面　　B. 已加工表面　　C. 待加工表面　　D. 凸面

(99) 划车床尾座体第一划线位置的线时，尾座体轴孔是最重要的孔，首先应确定(　　)。

A. 加工表面　　B. 已加工表面　　C. 待加工表面　　D. 尾座体轴孔中心

(100) 划线基准一般可用(　　)，以两中心线为基准，以一个平面和一条中心线为基准三种类型。

A. 两个相互垂直的平面　　B. 两条相互垂直的线

C. 两个相垂直的平面或线　　D. 一个平面和圆弧面

(101) 锪孔的进给量是钻孔的(　　)倍。

A. 1～2　　B. 2～3　　C. 3～4　　D. 4～5

(102) 锪孔时，进给量为钻孔的2～3倍，切削速度与钻孔时比应(　　)。

A. 减小　　B. 增大　　C. 减小或增大　　D. 不变

(103) 机床导轨具有良好结构工艺性，导轨(　　)。

A. 导向精度好　　B. 修复简便，易调整

C. 耐磨性好　　D. 运动精度高

(104) 机床导轨是用来承载和导向的，按照运动性质不同分为(　　)和旋转运动的导轨。

A. 滑动导轨　　B. 滚动导轨　　C. 静压导轨　　D. 直线运动的导轨

(105) 机床负荷实验的目的(　　)。

A. 检验能否承受设计所允许最大旋转力矩和功率

B. 检验主轴旋转精度

C. 检验机床精度

D. 以上都不对

(106) 机床精度检验时，当800mm$<Da\leqslant$1250mm时，顶尖的跳动允差值为(　　)mm。

A. 0.015　　B. 0.02　　C. 0.025　　D. 0.03

(107) 机床精度检验时，当800mm$<Da\leqslant$1250mm时，小滑板移动对主轴轴线的(　　)(在300mm测量长度上)允差值为0.04mm。

A. 平行度　　B. 垂直度　　C. 平面度　　D. 同轴度

(108) 机床精度检验时，当800mm$<Da\leqslant$1250mm时，中滑板横向移动对主轴轴线

的垂直度允差值为(   )(偏差方向 $\alpha \geqslant 90°$)。

A. 0.01/300 B. 0.02/300 C. 0.03/300 D. 0.02/4300

(109) 机床精度检验时,当 $800\text{mm} < Da \leqslant 1250\text{mm}$ 时,主轴和尾座两顶尖的等高度允差值为(   )mm。

A. 0.04 B. 0.05 C. 0.06 D. 0.07

(110) 机床精度检验时,当 $Da \leqslant 800\text{mm}$ 时,导轨在垂直平面内的(   )($500 < Dc \leqslant 1000$)允差值为 0.02mm(凸)。

A. 平面度 B. 直线度 C. 垂直度 D. 平行度

(111) 机床精度检验时,当 $Da \leqslant 800\text{mm}$ 时,导轨在垂直平面内的直线度($Dc > 1000$、局部公差、在任意 500mm 测量长度上)允差值为(   )mm。

A. 0.01 B. 0.015 C. 0.02 D. 0.025

(112) 机床精度检验时,当 $Da \leqslant 800\text{mm}$ 时,检验主轴轴线对床鞍移动的平行度(在垂直平面内、300mm 测量长度上)允差值为(   )mm(只许向上偏)。

A. 0.01 B. 0.02 C. 0.03 D. 0.04

(113) 机床精度检验时,当 $Da \leqslant 800\text{mm}$ 时,尾座套筒轴线对床鞍移动的(   )(在垂直平面内、100mm 测量长度上)允差值为 0.015mm(只许向上偏)。

A. 平面度 B. 平行度 C. 垂直度 D. 直线度

(114) 机床精度检验时,当 $Da \leqslant 800\text{mm}$ 时,尾座套筒锥孔轴线对床鞍移动的平行度(在垂直平面内、300mm 测量长度上)允差值为(   )mm(只许向上偏)。

A. 0.01 B. 0.02 C. 0.03 D. 0.04

(115) 机床精度检验时,当 $Da \leqslant 800\text{mm}$ 时,尾座移动对床鞍移动的平行度($Dc \leqslant 1500\text{mm}$、局部公差、在任意 500mm 测量长度上)允差值为(   )mm。

A. 0.01 B. 0.02 C. 0.03 D. 0.04

(116) 机床精度检验时,当 $Da \leqslant 800\text{mm}$ 时,主轴定心轴颈的径向圆跳动允差值为(   )mm。

A. 0.01 B. 0.015 C. 0.02 D. 0.025

(117) 机床精度检验时,当(   )时,主轴的轴向窜动允差值为 0.015mm。

A. $600\text{mm} < Da \leqslant 1250\text{mm}$ B. $700\text{mm} < Da \leqslant 1250\text{mm}$

C. $800\text{mm} < Da \leqslant 1250\text{mm}$ D. $900\text{mm} < Da \leqslant 1250\text{mm}$

(118) 机床精度检验时,当 $800\text{mm} < Da \leqslant 1250\text{mm}$ 时,顶尖的跳动允差值为(   )mm。

A. 0.015 B. 0.02 C. 0.025 D. 0.03

(119) 机床精度检验时,当 $800\text{mm} < Da \leqslant 1250\text{mm}$ 时,中滑板横向移动对主轴轴线的(   )允差值为 0.02/300(偏差方向 $\alpha \geqslant 90°$)。

A. 垂直度 B. 平行度 C. 平面度 D. 倾斜度

(120) 机床精度检验时,当 $800\text{mm} < Da \leqslant 1250\text{mm}$ 时,主轴的轴向窜动允差值为(   )mm。

A. 0.01 B. 0.015 C. 0.02 D. 0.025

(121) 机床精度检验时,当 $800\text{mm} < Da \leqslant 1250\text{mm}$ 时,主轴和尾座两顶尖的等高允

差值为(　　)mm。

A. 0.04　　B. 0.05　　C. 0.06　　D. 0.07

(122) 机床精度检验时，当 $Da \leqslant 500$mm，小滑板移动对主轴轴线的平行度(在300mm 测量长度上)允差值为(　　)mm。

A. 0.015　　B. 0.005　　C. 0.02　　D. 0.04

(123) 机床精度检验时，当 $Da \leqslant 800$mm 时，导轨在竖直平面内的(　　)($Dc >$ 1000mm、局部公差、在任意 500mm 测量长度上)允差值为 0.015mm。

A. 平行度　　B. 直线度　　C. 平面度　　D. 垂直度

(124) 机床精度检验时，当 $Da \leqslant 800$mm 时，床鞍移动在水平面内的直线度($Da \leqslant$ 500mm)允差值为(　　)mm。

A. 0.015　　B. 0.02　　C. 0.025　　D. 0.03

(125) 机床精度检验时，当 $Da \leqslant 800$mm 时，导轨在竖直平面内的(　　)(500mm$<$ $Dc \leqslant 1000$mm)允差值为 0.02mm(凸)。

A. 平面度　　B. 直线度　　C. 垂直度　　D. 平行度

(126) 机床精度检验时，当 $Da \leqslant 800$mm 时，导轨在竖直平面内的直线度($Dc >$ 1000mm、局部公差、在任意 500mm 测量长度上)允差值为(　　)mm。

A. 0.01　　B. 0.015　　C. 0.02　　D. 0.025

(127) 机床精度检验时，当 $Da \leqslant 800$mm 时，检验主轴轴线对床鞍移动的平行度(在竖直平面内、300mm 测量长度上)允差值为 0.02mm(　　)。

A. 只许向上偏　　B. 只许向下偏　　C. 只许向前偏　　D. 只许向后偏

(128) 机床精度检验时，当 $Da \leqslant 800$ 时，检验主轴锥孔轴线的径向跳动(距主轴端面 L 处、300mm 测量长度上)允差值为(　　)mm。

A. 0.01　　B. 0.02　　C. 0.03　　D. 0.04

(129) 机床精度检验时，当 $Da \leqslant 800$mm 时，尾座套筒轴线对床鞍移动的(　　)(在竖直平面内、100mm 测量长度上)允差值为 0.015mm(只许向上偏)。

A. 平面度　　B. 平行度　　C. 垂直度　　D. 直线度

(130) 机床精度检验时，当 $Da \leqslant 800$mm 时，尾座套筒锥孔轴线对床鞍移动的(　　)(在竖直平面内、300mm 测量长度上)允差值为 0.03mm(只许向上偏)。

A. 平面度　　B. 平行度　　C. 垂直度　　D. 直线度

(131) 机床精度检验时，当 $Da \leqslant 800$mm 时，尾座移动对床鞍移动的平行度($Dc >$ 1500mm、局部公差、在任意 500mm 测量长度上)允差值为(　　)mm。

A. 0.01　　B. 0.02　　C. 0.03　　D. 0.04

(132) 机床精度检验时，当 $Da \leqslant 800$mm 时，小滑板移动对主轴轴线的平行度(在300mm 测量长度上)允差值为(　　)mm。

A. 0.02　　B. 0.03　　C. 0.04　　D. 0.05

(133) 机床精度检验时，当 $Da \leqslant 800$mm 时，主轴定心轴颈的径向圆跳动允差值为(　　)mm。

A. 0.01　　B. 0.015　　C. 0.02　　D. 0.025

(134) 机床精度检验时,丝杠的轴向窜动,当 $Da \leqslant 800$mm 时允差值为(　　)mm。

A. 0.015　　B. 0.02　　C. 0.025　　D. 0.03

(135) 机床精度检验时,由丝杠所产生的螺距累积误差,当 $Da \leqslant 2000$mm 时在任意 60mm 测量长度内允差值为(　　)mm。

A. 0.01　　B. 0.015　　C. 0.02　　D. 0.025

(136) 机床精度检验时,由丝杠所产生的螺距累积误差,当 $Da \leqslant 2000$mm 时在任意 300mm 测量长度内允差值为(　　)mm。

A. 0.02　　B. 0.03　　C. 0.04　　D. 0.05

(137) 机床空运转时,磨床震动最大部件的振幅不超过(　　)μm。

A. 3　　B. 2　　C. 4　　D. 5

(138) 机械加工工艺过程由一个或若干个顺序排列的(　　)组成。

A. 工序　　B. 工步　　C. 走刀　　D. 工位

(139) 基本偏差为(　　)与不同基本偏差轴的公差带形成各种配合的一种制度称为基孔制。

A. 不同孔的公差带　　B. 一定孔的公差带

C. 较大孔的公差带　　D. 较小孔的公差带

(140) 基准代号由(　　)部分组成。

A. 一　　B. 二　　C. 三　　D. 四

(141) 基准代号由基准符号、圆圈、连线和(　　)组成。

A. 数字　　B. 汉字　　C. 字母　　D. 字母和汉字

(142) 几何精度检验中,凡与主轴温度有关的项目,应在主轴运转达到(　　)温度后进行。

A. 最高　　B. 最低　　C. 稳定　　D. 均可

(143) 夹具体是组成夹具的(　　)。

A. 保证　　B. 先决条件　　C. 基础件　　D. 标准件

(144) 减速器箱体加工过程第一阶段完成(　　)、连接孔、定位孔的加工。

A. 侧面　　B. 端面　　C. 轴承孔　　D. 主要平面

(145) 检查导轨的平行度时,一般把水平仪和(　　)配合起来使用。

A. 光学平直仪　　B. 测量桥板　　C. 平尺　　D. 百分表

(146) 检验车床尾座移动对溜板移动的平行度时,指示器在(　　)行程上读数的最大差值就是局部长度上的平行度的误差值。

A. 任意 300mm　　B. 任意 400mm

C. 任意 500mm　　D. 全部

(147) 检验车床主轴轴线对溜板移动的平行度时,必须(　　)。

A. 旋转主轴 90°作四次测量　　B. 旋转主轴 120°作三次测量

C. 旋转主轴 180°作两次测量　　D. 只进行一次测量

(148) 检验车床主轴轴线对溜板移动的平行度时,所得平行度误差为(　　)。

A. 四次测量结果代数差之半　　B. 三次测量结果代数和之半

C. 两次测量结果代数差之半　D. 两次测量结果代数和之半

(149) 降低机械噪声的常用方法不包括(　　)。

A. 降低齿轮传动的噪声　B. 降低轴承噪声

C. 降低带传动的噪声　D. 降低空气动力噪声

(150) 铰刀铰孔后可使孔的标准公差等级达到(　　)。

A. IT8～IT7　B. IT9～IT7　C. IT8～IT6　D. IT9～IT6

(151) 铰刀是精度较高的(　　)刀具,具有切削余量小,加工精度高、导向性好等特点。

A. 多刃　B. 单刃　C. 螺旋刃　D. 直槽刃

(152) 铰杠分为(　　)种。

A. 二　B. 三　C. 四　D. 五

(153) 铰孔时两手用力不均匀会使(　　)。

A. 孔径缩小　B. 孔径扩大　C. 孔径不变化　D. 铰刀磨损

(154) 铰削带有键槽的孔时,采用(　　)铰刀。

A. 圆锥式　B. 可调节式　C. 整体式圆柱　D. 螺旋槽式

(155) 接触器不适用于(　　)。

A. 频繁通断的电路　B. 电动机控制电路

C. 大容量控制电路　D. 室内照明电路

(156) 紧键连接能轴向固定零件和承受单方向轴向力,多用于对中性要求不高、(　　)的场合。

A. 低速　B. 高速　C. 轻载　D. 重载

(157) 精车螺纹试验的目的是(　　)。

A. 检验车床加工螺纹传动的精度　B. 检验横向导轨直线性

C. 检验主轴垂直度　D. 检验导轨在竖直平面内的直线度

(158) 精车圆试验目的说法,错误的是(　　)。

A. 检查主轴旋转精度

B. 检验主轴轴线对床鞍移动方向的平行度

C. 检验机床安装水平

D. 检验机床精车精度

(159) 精密机床主轴油牌号为N2、N5、N7、(　　)四种。

A. N32　B. N10　C. N15　D. N68

(160) 精密孔加工前的加工余量留(　　)mm。

A. 0.1～0.2　B. 0.2～0.3

C. 0.3～0.4　D. 0.5～1

(161) 锯削运动一般采用(　　)的上下摆动式运动。

A. 大幅度　B. 较大幅度　C. 小幅度　D. 较小幅度

(162) 抗压能力很强,耐高温,摩擦系数低,用于外露重负荷设备上的润滑脂是(　　)。

A. 二硫化钼润滑脂　B. 钙基润滑脂

C. 锂基润滑脂　　D. 石墨润滑脂

(163) 空运转实验的目的是(　　)。

A. 对出现的故障进行调整

B. 测试主轴旋转精度

C. 测试刀架横向移动轨迹对主轴轴线垂直度

D. 无法确定

(164) 孔的公差代号由(　　)和公差等级代号组成。

A. 基本偏差代号　　B. 上偏差代号

C. 基本偏差　　D. 下偏差代号

(165) 块拼圆轴瓦刮削点要求(　　)、无棱角、分布均匀。

A. 小而深　　B. 小而浅　　C. 大而深　　D. 大而浅

(166) 立式钻床渗漏油的主要原因之一是(　　)。

A. 插入式油管端部溢油　　B. 油管破裂

C. 润滑油太稀　　D. 润滑油太稠

(167) 立式钻床渗漏油的主要原因之一是(　　)。

A. 插入式油管端部溢油　　B. 油管破裂

C. 润滑油太稀　　D. 润滑油太稠

(168) 立式钻床渗漏油的主要原因之一是(　　)。

A. 插入式油管端部溢油　　B. 油管破裂

C. 润滑油太稀　　D. 润滑油太稠

(169) 立柱导轨对工作台面(　　)误差,多用靠水平仪的方法进行检验。

A. 垂直度　　B. 平行度　　C. 倾斜度　　D. 平面度

(170) 立钻加工工件可获得(　　)的生产效率和加工精度。

A. 较高　　B. 较低　　C. 一般　　D. 无法确定

(171) 利用分度盘上的等分孔分头时,手柄依次转过一定的转数和孔数,使工件转过相应的(　　)。

A. 周数　　B. 孔数　　C. 位置　　D. 角度

(172) 利用分度头不能在工件上划出的是(　　)。

A. 垂直线　　B. 等分线段　　C. 水平线　　D. 倾斜线

(173) 利用分度头分度时手柄转数 n 的计算公式是(　　)。

A. $n=60/Zn$　　B. $n=60/Z$　　C. $n=40/Zn$　　D. $n=40/Z$

(174) 零件表面可以全部平坦地摊平在一个表面上,而不发生撕裂或皱折,这种表面称为(　　)。

A. 可展表面　　B. 不可展表面　　C. 可放样表面　　D. 不可放样表面

(175) 麻花钻的两个螺旋槽表面就是(　　)。

A. 主后刀面　　B. 副后刀面　　C. 前刀面　　D. 切削平面

(176) 麻花钻由柄部,(　　)和工作部分组成。

A. 切削部分　　B. 颈部　　C. 导向部分　　D. 校准部分

(177) 每个零件必须具有(   )。

A. 长度方向尺寸基准　　B. 宽度方向尺寸基准

C. 高度方向尺寸基准　　D. 以上全部

(178) 磨削加工的主运动是(   )。

A. 砂轮旋转　　B. 刀具旋转　　C. 工件旋转　　D. 工件进给

(179) 磨削加工中所用砂轮的三个基本组成要素是(   )。

A. 磨料、结合剂、孔隙　　B. 磨料、结合剂、硬度

C. 磨料、硬度、孔隙　　D. 硬度、颗粒度、孔隙

(180) 某尺寸的实际偏差为零,则其实际尺寸(   )。

A. 必定合格　　B. 为零件的真实尺寸

C. 等于基本尺寸　　D. 等于最小极限尺寸

(181) 某一部件的装配尺寸链中,所有增环的公差之和为 0.1mm,所有减环的公差之和为 0.05mm,则此部件的装配精度为(   )mm。

A. 0.15　　B. 0.05　　C. 0.1　　D. 0.2

(182) 平面度公差带为(   )的区域。

A. 两垂直平面间　　B. 两平行平面间

C. 任意两平面间　　D. 给定两平面间

(183) 平面度公差属于(   )。

A. 形状公差　　B. 定向公差　　C. 定位公差　　D. 跳动公差

(184) 起锯时手锯行程要短,压力要(   )。

A. 小,速度要慢　　B. 大,速度要慢

C. 小,速度要快　　D. 大,速度要快

(185) 前刀面与基面间的夹角是(   )。

A. 后角　　B. 主偏角　　C. 前角　　D. 刃倾角

(186) 切削时切削刃会受到很大的压力和冲击力,因此刀具必须具备足够的(   )。

A. 硬度　　B. 强度和韧性　　C. 工艺性　　D. 耐磨性

(187) 切削时切削液可以冲去细小的切屑,防止加工表面(   )。

A. 变形　　B. 擦伤　　C. 产生裂纹　　D. 加工困难

(188) 切削液能从切削区域带走大量的(   ),降低刀具、工件温度,提高刀具寿命和加工质量。

A. 切屑　　B. 切削热　　C. 切削力　　D. 振动

(189) 球式窄带形阀门,不经研磨而是用钢球放在钢座上,用手锤敲打钢球冲击座口的方法,使其(   )。

A. 形成一条环形带　　B. 研磨加工

C. 形成研磨面　　D. 变形后研磨

(190) 热继电器不用于(   )。

A. 过载保护　　B. 电流不平衡运行保护

C. 断相保护　　D. 短路保护

(191) 刃磨錾子时,必须使切削刃(　　)砂轮水平中心线。

A. 高于　B. 低于　C. 共线于　D. 垂直于

(192) 熔断器的种类分为(　　)。

A. 瓷插式和螺旋式两种　B. 瓷保护式和螺旋式两种

C. 瓷插式和卡口式两种　D. 瓷保护式和卡口式两种

(193) 如果不注意研磨时的清洁工作,轻则就会使工件(　　)。

A. 生锈　B. 拉毛或拉伤

C. 增大表面粗糙度　D. 碰伤

(194) 润滑剂的作用有(　　)、冷却作用、防锈作用和密封作用等。

A. 润滑作用　B. 静压作用　C. 稳定作用　D. 冷却作用

(195) 润滑剂有(　　)、润滑脂和固体润滑剂。

A. 液体润滑剂　B. 润滑油　C. 机械油　D. 齿轮油

(196) 深缝锯削时,当锯缝的深度超过锯弓的高度应将锯条(　　)。

A. 从开始连续锯到结束　B. 转过90°重新装夹

C. 装得松一些　D. 装得紧一些

(197) 深孔加工出现的问题,说法不正确的是(　　)。

A. 冷却困难　B. 钻头刚度减弱

C. 偏斜困难　D. 导向性能好

(198) 使用划线盘划线时,划针应与工件划线表面之间保持夹角(　　)。

A. 40°～60°　B. 20°～40°　C. 50°～70°　D. 10°～20°

(199) 使用钳型电流表应注意(　　)。

A. 测量前先估计电流的大小　B. 产生杂声不影响测量效果

C. 必须测量单根导线　D. 测量完毕将量程开到最小位置

(200) 使用万用表时,叙述不正确的是(　　)。

A. 测电压时,仪表和电路并联　B. 严禁带电测量电阻

C. 测直流时注意正负极性　D. 使用前不用调零

(201) 使用万用表时,叙述不正确的是(　　)。

A. 测直流时注意正负极性　B. 测量档位要适当

C. 可带电测量电阻　D. 使用前要调零

(202) 使用正弦规时不正确的是(　　)。

A. 工件放在正弦规工作台的台面上

B. 在正弦规的一个圆柱下面垫上一组量块

C. 正弦规应放置在平板上

D. 正弦规应放置在精密测量平板上

(203) 试车调整时主轴在最高速的运转时间应该不少于(　　)min。

A. 5　B. 10　C. 20　D. 30

(204) 台式钻床具有较强的(　　),能适应各种场合的钻孔需要。

A. 刚性　B. 动力　C. 灵活性　D. 转速

(205) 台式钻床是一种小型钻床，一般安装在工作台上，用来钻直径(　　)mm 以下的孔。

A. 10　　B. 8　　C. 12　　D. 18

(206) 台钻的最低转速较高，一般不低于(　　)r/min，因此不适用于锪孔和铰孔。

A. 500　　B. 400　　C. 300　　D. 200

(207) 梯形螺纹的牙型角为(　　)。

A. 30°　　B. 40°　　C. 55°　　D. 60°

(208) 通常研磨棒的长度是工件长度的(　　)倍。

A. 0.5～1.5　　B. 1.5～2　　C. 2.5～3　　D. 3～5

(209) 通用分度头按照分度方法和功能分类不包括(　　)。

A. 万能分度头　　B. 半万能分度头

C. 等分分度头　　D. 光学分度头

(210) 文字符号 SA 表示(　　)。

A. 单极控制开关　B. 手动开关　　C. 三极控制开关　D. 三极负荷开关

(211) 退刀槽尺寸标注正确的是(　　)。

A. 2×ϕ8　　B. 2-ϕ8　　C. 2+ϕ8　　D. 2～ϕ8

(212) 外圆磨床、螺纹磨床、(　　)、龙门铣床等机床工作台移动时倾斜的检验方法基本一样。

A. 龙门刨床　　B. 拉刀磨床

C. 拉刀磨床、龙门刨床　　D. 均不正确

(213) 外锥内圆柱轴承刮削时，一般以(　　)为基准。

A. 主轴　　B. 床头箱

C. 床头箱锥孔　　D. 轴承外圆锥

(214) 卧式测长仪扳动手柄的运动方式为(　　)。

A. 沿轴线方向在±5mm 范围内作自由滑动

B. 作±3°左右倾斜摆动

C. 绕垂直轴旋转±4°

D. 作横向移动

(215) 下列不属于主轴组件的是(　　)。

A. 主轴支承件　　B. 主轴传动件　　C. 密封件　　D. 法兰

(216) 下列措施不能通过减小惯性力减少机床受迫振动的是(　　)。

A. 正确调整换向装置　　B. 降低换向时的加速度

C. 消除换向机构的间隙　　D. 正确调整调速装置

(217) 下列说法不正确的是(　　)。

A. 机床进行工作精度检验前应重新检查机床安装水平并将机床固紧

B. 机床工作精度检验包括精车外圆实验、精车端面实验、精车螺纹实验

C. 机床工作精度检验必要时包括切槽实验

D. 以上都不对

(218) 下列说法错误的是(　　)。

A. 工艺过程包括生产技术准备过程

B. 工艺过程属于生产过程的一部分

C. 热处理不属于机械加工工艺过程

D. 装配工艺过程不包括涂装过程

(219) 下列选项,属于错误触电救护措施的是(　　)。

A. 迅速切断电源　B. 人工呼吸　C. 胸外挤压　D. 打强心针

(220) 下列选项不是研磨铰刀所用工具的是(　　)。

A. 径向调整式研具　B. 轴向调整式研具

C. 整体式研具　D. 组合式研具

(221) 下列选项不属于錾削用的工具錾子分类的是(　　)。

A. 方錾　B. 尖錾　C. 扁錾　D. 油槽錾

(222) 下列选项中,不符合安全用电措施的是(　　)。

A. 合理选择导线和熔丝　B. 使用手电钻不准戴绝缘手套

C. 电气设备安装要正确　D. 合理选择照明电压

(223) 下列选项中,属于错误触电救护措施的是(　　)。

A. 打强心针　B. 人工呼吸和胸外挤压

C. 人工呼吸　D. 迅速切断电源

(224) 下列选项中,属于机床用平口虎钳规格的有(　　)mm。

A. 200　B. 55　C. 90　D. 60

(225) 下列选项中,属于三爪自定心卡盘规格的有(　　)mm。

A. 50　B. 70　C. 60　D. 65

(226) 下面不属于轴组零件的是(　　)。

A. 齿轮　B. V形铁　C. 蜗轮　D. 带轮

(227) 箱体第二次划线是在机械加工后,主要划各(　　)的加工线和十字线。

A. 轴孔　B. 螺孔　C. 定位孔　D. 油孔

(228) 箱体第三次划线时,应以(　　)为基准,分别划出各孔的螺孔、油孔的加工线和位置线。

A. 已加工表面　B. 已加工的孔和表面

C. 待加工的孔和表面　D. 待加工的孔

(229) 行程开关按结构分为(　　)种。

A. 一　B. 二　C. 三　D. 四

(230) 形位公差带通常由公差带的大小、公差带的形状、公差带的方向和(　　)四个因素组成。

A. 公差值的大小　B. 公差带的位置

C. 公差带的宽度　D. 公差带的多少

(231) 研磨的工件表面粗糙,其原因是研磨时(　　)。

A. 没有变更方向　B. 研磨剂太厚

C. 工件温度过高　　D. 选用研磨液不当

(232) 研磨的孔呈椭圆形或锥度，其原因是研磨时(　　)。

A. 没有变更方向　　B. 研磨剂太厚

C. 工件温度过高　　D. 选用研磨液不当

(233) 研磨过程中，如果工件两端有过多的研磨剂被挤出，应及时擦掉以免(　　)。

A. 孔口扩大　　B. 影响研磨　　C. 浪费　　D. 滑动

(234) 研磨环内径应比被研磨工件外径大(　　)mm。

A. 0.01～0.025　　B. 0.025～0.03

C. 0.025～0.05　　D. 0.03～0.05

(235) 研磨铰刀时机床速度以(　　)r/min 为宜，如果研磨的铰刀直径过大，则取机床的最低速度。

A. 40～60　　B. 40～70　　C. 30～60　　D. 30～70

(236) 研磨铰刀用的研磨套的材料最好选用(　　)，其他碳素结构钢也可以。

A. 灰口铸铁　　B. 球墨铸铁　　C. 白口铸铁　　D. 可锻铸铁

(237) 研磨内孔应在(　　)上进行。

A. 固定式研磨环　　B. 可调式研磨环

C. 研磨棒　　D. 研磨板

(238) 研磨圆锥面时，研棒锥度要(　　)工件锥度。

A. 等于　　B. 大于　　C. 小于　　D. 大小均可

(239) 摇臂钻靠(　　)来对准工件上孔的中心来钻孔的，加工时比立钻更方便。

A. 移动和转动主轴　　B. 移动工件

C. 移动钻床　　D. 以上都不对

(240) 摇臂钻适用于(　　)工件加工。

A. 较大及多孔　　B. 较小及多孔

C. 中等　　D. 以上都可以

(241) 摇臂钻相对于立钻来说加工范围(　　)。

A. 广　　B. 窄　　C. 一样　　D. 以上都不对

(242) 要以(　　)为基准，配刮内柱外锥式滑动轴承的内孔，使接触精度合格。

A. 主轴　　B. 标准棒

C. 轴承外套的内孔　　D. 轴承座

(243) 一般情况下采用远起锯较好，因为远起锯锯齿是(　　)切入材料，锯齿不易卡住。

A. 较快　　B. 缓慢　　C. 全部　　D. 逐步

(244) 一般在钻头直径为 2～3mm 时，切削速度可选(　　)m/min。

A. 80～90　　B. 70～80

C. 40～60　　D. 14～19

(245) 移动式钻床夹具用于单轴主式钻床上，能钻削同一表面上(　　)的工件。

A. 小直径孔　　B. 单个孔　　C. 多个孔　　D. 大直径孔

(246) 钻削精度要求高且多孔时，要制作一批带孔校正圆柱，其数量不少于需加工孔数，外径大小一致，孔径比已经加工好的螺纹外径大(　　)mm 左右。

A. 0.2　　B. 0.5　　C. 1　　D. 1.5

(247) 用铰杠攻螺纹，当丝锥的切削部分全进入工件时，两手用力要(　　)的旋转，不能有侧向的压力。

A. 较大　　B. 很大　　C. 均匀、平稳　　D. 较小

(248) 用手锤打击錾子对金属工件进行切削加工的方法称为(　　)。

A. 錾削　　B. 凿削　　C. 非机械加工　　D. 去除材料

(249) 在板牙套入工件 2～3 牙后，应及时从(　　)方向用 90°角尺进行检查，并不断校正至要求。

A. 前后　　B. 左右　　C. 前后、左右　　D. 上下、左右

(250) 钻削高精度多孔时，准确划线后，在各孔中心先加工一个(　　)，其大小视所需加工孔的大小而定。

A. 小孔　　B. 大孔　　C. 方孔　　D. 螺纹孔

(251) 在尺寸符号 ϕ50F8 时，用于限制公差带位置的代号是(　　)。

A. F　　B. 8　　C. F8　　D. 50

(252) 在攻制螺纹时，丝锥折断在孔内部分露出孔时，应(　　)。

A. 敲打强取　　B. 直接用钳子拧出

C. 用錾子錾出　　D. 用电火花蚀除

(253) 在螺纹标注中，如果是左旋螺纹，应(　　)注明旋向。

A. 省略　　B. 用 RH　　C. 用 LH　　D. 用 L

(254) 在使用机床夹具时，下列说法不正确的是(　　)。

A. 能够保证工件的加工精度　　B. 扩大机床的加工范围

C. 适用于单件生产　　D. 提高劳动生产率

(255) 在斜面上钻孔，为防止钻头偏斜、滑移，可采用(　　)。

A. 减小进给量　　B. 增大转速

C. 减小转速　　D. 铣出平面再钻孔

(256) 在研磨棒或研磨环上均匀涂上一层研磨剂，插入工件孔中或套入工件外锥表面旋转(　　)圈后，将研具稍微拔出一些，再推入研磨。

A. 1～2　　B. 2～3　　C. 3～4　　D. 4～5

(257) 在一个工步内，若分几次切削金属层，则每进行一次切削就是一次(　　)。

A. 工序　　B. 工步　　C. 走刀　　D. 安装

(258) 錾削时的切削角度，应使后角保持(　　)，以防錾子扎入或滑出工件。

A. 10°～15°　　B. 12°～18°　　C. 15°～30°　　D. 5°～8°

(259) 直径在(　　)mm 以下的孔叫小孔。

A. 1　　B. 2　　C. 3　　D. 4

(260) 制定箱体零件的工艺过程应遵循(　　)原则。

A. 先孔后平面　　B. 先平面后孔

C. 先键槽后外圆　　D. 先内后外

(261) 轴承的种类很多，按轴承工作的摩擦性质分有滑动轴承和(　　)。

A. 动压滑动轴承　　B. 静压滑动轴承

C. 角接触球轴承　　D. 滚动轴承

(262) 轴承装配到轴上和外壳内的游隙为(　　)。

A. 原始游隙　　B. 配合游隙　　C. 静态游隙　　D. 工作游隙

(263) 轴套压入轴承座孔后，易发生尺寸和形状变化，应采用(　　)对内孔进行修整、检验。

A. 锉削　　B. 钻削　　C. 錾削　　D. 铰削或刮削

(264) 轴瓦孔配刮时，用(　　)来显点。

A. 与轴瓦配合的轴　　B. 专用的检验心棒

C. 检验塞规　　D. 轴瓦

(265) 主要用于去除凸缘、毛边和分割材料的錾子是(　　)。

A. 方錾　　B. 尖錾　　C. 扁錾　　D. 油槽錾

(266) 主轴部件的刚度和回转精度决定了(　　)。

A. 加工工件的形状精度　　B. 加工工件的位置

C. 加工工件的表面粗糙度　　D. 以上全包括

(267) 主轴部件的精度包括主轴的(　　)、轴向窜动以及主轴旋转的均匀性和平稳性。

A. 加工精度　　B. 装配精度　　C. 位置精度　　D. 径向圆跳动

(268) 主轴的形状特征是(　　)。

A. 主轴是实心无阶梯轴　　B. 主轴是实心阶梯轴

C. 主轴是空心阶梯轴　　D. 主轴是空心无阶梯轴

(269) 主轴箱的功能是(　　)。

A. 支撑主轴

B. 将动力从电动机经变速机构和传动机构传给主轴

C. 带动工件按一定的转速旋转

D. 以上全部是

(270) 主轴箱前壁上的手柄用来操纵(　　)。

A. 二轴上的双联滑移齿轮　　B. 三轴上的三联滑移齿轮

C. 双联滑移齿轮与三联滑移齿轮　　D. 所有滑移齿轮

(271) 组合夹具主要用于新产品试制或(　　)生产。

A. 精加工　　B. 粗加工　　C. 单件小批　　D. 大批量

(272) 钻床上钻小孔，(　　)提起钻头进行排屑。

A. 不需　　B. 需及时　　C. 手动进给时　　D. 机动进给时

(273) 钻精密孔时，钻头的两刃轴向圆跳动误差应控制在(　　)mm 范围内。

A. 0.01　　B. 0.02　　C. 0.03　　D. 0.05

(274) 钻孔一般属于(　　)。

A. 精加工　　B. 半精加工

C. 粗加工　　D. 半精加工和精加工

(275) 钻孔轴线倾斜时需检查主轴轴线与工作台面是否(　　)，若超差，则修刮工作台导轨面至技术要求。

A. 平行　　B. 垂直　　C. 相交或平行　　D. 相切

(276) 钻深孔时，钻头前、后刀面上磨出(　　)。

A. 断屑槽　　B. 分屑槽

C. 分屑槽或断屑槽　　D. 断屑槽和分屑槽

(277) 钻头装夹不紧时可采取(　　)的方法进行装夹。

A. 用砂皮来加粗钻柄　　B. 用纸片来加粗钻柄

C. 用软绸来加粗钻柄　　D. 用相应的小型钻夹头

(278) 钻相交孔时，按划线时采用的基准钻孔，先钻直径(　　)的孔。

A. 较大　　B. 较小　　C. 较大或较小　　D. 相等

(279) 钻削多孔时，要求准确划线，划线误差在(　　)mm 内。

A. 0.01　　B. 0.02　　C. 0.1　　D. 0.2

参考答案

(1) B	(2) B	(3) A	(4) D	(5) A	(6) C	(7) A
(8) C	(9) C	(10) C	(11) A	(12) D	(13) D	(14) B
(15) A	(16) D	(17) A	(18) C	(19) B	(20) A	(21) B
(22) B	(23) D	(24) B	(25) D	(26) D	(27) C	(28) C
(29) A	(30) A	(31) C	(32) C	(33) C	(34) B	(35) D
(36) C	(37) B	(38) A	(39) D	(40) C	(41) B	(42) C
(43) C	(44) C	(45) B	(46) D	(47) A	(48) A	(49) A
(50) C	(51) B	(52) A	(53) D	(54) D	(55) D	(56) C
(57) C	(58) B	(59) C	(60) A	(61) D	(62) A	(63) A
(64) B	(65) B	(66) A	(67) A	(68) D	(69) B	(70) B
(71) C	(72) B	(73) A	(74) D	(75) A	(76) C	(77) C
(78) D	(79) A	(80) D	(81) C	(82) C	(83) C	(84) C
(85) C	(86) A	(87) D	(88) D	(89) D	(90) C	(91) C
(92) B	(93) B	(94) C	(95) B	(96) B	(97) A	(98) B
(99) D	(100) A	(101) B	(102) A	(103) A	(104) D	(105) D
(106) B	(107) A	(108) B	(109) C	(110) B	(111) B	(112) C
(113) B	(114) C	(115) C	(116) C	(117) C	(118) B	(119) A
(120) B	(121) C	(122) A	(123) B	(124) A	(125) B	(126) B
(127) B	(128) D	(129) A	(130) B	(131) C	(132) A	(133) C
(134) A	(135) B	(136) C	(137) C	(138) A	(139) B	(140) D
(141) C	(142) C	(143) C	(144) B	(145) B	(146) C	(147) C
(148) D	(149) D	(150) B	(151) A	(152) A	(153) B	(154) D

(155) D	(156) A	(157) A	(158) C	(159) D	(160) D	(161) C
(162) D	(163) A	(164) A	(165) B	(166) A	(167) A	(168) A
(169) A	(170) A	(171) D	(172) B	(173) D	(174) A	(175) C
(176) B	(177) D	(178) A	(179) A	(180) B	(181) B	(182) B
(183) A	(184) A	(185) C	(186) B	(187) B	(188) B	(189) A
(190) D	(191) A	(192) D	(193) B	(194) A	(195) B	(196) B
(197) D	(198) A	(199) A	(200) D	(201) C	(202) C	(203) D
(204) C	(205) C	(206) B	(207) A	(208) B	(209) D	(210) B
(211) A	(212) A	(213) C	(214) C	(215) C	(216) D	(217) D
(218) D	(219) D	(220) D	(221) A	(222) B	(223) A	(224) A
(225) A	(226) B	(227) A	(228) B	(229) C	(230) B	(231) D
(232) A	(233) A	(234) C	(235) A	(236) B	(237) C	(238) A
(239) A	(240) A	(241) A	(242) A	(243) D	(244) D	(245) C
(246) C	(247) C	(248) A	(249) C	(250) D	(251) A	(252) B
(253) C	(254) C	(255) D	(256) D	(257) C	(258) D	(259) C
(260) B	(261) D	(262) B	(263) D	(264) A	(265) C	(266) D
(267) D	(268) B	(269) D	(270) C	(271) C	(272) B	(273) D
(274) C	(275) B	(276) D	(277) D	(278) B	(279) D	

2. 判断题

(1) V形导轨存在着垂直面内和水平内两种不同误差，因此V形导轨的综合误差较为复杂，刮削时不能见点就刮。 (　)

(2) 按钮一般与接触器、继电器等配合使用，实现对主电路的通断控制。 (　)

(3) 标注配合公差代号时分子表示孔的公差带代号，分母表示轴的公差代号。 (　)

(4) 标准群钻的形状特点是：三尖、七刃、两种槽。 (　)

(5) 采用机械加工方法，直接改变毛坯的形状、尺寸、表面质量和性能，使之成为合格零件的过程称为机械加工工艺过程。 (　)

(6) 采用夹具后，操作方便、安全，但必须减小切削用量。 (　)

(7) 常见的锪孔钻有柱形锪钻、锥形锪钻和端面锪钻。 (　)

(8) 常用的錾子有扁錾、尖錾及油槽錾。 (　)

(9) 车床空运转试验检查主轴转速应从最高转速一次降低到最低转速。 (　)

(10) 粗牙普通螺纹代号用M及公称直径和螺距表示。 (　)

(11) 当毛坯尺寸、形状、位置上的误差和缺陷难以用找正的方法补救时，需要用划线的方法来解决。 (　)

(12) 当丝锥的切削部分全部进入工件后，就可以一直攻削至结束，不需要再倒转退屑。 (　)

(13) 调整锯条松紧时,松紧程度以手搬动锯条感觉硬实即可。 ( )

(14) 对于薄壁管子和精加工过的管子,必须直接装夹在台虎钳上锯削。 ( )

(15) 公差带的位置由公差决定。 ( )

(16) 刮削后能使外锥内圆都保持良好的接触,有利于提高轴承的支撑刚性。( )

(17) 划车床尾座体第一划线位置的线时,尾座体轴孔是最重要的孔,首先应确定尾座体轴孔中心。 ( )

(18) 机床按工作精度分为普通机床、精密机床和高精密机床等。 ( )

(19) 机床导轨是用来承载和导向的,是机床各运动部件做相对运动的导向面。 ( )

(20) 机床精度检验时,当 $Da \leqslant 800\text{mm}$ 时,尾座套筒锥孔轴线对床鞍移动的平行度(在竖直平面内、300mm 测量长度上)允差值为 0.03mm(只许向上偏)。 ( )

(21) 机床精度检验时,由丝杠所产生的螺距累积误差,当 $Da \leqslant 2000\text{mm}$ 时在任意300mm 测量长度内允差值为 0.04mm。 ( )

(22) 基准孔的公差带位于零线上方。 ( )

(23) 检验车床丝杠的轴向窜动精度时,丝杠正反转动均应检验。 ( )

(24) 铰刀铰孔后可使孔的标准公差等级达到 IT9~IT7。 ( )

(25) 接触器能实现远距离自动操作和过电压保护操作。 ( )

(26) 金属粘接界面不仅能传递应力而且能密封、防腐,表面和整体可以进行车、钻、铣等机械加工。 ( )

(27) 块拼圆轴瓦用标准棒显点时,在标准棒上涂蓝色,不宜涂红丹。 ( )

(28) 立钻一般都有冷却装置,有专用冷却泵供应加工所需要的切削液。 ( )

(29) 利用分度头可以在工件上划出圆的等分线或不等分线。 ( )

(30) 麻花钻由柄部、颈部和校准部分组成。 ( )

(31) 毛坯制造、机械加工、热处理、装配等过程均称为工艺过程。 ( )

(32) 平面度评定的方法有最小条件法、三角形法和对角线法。 ( )

(33) 平面阀门可采用研具对阀卒进行研磨。 ( )

(34) 平面划线时,只要确定好两根相互垂直的基准线,就能把平面上所有形面的相互关系确定下来。 ( )

(35) 切削液只具有冷却、润滑作用。 ( )

(36) 群钻上磨出月牙槽,把主切削刃分成了外刃、圆弧刃和内刃三段。 ( )

(37) 群钻主切削刃分成几段的作用是:利于分屑、断屑和排屑。 ( )

(38) 热继电器具有热惯性和机械惰性。 ( )

(39) 润滑剂的作用有润滑作用、冷却作用、防锈作用、密封作用等。 ( )

(40) 润滑剂有润滑油、润滑脂和固体润滑剂。 ( )

(41) 三爪自定心卡盘能自动定心,夹紧比较方便,而夹紧力比较小。 ( )

(42) 上偏差是最小极限尺寸减去基本尺寸所得的代数差。 ( )

(43) 实验条件一定时,压痕直径越大,则布氏硬度值越大,也就是硬度越高。( )

(44) 提高刀具系统的抗震性能可减少或消除机床受迫振动。 ( )

(45) 通常刀具材料的硬度越高，耐磨性越好。（　）

(46) 箱体类零件第二次划线时不必找正工作，直接以已加工面为基准。（　）

(47) 箱体类零件第一次划线时需要翻转两次即有三个划线安放位置。（　）

(48) 斜面上钻孔为防止钻头偏斜、滑移，可用与孔径相等的立铣刀在斜面上铣出一个面然后再钻孔。（　）

(49) 行程开关用来限制机械运动的位置或行程，实现自动停止或自动往返等运动。（　）

(50) 研磨的工件表面粗糙，其原因是选用研磨液不当或是研磨剂涂得薄而不均匀。（　）

(51) 研磨的平面凸起及孔口扩大，其原因是研磨时研磨剂涂得太厚。（　）

(52) 研磨阀门必须使用研具。（　）

(53) 研磨铰刀时机床速度以 40～60r/min 为宜，如果研磨的铰刀直径过大，则取最低速度。（　）

(54) 摇臂钻比其他钻床加工范围广。（　）

(55) 摇臂钻不如立钻加工方便。（　）

(56) 圆度是实际圆对其理想圆变动量的一项指标。（　）

(57) 圆跳动包括径向圆跳动和端面圆跳动。（　）

(58) 在车床上研磨外圆柱面时，通过工件的旋转运动和研磨环在工件上的往复运动进行研磨。（　）

(59) 在满足使用要求的条件下，选择低的公差等级。（　）

(60) 錾子可分成扁錾，尖錾和油槽錾三类。（　）

(61) 錾子刃磨时，双手握持錾子，在砂轮凸缘上进行刃磨。（　）

(62) 找正就是利用划线工具使工件上有关的毛坯表面处于合适的位置。（　）

(63) 整洁的工作环境可以振奋职工精神，提高工作效率。（　）

(64) 轴承外径、缸套内壁、动轮、衬里集合尺寸损失后的恢复，可选用金属修补剂或耐磨修补剂。（　）

(65) 轴类零件加工顺序安排大体如下：准备毛坯—正火—粗车—半精车—磨内圆。（　）

(66) 主轴箱中有三个滑移齿轮用于车削左、右旋螺纹及正常螺距、扩大螺距的变换。（　）

(67) 钻精密孔，需对钻头进行修磨。（　）

(68) 钻孔轴线倾斜时需检查主轴轴线与立柱导轨是否平行，若超差，则修刮进给箱箱体导轨面至技术要求。（　）

(69) 钻相交孔，应对基准精确划线。（　）

参考答案

(1) √　(2) √　(3) √　(4) √　(5) ×　(6) √　(7) √
(8) √　(9) ×　(10) ×　(11) √　(12) ×　(13) √　(14) √

(15) ×	(16) √	(17) √	(18) √	(19) √	(20) √	(21) √
(22) √	(23) √	(24) √	(25) ×	(26) √	(27) √	(28) √
(29) √	(30) ×	(31) √	(32) √	(33) √	(34) √	(35) ×
(36) √	(37) √	(38) √	(39) √	(40) √	(41) √	(42) ×
(43) ×	(44) √	(45) √	(46) √	(47) √	(48) √	(49) √
(50) √	(51) √	(52) √	(53) √	(54) √	(55) ×	(56) √
(57) √	(58) √	(59) √	(60) √	(61) √	(62) √	(63) √
(64) √	(65) ×	(66) √	(67) √	(68) √	(69) √	

6.3 传动知识

1. 单项选择题

(1) (　　)是由链条和具有特殊齿形的链轮组成的传递运动和动力的传动。

A. 齿轮传动　B. 链传动　C. 螺旋传动　D. 带传动

(2) (　　)是由主动齿轮、从动齿轮和机架组成。

A. 齿轮传动　B. 蜗轮传动　C. 带传动　D. 链传动

(3) (　　)在轴和轴承之间有油膜存在,但不能完全避免轴和轴承的直接接触。

A. 静压滑动轴承　B. 动压滑动轴承

C. 整体式滑动轴承　D. 半液体润滑滑动轴承

(4) (　　)主要由螺杆、螺母和机架组成。

A. 齿轮传动　B. 螺纹传动　C. 螺旋传动　D. 链传动

(5) V 带传动机构中 V 带的张紧力的调整方法有改变带轮中心距和(　　)两种。

A. 增大带轮直径　B. 减小带轮直径

C. 改变 V 带尺寸　D. 用张紧轮来调整

(6) V 带传动机构中 V 带的张紧力的大小与(　　) 和带的根数有关。

A. 小带轮直径　B. 大带轮直径　C. 带的初拉力　C. 带的直径

(7) V 带传动机构中 V 带张紧力的调整方法有改变带轮中心距和(　　) 两种。

A. 增大带轮直径　B. 减小带轮直径

C. 改变 V 带尺寸　D. 用张紧轮来调整

(8) V 带传动机构装配时,带轮的安装要正确,通常要求其径向的圆跳动量为(　　) D(带轮直径)。

A. 0.0025～0.005　B. 0.0025～0.05

C. 0.025～0.05　D. 0.005～0.025

(9) V 带传动机构装配时,带在带轮上的包角不能太小,一般不能小于(　　)。

A. 90°　B. 100°　C. 110°　D. 120°

(10) V带的截面为(　　),两侧面为工作面。

A. 圆形　B. 矩形　C. 齿形　D. 梯形

(11) V带的截面形状为梯形,与轮槽相接触的(　　)为工作面。

A. 所有表面　B. 底面　C. 两侧面　D. 单侧面

(12) 按齿轮形状不同可将齿轮传动分为(　　)传动和圆锥齿轮传动两类。

A. 斜齿轮　B. 圆柱齿轮　C. 直齿轮　D. 齿轮齿条

(13) 按齿轮形状不同可将齿轮传动分为圆柱齿轮传动和(　　)传动两类。

A. 斜齿轮　B. 直齿轮　C. 圆锥齿轮　D. 齿轮齿条

(14) 按螺旋副的摩擦性质分,螺旋传动可分为滑动螺旋和(　　)两种类型。

A. 移动螺旋　B. 滚动螺旋　C. 摩擦螺旋　D. 传动螺旋

(15) 按用途不同螺旋传动可分为传动螺旋、传力螺旋和(　　)三种类型。

A. 调整螺旋　B. 滑动螺旋　C. 滚动螺旋　D. 运动螺旋

(16) 保险离合器失效产生的原因主要有:①(　　);②弹簧弹力不足;③离合器的钢球损坏。

A. 进给力太小　B. 超负荷钻削　C. 进给力太大　D. 切削力小

(17) 闭式压力机工作机构中曲柄的具体形式是(　　)。

A. 偏心齿轮式　B. 齿轮式　C. 曲轴式　D. 连杆式

(18) 拆卸链条时的不正确顺序是(　　)。

A. 开口销连接先取下开口销、外连板和销轴后即可将链条拆卸

B. 弹簧卡片连接先拆卸弹簧卡片,然后取下外连板和两销轴即可

C. 销轴采用铆合形式的,用小于销轴的冲头冲出销轴即可

D. 圆柱销连接先取下圆柱销、外连板和销轴后即可将链条拆卸

(19) 常见的离合器种类有(　　)种。

A. 二　B. 三　C. 四　D. 六

(20) 常用固体润滑剂有(　　)、二硫化钼、聚四氟乙烯等。

A. 钠基润滑脂　B. 锂基润滑脂　C. N7　D. 石墨

(21) 常用固体润滑剂有石墨、(　　)、聚四氟乙烯等。

A. 润滑脂　B. 润滑油　C. 二硫化钼　D. 锂基润滑脂

(22) 常用润滑油有机械油、(　　)等。

A. 齿轮油　B. 石墨　C. 二硫化钼　D. 冷却液

(23) 齿轮传动机构装配时,对于转速高的大齿轮,装配在轴上后,应作(　　)以避免过大振动。

A. 平衡检查　B. 装配精度检查

C. 粗糙度检查　D. 尺寸检查

(24) 齿轮断齿或齿条断裂的粘接修复可选用(　　)。

A. 耐腐蚀黏结剂　B. 耐磨蚀修补剂

C. 结构胶　D. 水溶胶

(25) 齿轮与箱壁轴向间隙精度称为(　　)。

A. 距离精度　　B. 相距离位置精度

C. 相对运动精度　　D. 配合精度

(26) 齿轮转动机构装配时,间隙过大会导致(　　)。

A. 齿轮转动不灵活　　B. 卡齿

C. 加剧齿面磨损　　D. 换向空程大,会产生冲击

(27) 齿式离合器装配时,力求保证两个半离合器的(　　)。

A. 对称度　　B. 同轴度　　C. 位置度　　D. 垂直度

(28) 带传动按传动原理分有(　　)和啮合式两种。

A. 连接式　　B. 摩擦式　　C. 滑动式　　D. 组合式

(29) 带传动机构中 V 带安装时,装好的带应该(　　)。

A. 陷没在槽底　　B. 凸在轮槽外

C. 陷没在槽底或凸在轮槽外　　D. 既不陷没在槽底也不凸在轮槽外

(30) 带传动机构中的轴颈弯曲,可用(　　)和百分表在轴的外圆柱面上检查摆动情况,根据弯曲程度进行修复。

A. 划针　　B. 划线盘　　C. 直角尺　　D. 钢直尺

(31) 带传动是利用带作为中间挠性件,依靠带与带之间的(　　)或啮合来传递运动和动力。

A. 结合　　B. 摩擦力　　C. 压力　　D. 相互作用

(32) 带传动是由带轮和带组成,利用(　　)作为中间挠性件,依靠带与带轮之间的摩擦力或啮合来传递运动和动力。

A. 从动轮　　B. 主动轮　　C. 带　　D. 带轮

(33) 带轮孔与轴的连接为(　　)配合。

A. H7/k6　　B. H7/k7　　C. H8/k9　　D. H9/k9

(34) 带转动按传动原理分有(　　)和啮合式两种。

A. 连接式　　B. 摩擦式　　C. 滑动式　　D. 组合式

(35) 当链条被拉长时,一般不采用(　　)的方法修理。

A. 链轮中心距可调时调节中心距

B. 链轮中心距不可调时采用张紧轮张紧

C. 链轮中心距不可调时卸掉一个或几个链节

D. 链轮中心距不可调时更换新链条

(36) 动不平衡旋转件在径向各截面上有不平衡量,由此产生的惯性力的合力(　　)旋转件重心。

A. 通过　　B. 不通过　　C. 通过或不通过　　D. 倾斜

(37) 对外面圆床砂轮进行静平衡,若将砂轮再次放在平衡架上慢慢转动后仍不平衡,则可移动(　　)的位置进行调整。

A. 砂轮　　B. 平衡架

C. 相对于重力中心位置的平衡块　　D. 重力中心位置左右两块平衡块

(38) 对外圆磨床砂轮进行静平衡,平衡块的紧固顺序是(　　)。

A. 先紧固相对于重力中心位置的平衡块

B. 先紧固位于重力中心位置左侧的平衡块

C. 先紧固位于重力中心位置右侧的平衡块

D. 先紧固任意平衡块

(39) 对蜗杆传动的侧隙国标规定了 8 种,最小法向间隙值以(　　)为零。

A. a　　B. b　　C. g　　D. h

(40) 对于大而薄的齿轮,可采用(　　)的方法来避免振动。

A. 不改变轮毂厚度而加大齿厚　　B. 减小轮毂厚度而加大齿厚

C. 加大轮毂厚度并加大齿厚　　D. 加大轮毂厚度而不加大齿厚

(41) 对于皮带传动的特点,说法正确的是(　　)。

A. 它可用于两轴中心距离较大的传动

B. 皮带富有弹性,运转平稳无噪声

C. 轴及轴承上受力非常小

D. 皮带的寿命短

(42) 法兰与花键轴套之间通过(　　)连接。

A. 轴套　　B. 一个球轴承

C. 两个深沟球轴承　　D. 花键

(43) 挂轮传动比为(　　)时,表示分度盘和分度手柄转向相反。

A. 正值　　B. 负值　　C. 零　　D. 任意值

(44) 滚动轴承的径向游隙不包括(　　)。

A. 原始游隙　　B. 配合游隙　　C. 静态游隙　　D. 工作游隙

(45) 滚动轴承上(　　)的端面应装在可见处,以便更换时查对。

A. 大尺寸　　B. 小尺寸　　C. 带有标记代号　　D. 无标记代号

(46) 国标中规定齿轮及齿轮副的精度等级有 13 个,其中(　　)属于中等精度等级。

A. 0 级　　B. 3～5 级　　C. 6～8 级　　D. 9～12 级

(47) 静不平衡旋转体的主惯性轴与旋转轴线(　　)。

A. 垂直　　B. 重合

C. 不重合,但平行　　D. 不重合,不平行

(48) 链传动机构的拆卸,链轮拆卸时要求将(　　) 取下,即可拆卸掉链轮。

A. 连接件　　B. 紧固件　　C. 基础件　　D. 配合件

(49) 链传动机构装配时,当中心距大于 500mm 时,两链轮的轴向偏移量为(　　)mm。

A. 0.5　　B. 1.0　　C. 1.5　　D. 2.0

(50) 链传动机构装配时,链条的下垂度要适当,一般水平传动时,下垂度(　　)。

A. $f\leqslant 0.001L$　　B. $f\leqslant 0.002L$　　C. $f\leqslant 0.02L$　　D. $f\leqslant 0.2L$

(51) 链传动中,发现个别链节断裂,则采用(　　)的方法修理。

A. 去掉断裂链节　　B. 修复断裂链节

C. 更换个别链节　　D. 更换新链条

(52) 摩擦式离合器分为(　　)。

A. 牙嵌式离合器和摩擦式离合器　　B. 操纵离合器和安全离合器

C. 安全离合器和离心离合器　　D. 片式摩擦离合器和圆锥式摩擦离合器

(53) 曲柄压力机按(　　)可分为单点、双点和四点压力机。

A. 传动机构的位置　　B. 机身的结构形式

C. 运动滑块的个数　　D. 与滑块相连的曲柄连杆个数

(54) 曲柄压力机的工作机构为(　　)。

A. 曲柄摇杆机构　B. 双曲柄机构　C. 双摇杆机构　D. 曲柄滑块机构

(55) 双向多片式摩擦离合器不包括(　　)。

A. 摩擦片　B. 止推片　C. 制动片　D. 空心套齿轮

(56) 同轴承配合的轴旋转时带着油一起转动,油进入楔缝使油压升高,当轴达一定转速时,轴在轴承中浮起,直至轴与轴承完全被油膜分开,形成(　　)。

A. 静压滑动轴承　　B. 动压滑动轴承

C. 整体式滑动轴承　　D. 部分式滑动轴承

(57) 为降低带传动引起的噪声,不属于带的选用原则的是(　　)。

A. 尽量选择无接头的平带

B. 带有接头的平带胶接处的柔韧性应与其他地方不同

C. 带质量应均匀

D. 使用多根V带时,长度应一致

(58) 蜗杆传动的检查不包括(　　)。

A. 蜗轮的轴向位置检验　　B. 蜗轮的接触斑点检验

C. 蜗轮的接触位置检验　　D. 齿侧间隙检验

(59) 蜗杆传动机构的装配安装蜗杆时,一般蜗杆轴心线位置由(　　)确定。

A. 蜗杆安装孔　B. 箱体安装孔　C. 蜗轮轴　D. 中心轴

(60) 蜗杆传动机构的装配顺序为(　　)。

A. 先装蜗杆再装蜗轮　　B. 先装蜗轮再装蜗杆

C. 蜗轮蜗杆一起装　　D. 按结构特点确定

(61) 蜗杆传动中,蜗杆轴心线应在蜗轮轮齿的(　　)内,蜗杆、蜗轮间的中心距要准确。

A. 对称中心平面　B. 平行平面　C. 垂直平面　D. 相交平面

(62) 下列不属于制动器的是(　　)。

A. 调节螺钉　B. 制动盘　C. 压块　D. 杠杆

(63) 下列齿轮传动中,用于轴间距小的场合的是(　　)传动。

A. 相交轴斜齿轮　　B. 交错轴斜齿轮

C. 弧齿锥齿轮　　D. 内啮合齿轮

(64) 下列齿轮传动中,用于将旋转运动转化为直线运动的是(　　)传动。

A. 相交轴斜齿轮　　B. 交错轴斜齿轮

C. 弧齿锥齿轮　　D. 齿轮齿条

(65) 下列选项中,不属于齿轮传动特点的是( )。

A. 传递运动准确可靠　　B. 传动效率较高

C. 瞬时传动比恒定　　D. 噪声大

(66) 下列选项中,不属于齿轮传动特点的是( )。

A. 传递运动准确可靠　　B. 结构紧凑,体积小

C. 可以实现过载保护　　D. 瞬间传动恒定

(67) 下列选项中,不属于带传动特点的是( )。

A. 结构简单,使用维护方便　　B. 过载保护

C. 传动平稳且无噪声　　D. 噪声大

(68) 下列选项中,不属于带传动特点的是( )。

A. 结构简单,使用维护方便

B. 带的使用寿命较长

C. 带传动的效率较低

D. 不适用于油污、高温、易燃和易爆的场合

(69) 下列选项中,不属于带传动特点的是( )。

A. 结构简单,使用维护方便　　B. 过载保护

C. 保证准确的转动比　　D. 带转动的效率较低

(70) 下面的滑动轴承结构形式错误的是( )。

A. 整体式滑动轴承　　B. 部分式滑动轴承

C. 剖分式滑动轴承　　D. 内柱外锥式滑动轴承

(71) 销连接损坏或磨损严重时,一般采用( )的方法。

A. 更换销　　B. 修整销　　C. 修整销孔　　D. 更换销孔

(72) 销连接在机械中起到的作用不包括( )。

A. 连接作用　　B. 定位作用　　C. 保险作用　　D. 传递转矩

(73) 由于蜗杆传动机构的特点,齿侧间隙一般要用( )测量。

A. 压熔丝　　B. 塞尺　　C. 百分表　　D. 铜片

(74) 与滑动轴承相比,滚动轴承( )。

A. 寿命较长　　B. 内部间隙较大

C. 高速时噪声较小　　D. 安装精度要求高

(75) 与滑动轴承相比,滚动轴承( )。

A. 在一定条件下,摩擦阻力较大

B. 工作不稳定

C. 在轴颈直径相同条件下,滚动轴承宽度较小

D. 在轴颈直径相同条件下,滚动轴承轴向尺寸大

(76) 圆柱齿轮传动均用于两( )轴间的传动。

A. 相交　　B. 平行　　C. 空间交叉　　D. 结构紧凑

(77) 圆柱齿轮啮合时,在剖视图中,当剖切平面通过两啮合齿轮轴线时,在啮合区内,将一个齿轮的轮齿和另一个齿轮的轮齿被遮挡的部分分别用( )绘制,被遮挡的部

分也可经省略不画。

A. 细实线和细实线　　B. 粗实线和点画线

C. 细实线和细虚线　　D. 粗实线和虚线

(78) 在主轴承达到稳定条件下，主轴滑动轴承温度不超过(　　)℃。

A. 100　　B. 60　　C. 50　　D. 90

(79) 整体式滑动轴承(　　)。

A. 结构复杂、制造困难　　B. 结构特殊、制造困难

C. 结构特殊、容易制造　　D. 结构简单、容易制造

(80) 主轴在进给箱内上下移动时，出现轻重现象的原因之一是(　　)。

A. 主轴太脏　　B. 主轴弯曲

C. 主轴花键部分弯曲　　D. 主轴和花键弯曲

参考答案

(1) B	(2) A	(3) B	(4) C	(5) D	(6) C	(7) D
(8) A	(9) D	(10) D	(11) C	(12) B	(13) C	(14) B
(15) A	(16) B	(17) A	(18) D	(19) B	(20) D	(21) C
(22) A	(23) A	(24) C	(25) A	(26) D	(27) B	(28) B
(29) D	(30) B	(31) B	(32) C	(33) A	(34) B	(35) B
(36) A	(37) D	(38) A	(39) D	(40) D	(41) A	(42) D
(43) B	(44) C	(45) C	(46) C	(47) C	(48) B	(49) D
(50) D	(51) C	(52) D	(53) D	(54) D	(55) C	(56) B
(57) B	(58) C	(59) B	(60) B	(61) A	(62) D	(63) D
(64) D	(65) D	(66) C	(67) D	(68) B	(69) C	(70) B
(71) A	(72) D	(73) C	(74) D	(75) C	(76) B	(77) C
(78) B	(79) D	(80) C				

2. 判断题

(1) V 带传动机构中 V 带张紧力的调整方法有改变带轮中心距和改变带轮直径两种。(　　)

(2) 按摩擦状态不同，机床导轨分旋转运动和滚动导轨。(　　)

(3) 齿轮传动机构装配时，滑动齿轮不应有卡住和阻滞现象。(　　)

(4) 齿轮传动是由主动齿轮、从动齿轮和机架组成。(　　)

(5) 齿轮传动有渐开线圆柱齿轮传动、锥齿轮传动、准双曲面齿轮传动、圆柱蜗杆传动等。(　　)

(6) 带传动不适用于油污、高温、易燃和易爆的场合。(　　)

(7) 带传动是由齿轮和带组成。(　　)

(8) 带传动是由带轮和带组成。(　　)

(9) 带轮崩碎之后必须进行更换。 ( )

(10) 当链条用弹簧卡片连接时先拆卸弹簧卡片，然后取下外连板和两销轴即可。 ( )

(11) 对齿轮的加工精度要求有运动精度、工作平稳性、接触精度和齿侧间隙。 ( )

(12) 滚动轴承的前置代号用一个或两个字母表示轴承不同结构。 ( )

(13) 滚动轴承上标有代号的端面应装在不可见的部位。 ( )

(14) 静不平衡旋转件使旋转时不但产生旋转轴线方向振动，还会产生使旋转轴倾斜的振动。 ( )

(15) 静平衡不但能平衡旋转件重心的不平衡，还能消除垂直轴线的不平衡力矩。 ( )

(16) 离合器的左、右接合或脱开由主轴箱外的手柄控制。 ( )

(17) 链传动是由链条和具有特殊齿形的从动轮组成的传递力矩的传动。 ( )

(18) 摩擦式带传动又可分为平带传动、V 带传动，圆形带传动。 ( )

(19) 摩擦式离合器的结构复杂，需经常调整。 ( )

(20) 片式摩擦离合器装配时，调整间隙后，要使定位销压紧，防止螺母在工作中松脱。 ( )

(21) 曲柄压力机的工作机构将传动系统旋转运动转为滑块的单向直线运动。 ( )

(22) 蜗杆传动机构装配：安装蜗杆时，一般蜗杆轴心线位置由箱体安装孔确定。 ( )

(23) 用三点平衡法对砂轮进行静平衡时，如果砂轮按顺时针方向转动，说明其重心在左边的某一位置上。 ( )

(24) 有较低的摩擦系数，能在 200℃高温内工作，常用于重载滚动轴承的是石墨润滑脂。 ( )

参考答案

(1) × (2) × (3) √ (4) √ (5) √ (6) √ (7) ×
(8) √ (9) √ (10) √ (11) √ (12) √ (13) × (14) √
(15) √ (16) √ (17) √ (18) √ (19) √ (20) √ (21) ×
(22) √ (23) √ (24) ×

6.4 金属知识

1. 单项选择题

(1) ( )是指材料在高温下能保持其硬度的性能。

A. 硬度 B. 高温硬度 C. 耐热性 D. 耐磨性

(2)(　　)用于制造中、低速成型刀具。

A. 合金渗碳钢　B. 碳素工具钢　C. 合金调制钢　D. 合金弹簧钢

(3) 按含碳量分类,45 钢属于(　　)。

A. 低碳钢　B. 中碳钢　C. 高碳钢　D. 工具钢

(4) 不属于机械加工工艺过程的是(　　)。

A. 锻造　B. 淬火　C. 车削　D. 磨削

(5) 低温回火后的组织为回火(　　)。

A. 铁素体　B. 马氏体　C. 托氏体　D. 索氏体

(6) 钢经过淬火热处理可以(　　)。

A. 降低硬度　B. 提高硬度　C. 降低强度　D. 提高塑性

(7) 高速钢的特点是高硬度、高耐热性、高(　　),热处理变形小等。

A. 强度　B. 塑性　C. 热硬性　D. 韧性

(8) 根据碳存在的形式不同,铸铁可以分为白口铸铁,(　　)和麻口铸铁。

A. 可锻铸铁　B. 球墨铸铁　C. 蠕墨铸铁　D. 灰口铸铁

(9) 合金钢按用途分为(　　)类。

A. 1　B. 2　C. 3　D. 4

(10) 合金工具钢有(　　)、合金模具钢和合金量具钢。

A. 特殊性能钢　B. 铸钢　C. 刃具钢　D. 合金弹簧钢

(11) 金属黏接界面应力分布均匀,抗疲劳强度比铆、焊高出(　　)个数量级。

A. 1～2　B. 1～3　C. 2～3　D. 2～4

(12) 金属黏接可在常温下制作成型,经中温固化后能适应高温(200～700°C)和低温(　　)℃条件下工作。

A. －190　B. －196　C. －290　D. －296

(13) 可锻铸铁的牌号一般由(　　)个字母和二组数字组成。

A. 一　B. 二　C. 三　D. 四

(14) 铝合金按其成分和工艺特点不同,可分为(　　)种。

A. 一　B. 二　C. 三　D. 四

(15) 铝具有的特性之一是(　　)。

A. 良好的导热性　B. 较差的导电性

C. 较高的强度　D. 较高的硬度

(16) 球墨铸铁的含碳量为(　　)。

A. 2.2%～2.8%　B. 2.9%～3.5%

C. 3.6%～3.9%　D. 4.0%～4.3%

(17) 球墨铸铁的热处理方法不包括(　　)。

A. 退火　B. 正火　C. 渗氮　D. 调质

(18) 热处理分为(　　)种。

A. 一　B. 二　C. 三　D. 四

(19) 使钢产生冷脆性的元素是(　　)。

A. 锰　B. 硅　C. 磷　D. 硫

(20) 碳素工具钢用于制造中速、(　　)成型刀具。

A. 低速　　B. 高速　　C. 超高速　　D. 都可以

(21) 退火的目的之一是(　　)。

A. 提高钢的硬度　　B. 提高钢的密度

C. 提高钢的熔点　　D. 降低钢的硬度

(22) 下列选项中,不属于轴承合金性能的是(　　)。

A. 较高的抗疲劳强度　　B. 足够的强度和硬度

C. 足够的形变强化能力　　D. 高的耐磨性和小的摩擦系数

(23) 下列选项中,不属于轴承合金性能的是(　　)。

A. 足够的导电性　　B. 足够的强度和硬度

C. 足够的塑性和韧性　　D. 高的耐磨性和小的摩擦系数

(24) 硬质合金的特点是耐热性好,切削效率高,但刀片强度、韧性不及工具钢,焊接刃磨工艺(　　)。

A. 较差　　B. 良好　　C. 一般　　D. 上述选项都不对

(25) 在碳素钢中加入适量的合金元素形成了(　　)。

A. 硬质合金　　B. 高速钢　　C. 合金工具钢　　D. 碳素工具钢

(26) 錾子一般由碳素工具钢锻成,经热处理后使其硬度达到(　　)。

A. 40～55HRC　　B. 55～65HRC　　C. 56～62HRC　　D. 65～75HRC

(27) 正火的目的是改善(　　)的切削加工性。

A. 低碳钢　　B. 高碳钢　　C. 工具钢　　D. 过共析钢

(28) 正火的目的之一是(　　)。

A. 粗化晶粒　　B. 提高钢的密度

C. 提高钢的熔点　　D. 细化晶粒

(29) 中温回火主要适用于(　　)。

A. 各种刃具　　B. 各种弹簧　　C. 各种轴　　D. 高强度螺栓

(30) 属于正火目的的是(　　)。

A. 粗化晶粒　　B. 提高钢的密度

C. 提高钢的熔点　　D. 细化晶粒

参考答案

(1) C　(2) B　(3) B　(4) B　(5) B　(6) B　(7) C

(8) D　(9) C　(10) C　(11) A　(12) B　(13) C　(14) B

(15) A　(16) C　(17) C　(18) B　(19) C　(20) A　(21) D

(22) C　(23) A　(24) A　(25) C　(26) C　(27) A　(28) D

(29) B　(30) D

2. 判断题

(1) HT200 进行调质热处理可以获得良好的综合力学性能。　(　　)

(2) ZChPbSb10-6 为铅基轴承合金。( )

(3) 不锈钢 2Cr13 具有导磁性。( )

(4) 常用刀具材料的种类有碳素工具钢、合金工具钢、高速钢、硬质合金钢。( )

(5) 纯铜 T1 的杂质总量比 T3 的杂质总量多。( )

(6) 刀具材料的基本要求是具有良好的工艺性和耐磨性。( )

(7) 高速钢热硬性可达 600℃。( )

(8) 高速钢用于制造切削速度较高的刀具。( )

(9) 合金钢按用途分为低合金钢、中合金钢和高合金钢。( )

(10) 合金工具钢分为 3 种。( )

(11) 合金渗碳钢的热处理特点是渗碳+淬火+低温回火。( )

(12) 锰可以减轻磷对钢的有害性。( )

(13) 锰可以减轻硫对钢的有害性。( )

(14) 碳素工具钢的特点是耐热性好,但抗弯强度高,价格便宜等。( )

(15) 碳素工具钢和合金工具钢用于制造中、低速成型刀具。( )

(16) 正火能够代替中碳钢和低碳合金钢的退火,改善组织结构和切削加工性。( )

参考答案

(1) √ (2) √ (3) √ (4) √ (5) × (6) √ (7) √
(8) √ (9) × (10) √ (11) √ (12) × (13) √ (14) ×
(15) √ (16) ×

6.5 量具知识

1. 单项选择题

(1) ( )、拉刀磨床、龙门刨床、龙门铣床等机床工作台移动时倾斜的检验方法基本一样。

A. 外圆磨床、螺纹磨床 B. 内圆磨床、螺纹磨床
C. 内圆磨床 D. 螺纹磨床

(2) ( )上装有活动量爪,并装有游标和紧固螺钉。

A. 尺框 B. 尺身 C. 尺头 D. 微动装置

(3) ( )是用来测量工件内外角度的量具。

A. 万能角度尺 B. 内径千分尺 C. 游标卡尺 D. 量块

(4) ( )由百分表和专用表架组成,用于测量孔的直径和孔的形状误差。

A. 外径百分表 B. 杠杆百分表
C. 内径百分表 D. 杠杆千分尺

(5) 百分表的示值范围通常有 0～3mm、0～5mm 和( )mm 三种。

A. 0～8　　B. 0～10　　C. 0～12　　D. 0～15

(6) 表面粗糙度测量方法不包括(　　)。

A. 比较法　　B. 光切法　　C. 干涉法　　D. 衍射法

(7) 表面粗糙度的评定参数中与高度特性相关的参数不包括(　　)。

A. Ra　　B. Rz　　C. Rx　　D. Ry

(8) 表面粗糙度的评定参数中与间距特性相关的参数是(　　)。

A. Sm　　B. Sn　　C. Sa　　D. Sz

(9) 测量表面粗糙度参数值必须确定评定长度的理由是(　　)。

A. 考虑到零件加工表面的不均匀性

B. 减少表面波度对测量结果的影响

C. 减少形状误差对测量结果的影响

D. 使测量工作方便简捷

(10) 测量精度为0.05mm的游标卡尺，当两测量爪并拢时，尺身上19mm对正游标上的(　　)格。

A. 19　　B. 20　　C. 40　　D. 50

(11) 差动分度的计算公式是(　　)。

A. 从外到内，从下到上　　B. 从内到外，从下到上

C. 从外到内，从上到下　　D. 从内到外，从上到下

(12) 常用的水平仪中没有(　　)。

A. 条形水平仪　　B. 框式水平仪　　C. 立式水平仪　　D. 光学合像水平仪

(13) 常用的圆度误差的测量方法不包括(　　)。

A. 用圆度仪测量　　B. 用分度头测量

C. 用水平仪测量　　D. 用V形铁测量

(14) 常用的直线度误差的测量方法不包括(　　)。

A. 直角尺法　　B. 拉钢丝法　　C. 水平仪法　　D. 自准直仪法

(15) 当被测要素和基准要素之间有0°～90°夹角要求时，可采用(　　)。

A. 平行度公差带　　B. 垂直度公差带

C. 倾斜度公差带　　D. 位置度公差带

(16) 当零件所有表面具有相同的表面粗糙要求时，可在图样的(　　)标注。

A. 左上角　　B. 右上角　　C. 空白处　　D. 任何地方

(17) 对平行度误差的测量不需要用到(　　)。

A. 平板　　B. 水平仪　　C. 指示表　　D. V形铁

(18) 根据规格不同，游标卡尺分为双面量爪游标卡尺、三用游标卡尺和(　　)。

A. 游标深度尺　　B. 游标高度尺

C. 万能角度尺　　D. 单面量爪游标卡尺

(19) 根据用途不同，游标量具分为(　　)、游标深度尺和游标高度尺。

A. 千分尺　　B. 游标卡尺　　C. 万能角度尺　　D. 正弦规

(20) 根据组成零件表面的展开性质，展开表面可以分为(　　)和不可展表面。

A. 可放样表面　　　　B. 不可放样表面
C. 可开表面　　　　D. 可展表面

(21) 工作台部件移动在垂直面内直线度的检验方法,一般用(　　)检查。
A. 平尺或光学平直仪　　　　B. 水平仪
C. 光学平直仪和百分表　　　　D. 工具显微镜

(22) 工作台部件移动在水平面内直线度的检验方法,一般用(　　)或光学平直仪检查。
A. 平尺　　B. 水平仪　　C. 百分表　　D. 平尺和百分表

(23) 工作台部件移动在水平面内直线度的检验方法,一般用平尺和百分表或(　　)检查。
A. 卷尺　　B. 光学平直仪　　C. 百分表　　D. 水平仪

(24) 光学测齿卡尺的测量范围为(　　)mm。
A. 1～16　　B. 2～16　　C. 1.5～18　　D. 2～18

(25) 光学平直仪是一种光学测角仪器,可以测量导轨在(　　)的直线度。
A. 垂直面　　　　B. 水平面
C. 垂直面和水平面　　　　D. 平面

(26) 光学平直仪是一种光学测角仪器,可以测量导轨在垂直面和水平面的(　　)。
A. 垂直度　　B. 平面度　　C. 直线度　　D. 平行度

(27) 光学平直仪由平直仪本体和(　　)反射镜组成。
A. 五棱镜　　　　B. 反射镜
C. 物镜　　　　D. 五棱镜、平直仪本体

(28) 光学平直仪主要由光源、物镜、(　　)、分划板、十字线分划板和反射镜等组成。
A. 棱镜、目镜　　B. 五棱镜　　C. 显微镜、目镜　　D. 目镜、五棱镜

(29) 合像水平仪采用了(　　)来提高对准精度。
A. 光学减小并双像分离　　　　B. 光学减小并双像重合
C. 光学放大并双像分离　　　　D. 光学放大并双像重合

(30) 合像水平仪中,(　　)所指数为粗读数。
A. 测微螺杆　　B. 指针　　C. 测微旋钮　　D. 放大镜

(31) 合像水平仪中,从(　　)上读取细读数。
A. 测微旋钮　　B. 指针　　C. 测微螺杆　　D. 放大镜

(32) 经纬仪是一种精密的测(　　)量仪,它有竖轴和横轴,可使瞄准镜管在水平方向作360°的转动,也可在竖直面内作大角度俯仰。
A. 角　　B. 长　　C. 粗糙度　　D. 直线度

(33) 经纬仪和平行光管配合,可用于测量机床工作台的(　　)。
A. 平行度误差　　　　B. 平行度和垂直度误差
C. 垂直度误差　　　　D. 分度误差

(34) 经纬仪是一种(　　)的测角量仪,它有竖轴和横轴,可使瞄准镜管在水平方向作360°转动,也可在竖直面内作大角度俯仰。

A. 精密　　B. 一般　　C. 中等精度　　D. 低精度

(35) 经纬仪是一种精密的测角量仪，它有竖轴和横轴，可使瞄准镜管在水平方向作360°的转动，也可在竖直面内作(　　)角度俯仰。

A. 小　　B. 大　　C. 270°　　D. 360°

(36) 框式水平仪不但能检测平面或直线相对于水平位置的误差，还可以检测沿垂直或直线对水平位置的(　　)误差。

A. 平行度　　B. 垂直度

C. 平行或垂直度　　D. 平行和垂直度

(37) 框式水平仪上供测量使用的是(　　)。

A. 主水准器　　B. 横水准器

C. 零位调整装置　　D. 主水准器和横水准器

(38) 框式水平仪有(　　)个工作面。

A. 1　　B. 2　　C. 3　　D. 4

(39) 框式水平仪在调零时，两种误差是两次读数的(　　)。

A. 代数差之半　　B. 代数和　　C. 代数差　　D. 代数积

(40) 量块的工作面是一对平行且(　　)误差极小的平面，又称测量面。

A. 平行度　　B. 垂直度　　C. 平面度　　D. 表面粗糙度

(41) 每个量块具有(　　)个工作尺寸。

A. 一　　B. 二　　C. 三　　D. 四

(42) 千分尺按结构和用途分为(　　)种。

A. 二　　B. 四　　C. 六　　D. 八

(43) 千分尺是利用(　　)传动的原理。

A. 带　　B. 齿轮　　C. 链　　D. 螺旋副

(44) 千分尺微分筒上均匀刻有(　　)格。

A. 50　　B. 100　　C. 150　　D. 200

(45) 倾斜度误差的测量大都在(　　)上进行。

A. V形铁　　B. 方箱　　C. 平板　　D. 工作台

(46) 清洗后的量块若必须用手拿时，应当把手洗净，拿住(　　)。

A. 工作面　　B. 测量面　　C. 非工作面　　D. 以上均不对

(47) 若要从83块一套的量块中选取量块组成62.315mm的尺寸，其第二块尺寸应为(　　)mm。

A. 1.000　　B. 1.005　　C. 1.310　　D. 60

(48) 若要从83块一套的量块中选取量块组成87.545mm的尺寸，其第四块尺寸应为(　　)mm。

A. 1.005　　B. 1.04　　C. 5.5　　D. 80

(49) 双管显微镜不适于测量(　　)。

A. Rz　　B. Ry

C. 规则表面的 S　　D. 不规则表面的 Dm

(50) 外锥体小端直径可用(　　)进行精密测量。

A. 量规　B. 游标卡尺　C. 千分尺　D. 正弦规

(51) 万能角度尺在(　　)范围内测量角度时,不装角尺和直角。

A. 0°～50°　B. 50°～140°　C. 140°～230°　D. 230°～320

(52) 万能角度尺在(　　)范围内测量角度时,应装上角尺。

A. 0°～50°　B. 50°～140°　C. 140°～230°　D. 230°～320°

(53) 卧式测长仪测量时,所得结果为(　　)的测量方法称为绝对测量。

A. 两次测量之差为被测尺寸　B. 两次读数和之半为被测尺寸

C. 两次读数差之半为被测尺寸　D. 被测尺寸的偏差

(54) 卧式测长仪固定分划尺的刻度值为(　　)mm。

A. 0.1　B. 0.5　C. 1　D. 2

(55) 卧式车床进行静态检查时,手轮或手柄的转动力不应超过(　　)N。

A. 50　B. 60　C. 70　D. 80

(56) 下列不属于卧式车床静态检查项目的是(　　)。

A. 用手转动各传动件,应运转灵活

B. 在所有的转速下,车床的各工作机构应运转正常

C. 床鞍、刀架等在行程范围内移动时,应均匀和平稳

D. 安全离合器应灵活可靠

(57) 下列量具中,不属于游标类量具的是(　　)。

A. 游标深度尺　B. 游标高度尺　C. 游标齿厚尺　D. 外径千分尺

(58) 下列不存在的千分尺是(　　)。

A. 深度千分尺　B. 螺纹千分尺　C. 蜗杆千分尺　D. 公法线千分尺

(59) 下列不存在的千分尺是(　　)。

A. 公法线千分尺　B. 千分尺　C. 内径千分尺　D. 轴承千分尺

(60) 线性尺寸一般公差规定了(　　)个等级。

A. 三　B. 四　C. 五　D. 六

(61) 选取量块时,若要从 83 块一套的量块中选取量块组成 62.315mm 的尺寸,应选择(　　)块量块。

A. 一　B. 二　C. 三　D. 四

(62) 应用光学测齿卡尺测量时,转动高度尺移动旋钮,就是移动(　　)。

A. 高度定位尺及纵向刻度尺　B. 高度定位尺及横向刻度尺

C. 活动测量爪及纵向刻度尺　D. 活动测量爪及横向刻度尺

(63) 应用框式水平仪,若水平仪偏移一格,平面在 1m 长度内的高度差为 0.02mm,则水平仪的精度为(　　)。

A. 0.1/1000　B. 0.2/1000　C. 0.01/1000　D. 0.02/1000

(64) 应用框式水平仪测量车床导轨直线度,对误差曲线进行分析有(　　)种方法。

A. 一　B. 二　C. 三　D. 四

(65) 应用卧式测长仪测量时,所得结果为(　　)的测量方法称为绝对测量。

A. 两次测量之差为被测尺寸　　B. 两次读数和之半为被测尺寸
C. 两次读数差之半为被测尺寸　　D. 被测尺寸的偏差

(66) 用(　　)测量是测量水平面直线度的最佳选择。
A. 光学平直仪　B. 水平仪　C. 指示器　D. 以上都不对

(67) 用角尺拉表可检查部件间的(　　)误差。
A. 平行度　B. 垂直度　C. 平面度　D. 倾斜度

(68) 用精度为 0.02/1000 的水平仪检验车床导轨,设四个水平仪读数为+1 格、+0.8 格、+0.5 格、−0.6 格,则导轨在全长的平行度误差是(　　)。
A. 0.032/1000　　B. 0.024/1000
C. 0.016/1000　　D. 0.012/1000

(69) 用框式水平仪测量时,若被测长度为 1m,水平仪的分度值为 0.02/1000mm,读出的格数是 2,则被测长度上的高度为(　　)。
A. 0.01　B. 0.02　C. 0.04　D. 0.06

(70) 用千分尺进行测量时,其读数步骤为(　　)、读小数、求和。
A. 读分数　B. 读整数　C. 求差　D. 求积

(71) 用水平仪只能检查导轨在垂直面的(　　)误差。
A. 平面度　B. 直线度　C. 垂直度　D. 平行度

(72) 正弦规可对工作的(　　)进行测量。
A. 平面度　B. 垂直度　C. 角度　D. 工作面宽度

(73) 正弦规要配合(　　)使用。
A. 千分尺　B. 量块　C. 千分表　D. 量块和千分表

(74) 正弦规由工作台、(　　)个直径相同的精密圆柱、侧挡板和后挡板等零件组成。
A. 二　B. 三　C. 四　D. 五

(75) 主轴回转轴线对工作台面垂直度的检查,一般用(　　)测量。
A. 平尺和百分表　B. 百分表　C. 平直仪　D. 卷尺或平直仪

(76) 主轴回转轴线对工作台移动方向(　　),一般用百分表测量。
A. 平行度的检验　　B. 垂直度的检验
C. 倾斜度的检验　　D. 以上均可

(77) 主轴回转轴线对工作台移动方向平行度的检验,一般用(　　)测量。
A. 经纬仪　B. 百分表　C. 平直仪　D. 水平仪

参考答案

(1) A	(2) B	(3) A	(4) C	(5) B	(6) D	(7) C
(8) A	(9) A	(10) B	(11) A	(12) C	(13) C	(14) B
(15) C	(16) B	(17) D	(18) D	(19) B	(20) D	(21) B
(22) D	(23) B	(24) C	(25) C	(26) C	(27) D	(28) A
(29) D	(30) C	(31) A	(32) A	(33) D	(34) A	(35) B

(36) B	(37) A	(38) D	(39) C	(40) C	(41) A	(42) C
(43) D	(44) A	(45) B	(46) C	(47) C	(48) D	(49) B
(50) D	(51) D	(52) C	(53) B	(54) A	(55) D	(56) B
(57) D	(58) C	(59) D	(60) B	(61) C	(62) A	(63) D
(64) B	(65) B	(66) A	(67) B	(68) D	(69) C	(70) B
(71) B	(72) C	(73) D	(74) A	(75) A	(76) A	(77) B

2. 判断题

(1) 把量块放在工作台上时,应使量块工作面与工作台面接触。 ( )

(2) 表面粗糙度符号的尖端必须从材料外指向材料表面。 ( )

(3) 当表面粗糙度标注 *Ra* 时,可以省略 *Ra* 只标出允许值。 ( )

(4) 对车床溜板移动在水平面内的直线度进行检验时,百分表读数最大值就是该导轨的直线度误差。 ( )

(5) 光切法是指利用光切原理来测量表面粗糙度的方法。 ( )

(6) 经纬仪和平行光管配合,可用于测量机床工作台的分度误差。 ( )

(7) 框式水平仪倾斜一定角度时,水准气泡向左移动读为+。 ( )

(8) 框式水平仪上的主水准器供测量使用。 ( )

(9) 量块若经常使用,可在洗净后不涂防锈油,放在干缸内保存。 ( )

(10) 量块有两个非工作面和四个工作面。 ( )

(11) 万能角度尺的分度值是 2′。 ( )

(12) 为减少测量时的积累误差,选用量块时,应尽量采用最多的块数。 ( )

(13) 卧式车床进行静态检查时,用手大致测量手轮或手柄的传动力不超过 80N 即可。 ( )

(14) 线轮廓度公差用于限制平面曲线或曲线截面轮廓的形状误差。 ( )

(15) 用 83 块一套的量块,为减少测量时的积累误差,一般选用量块不超过 5 块。 ( )

(16) 用框式水平仪测垂直度时,应先测基面水平误差,然后再测被测面的垂直度误差。 ( )

(17) 用千分尺进行测量时,其读数步骤为读整数、读小数、求差。 ( )

(18) 游标卡尺可以用来测量沟槽及深度。 ( )

(19) 正弦规调整角度最好不要超过 50°。 ( )

(20) 只能用游标卡尺测量高精度工件时,可以先用量块校对卡尺,在测量时把误差考虑进去。 ( )

(21) 轴套的检验内容只有圆度误差及尺寸。 ( )

参考答案

(1) ×	(2) √	(3) √	(4) ×	(5) √	(6) √	(7) ×

(8) √ (9) √ (10) × (11) √ (12) × (13) √ (14) √
(15) √ (16) √ (17) × (18) √ (19) × (20) √ (21) ×

6.6 视图知识

1. 单项选择题

(1) 当剖切平面通过非圆孔,导致出现完全分离的断面时,这些结构应按(　　)绘制。
A. 视图　B. 剖视图　C. 剖面图　D. 局部放大图

(2) 根据零件草图绘制零件图时,应(　　)。
A. 重新布置视图　B. 补全尺寸标注
C. 画主要部分投影　D. 画剖面线

(3) 关于局部视图,下列说法错误的是(　　)。
A. 对称机件的视图可只画一半或1/4,并在对称中心线的两端画出两条与其垂直的平行细实线
B. 局部视图的断裂边界以波浪线表示,当它们所表示的局部结构是完整的,且外轮廓线又成封闭时,波浪线可省略不画
C. 画局部视图时,一般在局部视图上方标出视图的名称A,在相应的视图附近用箭头指明投影方向,并注上同样的字母
D. 当局部视图按投影关系配置时,可省略标注

(4) 关于明细栏的说法,错误的是(　　)。
A. 明细栏中包括序号、代号、名称、数量、材料、质量等内容
B. 通常画在标题栏上方,应自上而下填写
C. 如位置不够时,可紧靠标题栏左边自下而上延续
D. 特殊情况下,明细栏可作为装配图的序页按A4幅面单独制表

(5) 关于斜视图,下列说法错误的是(　　)。
A. 画斜视图时,必须在视图的上方标出视图的名称A,在相应的视图附近用箭头指明投影方向,并注上同样的字母
B. 斜视图一般按投影关系配置,必要时也可配置在其他适当位置。在不致引起误解时,允许将图形旋转摆正
C. 斜视图主要是用来表达机件上倾斜部分的实形,所以其余部分就不必全部画出而用波浪线断开
D. 将机件向平行于任何基本投影面的平面投影所得的视图称为斜视图

(6) 关于旋转视图,下列说法错误的是(　　)。
A. 倾斜部分需先投影后旋转,投影要反映倾斜部分的实际长度
B. 旋转视图仅适用于表达具有回转轴线的倾斜结构的实形

C. 旋转视图不加任何标注

D. 假想将机件的倾斜部分旋转到某一选定的基本投影面平行后再向该投影面投影所得的视图称为旋转视图

(7) 国标规定,单个圆柱齿轮的(　　)用细实线绘制(或省略不画)。

A. 齿顶圆和齿顶线　　B. 分度圆和分度线

C. 齿根圆和齿根线　　D. 齿顶圆与齿根圆

(8) 机体的某一部分向基本投影面投影所得到的试图,称为(　　)。

A. 斜视图　　B. 局部视图　　C. 旋转视图　　D. 剖视图

(9) 将金属板构件的表面全部或局部按它的实际形状和大小依次画在平面上,得到的图形称为(　　)。

A. 平面图　　B. 展开图　　C. 基本视图　　D. 局部视图

(10) 零件图尺寸标注基本要求中的正确是指(　　)。

A. 标注的尺寸既能保证设计要求,又便于加工和测量

B. 须符合制图标准的规定,标注的形式、符号、写法正确

C. 布局要清晰,做到书写规范、排列整齐、方便看图

D. 即尺寸标注须做到定形尺寸、定位尺寸齐全

(11) 零件图上通常选用(　　)作为尺寸基准。

A. 零件的对称平面　　B. 回转体的中心轴线

C. 与其他零件相接触的表面　　D. 以上都有可能

(12) 平口正圆锥管展开时,应按已知尺寸画出(　　) 和俯视图。

A. 主视图　　B. 左视图　　C. 仰视图　　D. 局部视图

(13) 三视图中,主视图和左视图应(　　)。

A. 长对正　　B. 高平齐　　C. 宽相等　　D. 宽不等

(14) 上口斜截四棱柱管展开时以(　　)底线的延长线展开。

A. 主视图　　B. 俯视图　　C. 左视图　　D. 仰视图

(15) 展开表面的三种展开方法,它们的共同特点是按主体表面的性质,把待展表面分割成(　　)小平面,即用这些小平面去逼近立体的表面。

A. 相同　　B. 不同　　C. 很多　　D. 很少

(16) 图纸上尺寸标注默认的倒角度数是(　　)倒角。

A. 30°　　B. 45°　　C. 60°　　D. 90°

(17) 下列说法正确的是(　　)。

A. 两个基本体表面平齐时,视图上两基本体之间有分界线

B. 两个基本体表面不平齐时,视图上两基本体之间无分界线

C. 两个基本体表面相切时,两表面相切处不应画出切线

D. 两个基本体表面相交时,两表面相交处不应画出交线

(18) 下列说法正确的是(　　)。

A. 两个基本体表面平齐时,视图上两基本体之间无分界线

B. 两个基本体表面不平齐时,视图上两基本体之间无分界线

C. 两个基本体表面相切时，两表面相切处应画出切线

D. 两个基本体表面相交时，两表面相切处不应画出交线

(19) 下列说法正确的是(　　)。

A. 各基本形体的定形、定位尺寸不用集中在一、两个视图上

B. 尺寸数字尽量标在视图之外

C. 尺寸数字可以与尺寸线相交

D. 同类结构的尺寸可以标注两次

(20) 下列说法中，错误的是(　　)。

A. 局部放大图可画成剖面图

B. 局部放大图应尽量配置在被放大部位的附近

C. 局部放大图与被放大部分的表达方式无关

D. 绘制局部放大图时，可以不用细实线圈出被放大部分的部位

(21) 下列说法中错误的是(　　)。

A. 对于机件的肋、轮辐及薄壁等，如按纵向剖切，这些结构不画剖画符号，而用粗实线将它与其邻接部分分开

B. 当零件回转体上均匀分布的肋、轮辐、孔等结构不处于剖切平面上时，可将这些结构旋转到剖切平面上画出

C. 较长的机件(轴、杆、型材、连杆等)沿长度方向的形状一致或一定规律变化时，可断开后缩短绘制。采用这种画法时，尺寸应按机件原长标注

D. 当回转体零件上的平面在图形中不能充分表达平面时，可用平行的两细实线表示

(22) 斜切圆管展开时延长主视图的下口线作为展开图的基准线 8 等分，向上作垂线，与由主视图所引水平线对应交点连成圆滑曲线，即得(　　)。

A. 平面图　　B. 展开图　　C. 基本视图　　D. 局部视图

(23) 选择主视图时，应根据(　　)两方面综合考虑。

A. 确定零件的装配位置和确定主视图的投影方向

B. 确定零件的状态和确定主视图的投影方向

C. 确定零件的位置和确定主视图的方向

D. 确定零件的安放位置和确定主视图的投影方向

(24) 装配图中，非配合的两相邻表面画(　　)。

A. 一条线　　B. 两条线

C. 一粗线一细线　　D. 具体分析

(25) 装配图中，当指引线通过剖面线区域时，指引线与剖面线(　　)。

A. 不能相交　　B. 不能倾斜　　C. 不能平行　　D. 不能垂直

(26) 展开斜切圆管时，应按已知尺寸画出(　　)和俯视图。

A. 主视图　　B. 左视图　　C. 仰视图　　D. 局部视图

(27) 一张完整的装配图应包括(　　)。

A. 一组图形、必要的尺寸、技术要求、零件序号和明细栏、标题栏

B. 一组图形、全部的尺寸、技术要求、零件序号和明细栏、标题栏

C. 一组图形、必要的尺寸、技术要求和明细栏

D. 一组图形、全部的尺寸、技术要求和明细栏

(28) 以下说法错误的是( )。

A. 指引线引出端必须与框格垂直

B. 被测要素是轮廓或表面时,箭头指向轮廓线或延长线上,与尺寸线错开

C. 被测要素是中心要素时,箭头指向轮廓线或延长线上,与尺寸线错开

D. 基准代号由基准符号、圆圈、连线和字母组成

(29) 圆方过渡管接头展开时,要( )等分俯视图的 1/4 圆周。

A. 2　　B. 3　　C. 4　　D. 5

(30) 圆方过渡管接头展开时,要三等分俯视图的( )圆周。

A. 1/2　　B. 1/3　　C. 1/4　　D. 1/5

(31) 圆方过渡管接头展开时,应首先按已知尺寸作出主视图和( )。

A. 俯视图　　B. 左视图　　C. 仰视图　　D. 局部视图

(32) 圆柱被( )于轴线的平面切割后产生的截交线为矩形。

A. 平行　　B. 垂直　　C. 倾斜　　D. 相交

(33) 圆柱被平行于轴线的平面切割后产生的截交线为( )。

A. 圆形　　B. 矩形　　C. 椭圆　　D. 直线

(34) 在绘制零件草图时,画出全部尺寸界线后需完成( )。

A. 画剖面线　　B. 画各视图轴线

C. 填写标题栏　　D. 标注尺寸

(35) 展开表面的三种展开方法,它们的共同特点是按( )的性质,把待展表面分割成很多小平面,即用这些小平面去逼近立体的表面。

A. 主体表面　　B. 主体结构

C. 主体表面或结构　　D. 主体表面和结构

参考答案

(1) B	(2) B	(3) C	(4) B	(5) D	(6) C	(7) B
(8) B	(9) B	(10) B	(11) D	(12) A	(13) B	(14) A
(15) A	(16) B	(17) C	(18) A	(19) C	(20) D	(21) D
(22) B	(23) D	(24) B	(25) C	(26) A	(27) A	(28) D
(29) B	(30) C	(31) C	(32) A	(33) B	(34) D	(35) A

2. 判断题

(1) 根据剖面图的位置不同,可分为移出断面和重合断面两种。( )

(2) 根据剖面图配置的位置不同,可分为移出断面和重合断面两种。( )

(3) 国标中规定,汉字应写成仿宋体。（　　）

(4) 国标中规定,图纸幅面共五种。（　　）

(5) 明细栏通常画在标题上方,应自上而下填写。（　　）

(6) 圆方过度管接头展开时,要三等分俯视图的圆周。（　　）

(7) 圆方过渡接头展开时,要三等分俯视图的 1/4 圆周（　　）

(8) 只有定形尺寸而缺少定位尺寸,称为平面图形的中间线段。（　　）

(9) 装配图表达装配体的工作原理、装配关系及主要零件的结构形状。（　　）

(10) 装配图中,互相接触的两相邻表面只画一条线。（　　）

(11) 装配图中纵向剖切轴类零件,当剖切平面通过其轴线时应按剖视绘制。（　　）

参考答案

(1) ×　(2) √　(3) ×　(4) √　(5) ×　(6) √　(7) √

(8) ×　(9) √　(10) √　(11) √

6.7　压缩机、泵、液压知识

1. 单项选择题

(1)（　　）是使高压蒸气放热并冷凝为高压液体。

A. 压缩机　B. 蒸发器　C. 膨胀阀　D. 冷凝器

(2) 单级卧式离心泵加入填料密封,这些填料是（　　）。

A. 石墨石棉绳　B. 麻绳　C. 尼龙绳　D. 以上都可以

(3) 氟利昂制冷剂(R12)在标准气压下,其沸点是（　　）。

A. 0℃　B. －15℃　C. －29.8℃　D. 不确定

(4) 活塞式压缩机工作过程中,活塞往复一次,依次完成（　　）四个过程。

A. 吸气、膨胀、压缩、排气　B. 吸气、压缩、膨胀、排气

C. 吸气、排气、膨胀、压缩　D. 吸气、压缩、排气、膨胀

(5) 活塞式压缩机膨胀和（　　）在一个行程内完成。

A. 排气　B. 吸气　C. 压缩　D. 无法确定

(6) 离心泵进口端都装有单向阀,其作用（　　）。

A. 防止预先灌入的液体泄漏　B. 增大流体能量

C. 增大离心力　D. 以上都有可能

(7) 离心泵是靠（　　）使液体获得压力的。

A. 工作室容积间歇改变　B. 工作叶轮旋转

C. 流体活动能量　D. 以上都有可能

(8) 目前我国制造的中小型制冷压缩机应用最普遍的是(　　)式制冷压缩机。

A. 容积式　　B. 活塞式　　C. 柱塞式　　D. 无法确定

(9) 容积泵是通过改变(　　)将液体压出送到压力管路中。

A. 离心力　　B. 流体能量　　C. 密封容积　　D. 外界大气压

(10) 水泵、风机的动轮和机壳表面气蚀和磨损的修复可使用(　　)。

A. 耐磨蚀黏结剂　　B. 耐腐蚀修补剂

C. 结构胶　　D. 水溶胶

(11) 液压缸产生爬行的原因可能是(　　)。

A. 液压缸中进入的空气未排除干净　　B. 流量阀的节流处有污物

C. 温度高使油膜破坏　　D. 润滑油不足或选用不当

(12) 液压系统在使用时,一般(　　)更换一次液压油。

A. 1个月　　B. 2个月　　C. 3个月　　D. 半年或1年

(13) 液压系统在使用时,应采用(　　)的液压油。

A. 易氧化、浓度高　　B. 易氧化,绝缘性能好

C. 抗氧化、稳定性良好　　D. 抗氧化,稳定性一般

(14) 以下几种泵属于流体作用泵的是(　　)。

A. 回转泵　　B. 离心泵　　C. 轴流泵　　D. 喷射泵

(15) 溢流阀振动可能是(　　)引起的。

A. 油液不清洁,堵塞阻尼孔　　B. 螺母松动

C. 弹簧弯曲　　D. 滑阀卡死

(16) 油管断油的原因有油管断裂、(　　)和油管接头结合面接触不良等。

A. 油管弯曲　　B. 油泵供油量突然增大

C. 柱塞弹簧失效　　D. 溢流阀失效

(17) 油管断油时可采用(　　)或更换柱塞弹簧等方法解决。

A. 更换油管　　B. 更换油泵　　C. 更换减压阀　　D. 更换换向阀

(18) 在(　　)作用下,离心泵内液体不断从中间流向四周。

A. 向心力　　B. 离心力　　C. 流体能量　　D. 液体压力

(19) 在高温、高压下不停产,不停气带压堵漏可选用(　　)。

A. 耐腐蚀黏结剂　　B. 耐腐蚀修补剂

C. 紧急修补剂　　D. 结构胶

参考答案

(1) D　(2) A　(3) C　(4) B　(5) B　(6) A　(7) B

(8) B　(9) C　(10) B　(11) A　(12) D　(13) C　(14) D

(15) B　(16) C　(17) A　(18) B　(19) C

2. 判断题

(1) 叶片泵的叶片的径向槽内可滑动。 ( )

(2) 叶片泵依靠工作室容积的间歇改变输送液体。 ( )

参考答案

(1) √ (2) √

6.8 装配知识

1. 单项选择题

(1) ( )是指在同一规格的一批零件或部件中,可以不经选择、修配或调整,任取其中一件均可进行装配。

A. 组合性 B. 互换性 C. 选配性 D. 配合性

(2) ( )适用于柔性材料之间或柔性材料于刚性材料之间的粘接。

A. 对接 B. 角接 C. 平接 D. T形接

(3) ( )轴承同时承受径向力和轴向力。

A. 向心 B. 滚动 C. 推力 D. 向心推力

(4) 按( )装配后的轴承,应保证其内圈与轴颈不再发生相对转动,否则丧失已获得的调整精度。

A. 敲入法 B. 温差法 C. 定向装配法 D. 压入法

(5) 本身是一个( ),用来连接需要装在一起的零件或部件称基准部件。

A. 零件 B. 部件 C. 组建 D. 基准零件

(6) 编写装配工艺文件主要是( )装配工艺卡,它包含着完成装配工艺过程所必需的一切资料。

A. 认识 B. 确定 C. 了解 D. 编写

(7) 表示产品装配单元的划分及其( )的图称为产品装配系统图。

A. 装配方法 B. 装配顺序 C. 装配工序 D. 装配工步

(8) 不属于装配工艺规程的内容是( )。

A. 划分工序和工步 B. 每道工序的工时定额

C. 每道工步的工时定额 D. 验收方法

(9) 部件装配和总装配都是由( )装配工序组成。

A. 一个 B. 二个 C. 三个 D. 若干个

(10) 采用流水线装配形式时,整个装配工艺过程划分为多少道工序,必须取决于( )。

A. 产品结构　　　　　　　　B. 生产规模
C. 装配节奏的长短　　　　　D. 装配图

(11) 采用轴承一端双向固定法，工作时(　　)轴向窜动，轴受热时又能自由地向一端伸长，轴不会卡死。

A. 会产生　　B. 不会产生　　C. 加大　　D. 减少

(12) 拆卸圆柱销和圆锥时，常用的方法不包括(　　)。

A. 用与外螺纹相符的螺母旋出　　B. 锤子加錾子敲出
C. 用与内螺纹相符的螺钉取出　　D. 用拔销器拔出

(13) 产品的装配总是从(　　)开始，从零件到部件，从部件到整机。

A. 装配基准　　B. 装配单元　　C. 从下到上　　D. 从外到内

(14) 尺寸链中，被预先规定要修配的组成环称为(　　)。

A. 封闭环　　B. 增环　　C. 减环　　D. 补偿环

(15) 单件生产和修配工作需要铰削少量非标准孔应使用(　　)铰刀。

A. 整体式圆柱　　B. 可调节式　　C. 圆锥式　　D. 螺旋槽

(16) 单件小批量生产且装配精度要求高时用(　　)。

A. 完全互换法　　B. 修配法　　C. 选配法　　D. 调整法

(17) 当工件上有两个以上的非加工表面时，应选择其中面积较大，较重要或外观质量要求高的表面为(　　)。

A. 主要找正依据　　B. 次要找正依据
C. 主要划线依据　　D. 次要划线依据

(18) 调整后轴承时，如果轴承内外圈没装正，可用大木锤或铜棒在(　　)敲击。

A. 轴承内圈　　B. 轴承外圈　　C. 轴承内外圈　　D. 主轴前后端

(19) 调整后轴承时，用手转动大齿轮，若转动不太灵活可能是(　　)没有装正。

A. 齿轮　　B. 轴承内圈　　C. 轴承外圈　　D. 轴承内外圈

(20) 对于装配的组成环数少，装配精度要求不太高和生产批量较大时应采用(　　)解尺寸链。

A. 完全互换法　　B. 调整法　　C. 修配法　　D. 选配法

(21) 对圆柱孔轴承进行装配，当过盈量过大时，采用(　　)进行装配。

A. 敲击法　　B. 压入法　　C. 温差法　　D. 定向装配法

(22) 分组装配法属于典型的不完全互换性，它一般使用在(　　)。

A. 加工精度要求很高时　　B. 装配精度要求很高时
C. 装配精度要求较低时　　D. 厂际协作或配件的生产

(23) 根据产品的结构特点和(　　)应尽可能选用相应的装配设备。

A. 产品加工方法　　B. 产品制造方法
C. 产品用途　　　　D. 生产类型

(24) 关于精度不完全取决于零件制造精度的装配方法说法有误的是(　　)。

A. 选配法　　B. 修配法　　C. 完全互换法　　D. 调整法

(25) 关于装配工艺规程，下列说法错误的是(　　)。

A. 是组织生产的重要依据　　B. 规定产品装配顺序
C. 规定装配技术要求　　D. 是装配工作的参考依据

(26) 滚动轴承内圈往主轴的轴径上装配时，采用两者回转误差的(　　)相互抵消的办法进行装配。
A. 高点对低点　B. 高点对高点　C. 低点对低点　D. 不确定

(27) 滚动轴承内圈往主轴的轴径上装配时，采用两者回转误差的高点对低点相互抵消的办法进行装配，称为(　　)。
A. 敲入法　B. 压入法　C. 温差法　D. 定向装配法

(28) 滚动轴承装配时，轴颈或壳孔台肩处的圆弧半径应(　　)轴承的圆弧半径。
A. 等于　B. 大于　C. 小于　D. 大于或小于

(29) 滚动轴承装配时，对于旋转精度要求较高的主轴，应采用(　　)进行装配。
A. 敲击法　B. 压入法　C. 温差法　D. 定向装配法

(30) 滚动轴承装配时，负荷愈重，其配合(　　)。
A. 间隙量愈小　B. 过盈量愈小　C. 间隙量愈大　D. 过盈量愈大

(31) 滚动轴承装配时，外壳孔与轴承应选择(　　)配合值，即表示被刮平板达到了要求的精度。
A. 间隙　B. 间隙或过渡　C. 过渡或过盈　D. 间隙或过盈

(32) 滚动轴承装配时，轴颈或壳体孔台肩处的圆弧半径应(　　)轴承的圆弧半径。
A. 等于　B. 大于　C. 小于　D. 大于或小于均可

(33) 花键连接按工作方式不同，可分为静连接和(　　)。
A. 间隙连接　B. 过盈连接　C. 过渡连接　D. 动连接

(34) 花键连接配合的定心方式有外径定心、内径定心和(　　)三种。
A. 中径定心　B. 键头定心　C. 键侧定心　D. 键中定心

(35) 滑动轴承按其摩擦状态分为(　　)。
A. 动压润滑轴承和静压润滑轴承
B. 整体式滑动轴承和锥形表面滑动轴承
C. 整体式滑动轴承和多瓦式自动调位轴承
D. 动压润滑轴承和整体式滑动轴承

(36) 滑动轴承的结构形式有(　　)种。
A. 二　B. 三　C. 四　D. 五

(37) 键装入轴槽中应与槽底和侧面贴紧，键长方向与轴槽有(　　)mm间隙。
A. 0.02　B. 0.05　C. 0.1　D. 0.2

(38) 可以单独进行装配的(　　)称为装配单元。
A. 部件　B. 零件　C. 标准件　D. 构件

(39) 控制卧式车床主轴中心线，在水平面对床身导轨平行度要求的尺寸链，应用(　　)解装配尺寸链。
A. 修配法　B. 选配法　C. 完全互换法　D. 调整法

(40) 螺纹连接修理时，遇到难以拆卸的锈蚀螺纹，这时可以采用的辅助措施不包括(　　)。

A. 用煤油浸润,再用工具拧紧螺母或螺钉就容易拆卸

B. 用锤子敲打螺钉或螺母

C. 用火焰对蚀锈部位加热

D. 用热水对蚀锈部位加热

(41) 螺纹连接修理时,遇到难以拆卸的锈蚀螺纹,这时可以采用的辅助措施不包括(　　)。

A. 用煤油浸润,再用工具拧紧螺母或螺钉就容易拆卸

B. 用锯切断

C. 用火焰对蚀锈部位加热

D. 把工件放入煤油中一段时间

(42) 螺旋传动主要由螺杆、(　　)和机架组成。

A. 螺栓　　B. 螺钉　　C. 螺柱　　D. 螺母

(43) 某轴孔配合后,要求其配合间隙为0.01～0.02mm,已知孔轴的经济公差为0.02mm,现采用分组装配法,则分组数为(　　)组。

A. 2　　B. 3　　C. 4　　D. 5

(44) 内柱外锥式滑动轴承装配时,要以(　　)为基准研点,配刮轴承的外圆锥面。

A. 轴承座　　B. 主轴　　C. 标准锥套　　D. 轴承外套的内孔

(45) 剖分式滑动轴承装配时,上、下轴瓦与轴承座、盖应接触良好,同时轴瓦的台肩应靠紧轴承座(　　)。

A. 左端面　　B. 右端面　　C. 两端面　　D. 底面

(46) 全部组成尺寸为不同零件设计尺寸所形成的尺寸链叫(　　)。

A. 零件尺寸链　　B. 装配尺寸链　　C. 工艺尺寸链　　D. 工件尺寸链

(47) 确定装配的(　　),应根据产品结构特点和生产类型来选择。

A. 验收方法　　B. 制造方法　　C. 加工方法　　D. 试验方法

(48) 确定装配的验收方法,应根据(　　)结构特点和生产类型来选择。

A. 零件　　B. 标准件　　C. 外购件　　D. 产品

(49) 确定装配顺序应遵循(　　)以及不影响下道工序进行的原则。

A. 从外到内,从下到上　　B. 从内到外,从下到上

C. 从外到内,从上到下　　D. 从内到外,从上到下

(50) 如果前轴承的内锥面与主轴锥面接触不良,收紧轴承时,会使(　　)破坏轴承精度。

A. 主轴损坏　　B. 轴承位置移动

C. 轴承内滚道变形　　D. 主轴位置移动

(51) 双头螺柱的装配通常是利用双头螺柱最后几圈较浅的螺纹,使配合后中径具有一定(　　)来达到配合紧固的要求。

A. 过盈量　　B. 间隙量　　C. 过渡量　　D. 窜动量

(52) 松键连接时,用键的(　　)与轴槽试配,应能使键较紧的嵌入轴槽中。

A. 中部　　B. 头部　　C. 尾部　　D. 全部

(53) 松键连接装配时，在配合面上加(　　)用铜棒或台虎钳将键压装在轴槽中，并与槽底接触良好。

A. 润滑脂　　B. 全损耗系统用油

C. 固体润滑剂　　D. 二硫化钼

(54) 套筒滚子链的接头形式不包括(　　)。

A. 开口销固定接头　　B. 圆柱销固定接头

C. 弹簧卡片固定接头　　D. 过渡连接

(55) 完全互换法对零件的加工精度要求(　　)。

A. 较低　　B. 较高　　C. 无所谓　　D. 一般

(56) 卧式车床主轴装配时，主轴的径向圆跳动不超过(　　)mm。

A. 0.1　　B. 0.05　　C. 0.01　　D. 0.001

(57) 卧式车床装配，调整间隙时，(　　)的间隙不可调整。

A. 前轴承　　B. 中间轴承　　C. 后轴承　　D. 前后轴承

(58) 卧式车床装配，主轴采用三支承结构，中间支承处所装轴承为(　　)。

A. 双向推力角接触球轴承　　B. 双列圆柱滚子轴承

C. 圆锥滚子轴承　　D. 圆柱滚子轴承

(59) 下列选项不属于销连接特点的是(　　)。

A. 结构复杂　　B. 定位可靠　　C. 连接可靠　　D. 装拆方便

(60) 旋转体静平衡的方法不包括(　　)。

A. 平衡杆平衡法　　B. 平衡块平衡法

C. 三点平衡法　　D. 特殊平衡法

(61) 选用装配用设备及工艺装备应根据(　　)的结构特点和生产类型选用与之相应的装配设备。

A. 零件　　B. 购件　　C. 产品　　D. 标准件

(62) 选用装配用设备应根据(　　)。

A. 产品加工方法　　B. 产品生产类型

C. 产品制造方法　　D. 产品用途

(63) 一个装配尺寸链中，至少有(　　)个增环，一个减环和一个封闭环。

A. 一　　B. 二　　C. 三　　D. 四

(64) 一级分组件是(　　)进入组件装配的部件。

A. 分别　　B. 同时　　C. 直接　　D. 间接

(65) 以下螺纹连接常用的防松方法中属于用机械方法的防松装置的是(　　)。

A. 用双螺母锁紧　　B. 弹簧垫圈锁紧

C. 用带耳止动垫圈法　　D. 点铆法防松

(66) 以组件中最大且与组件中多数零件有(　　)的零件作为装配基准。

A. 相同形状　　B. 不同形状　　C. 相同精度　　D. 配合关系

(67) 影响装配精度的主要因素是(　　)。

A. 尺寸链的环数 B. 定位基准 C. 零件加工精度 D. 设计基准

(68) 用平衡杆进行静平衡,沿偏重方向装上平衡杆,调整平衡块,应使平衡力矩(　　)重心偏移所形成的力矩,则该组件处于静平衡。

A. 大于 B. 小于 C. 等于 D. 大于或小于

(69) 用平衡杆进行静平衡时,应沿(　　)方向装上平衡杆。

A. 水平 B. 垂直 C. 轴线 D. 偏重

(70) 用三点平衡法对砂轮进行静平衡时,如果砂轮(　　),说明其重心在右边的某一位置上。

A. 顺时针转动 B. 逆时针转动 C. 顺逆时针摆动 D. 静止

(71) 用同一工具,不改变工作方法,并在固定的位置上连续完成的装配工作,叫作(　　)。

A. 装配工序 B. 装配工步 C. 装配方法 D. 装配顺序

(72) 由尺寸链任一环的基面出发,绕其轮廓一周,以相反的方向回到这一基面,所指方向与封闭环相反的环为(　　)。

A. 增环 B. 减环 C. 封闭环 D. 无法确定

(73) 圆锥销装配时,被连接或定位的两销孔应同时钻孔,但必须控制好(　　)。

A. 孔径大小 B. 孔的位置 C. 孔的粗糙度 D. 孔的精度

(74) 在成对使用的轴承内圈或外圈之间加衬垫,不同厚度的衬垫可得到(　　)的预紧力。

A. 不同 B. 相同 C. 一定 D. 较小

(75) 在大多数场合下圆柱销和销孔的配合具有少量(　　),以保证连接或定位的紧固性和准确性。

A. 间隙 B. 过渡 C. 过盈 D. 轴向移动量

(76) 在基准制的选择中,特殊情况下采用(　　)。

A. 基孔制配合 B. 基轴制配合 C. 混合配合 D. 基准配合

(77) 在零件加工或机器装配过程中,最后自然形成的尺寸称为(　　)。

A. 封闭环 B. 组成环 C. 增环 D. 减环

(78) 在装配过程中,修去某配合件上的预留量,以消除其积累误差,使配合零件达到规定的装配精度,这种装配方法称(　　)。

A. 完全互换法 B. 修配法 C. 选配法 D. 调整法

(79) 制订装配工艺规程的最后一个步骤是(　　)。

A. 确定装配组织形式 B. 划分装配工序

C. 制订装配工艺卡片 D. 确定装配顺序

(80) 制订装配工艺所需原始资料,下列说法错误的是(　　)。

A. 产品总装图 B. 产品验收技术条件

C. 现有工艺装备 D. 与生产规模无关

(81) 主轴组件要从箱体(　　)穿入才能装上。

A. 前轴承孔 B. 后轴承孔

C. 中间轴承孔　　D. 后轴承孔和中间轴承孔

(82) 装配动连接的花键时，花键孔在花键轴上应滑动自如，间隙应(　　)，用手摇动套件时不应有过松现象。

A. 较小　　B. 较大　　C. 适中　　D. 大小均可

(83) 装配工艺规程对产品的(　　)无规定。

A. 零部件的制造顺序　　B. 装配顺序

C. 检验方法　　D. 装配方法

(84) 装配工艺规程需确定(　　)的内容。

A. 工序和安装　　B. 工位和工步　　C. 工序和工位　　D. 工序和工步

(85) 装配工艺装备主要分为三大类：(　　)、特殊工具、辅助装置。

A. 垫铁　　B. 检测工具　　C. 平尺　　D. 角尺

(86) 装配工作完成后，为使机构或机器工作协调，需对轴承间隙、镶条位置、蜗轮轴向位置等进行(　　)。

A. 检验　　B. 调整　　C. 重新装配　　D. 重新定位

(87) 装配滚动轴承时，可通过磨窄两轴承的内圈或外圈进行预紧，只要适当(　　)即可实现预紧。

A. 对轴承内圈、外圈施以正确的径向力

B. 对轴承内圈、外圈施以正确的轴向力

C. 调节轴承锥形孔内圈的轴向位置

D. 改变弹簧力的大小

(88) 装配滚动轴承时，用弹簧实现预紧，应通过(　　)来调整预紧力。

A. 使用不同规格弹簧　　B. 对轴承内圈、外圈施以正确的轴向力

C. 调节轴承锥形孔内圈的轴向位置　　D. 改变弹簧力的大小

(89) 装配精度检验包括(　　)等。

A. 工作精度和形状精度　　B. 旋转精度和位置精度

C. 工作精度和几何精度　　D. 几何精度和旋转精度

(90) 装配静连接的花键时，花键孔与花键轴允许有少量(　　)，装配时用铜棒轻轻敲入但不能过紧。

A. 间隙　　B. 过盈　　C. 轴向移动量　　D. 径向移动量

(91) 装配内柱外锥式滑动轴承时，要先将轴承外套压入箱体孔中，并保证有(　　)的配合要求。

A. H7/r7　　B. H6/r6　　C. H7/r6　　D. H8/r7

(92) 装配前，按公差范围将零件分成若干组，然后把尺寸相当的零件进行装配，以达到要求的装配精度，这种装配法称为(　　)。

A. 完全互换法　　B. 选配法　　C. 调整法　　D. 修配法

(93) 装配时，通过适当调整调整件的相对位置或选择适当的调整件达到装配精度要求，这种装配法称为(　　)。

A. 完全互换法　　B. 选配法　　C. 修配法　　D. 调整法

(94) 装配圆锥式摩擦离合器时,用涂色法检查两圆锥面的接触情况,色斑应(　　)。

A. 均匀分布在整个圆锥表面　B. 分层分布

C. 靠近锥底　D. 靠近锥顶

(95) 装配整体式滑动轴承时,根据轴套尺寸和结合的(　　),采取敲入法或压入法将轴套装入轴承座孔内。

A. 位置　B. 精度要求　C. 过盈量的大小　D. 方式

(96) 装配主轴部件时要先将主轴箱体前轴孔中装入卡环和(　　)。

A. 轴承　B. 主轴　C. 轴承外圈　D. 主轴和轴承

(97) 总装配是将零件和(　　)结合成一台完整产品的过程。

A. 部件　B. 分组件　C. 装配单元　D. 零件

参考答案

(1) B	(2) A	(3) D	(4) B	(5) B	(6) D	(7) B
(8) C	(9) D	(10) C	(11) B	(12) B	(13) A	(14) C
(15) B	(16) C	(17) A	(18) D	(19) D	(20) A	(21) B
(22) A	(23) D	(24) C	(25) D	(26) A	(27) D	(28) C
(29) D	(30) D	(31) C	(32) C	(33) D	(34) C	(35) A
(36) B	(37) C	(38) B	(39) D	(40) D	(41) B	(42) D
(43) B	(44) D	(45) C	(46) B	(47) A	(48) D	(49) B
(50) C	(51) A	(52) B	(53) B	(54) B	(55) B	(56) C
(57) B	(58) C	(59) A	(60) D	(61) A	(62) B	(63) A
(64) C	(65) D	(66) C	(67) C	(68) C	(69) B	(70) B
(71) B	(72) A	(73) A	(74) A	(75) C	(76) C	(77) A
(78) B	(79) D	(80) D	(81) A	(82) C	(83) A	(84) C
(85) B	(86) B	(87) B	(88) A	(89) C	(90) B	(91) C
(92) B	(93) D	(94) A	(95) C	(96) C	(97) A	

2. 判断题

(1) 半液体润滑滑动轴承适用于高速、重载、精度要求高的场合。(　　)

(2) 编写装配工艺文件不需要编写装配工艺过程卡。(　　)

(3) 表示产品装配单元的划分及其装配顺序的图称为产品装配系统图。(　　)

(4) 产品的结构在很大程度上决定了产品的装配顺序和方法。(　　)

(5) 产品越复杂,分组件级数越多。(　　)

(6) 单件小批生产,不需制定工艺卡片,工人按装配图和装配单元系统图进行装配。(　　)

(7) 单列向心推力球轴承三种布置(背靠背、面对面、外圈宽窄边相对)安装时,施加预紧力的方向一样。(　　)

(8) 对于经常装拆的圆柱销定位结构,两个定位销孔之一,一般采用间隙配合。(　　)

(9) 根据产品的生产类型和生产过程选用可靠性好的装配设备及工艺装备。(　　)

(10) 滚动轴承装配时,对于重负荷场合,通常应比较小负荷和正常负荷场合松些。(　　)

(11) 决定装配检查方法,应根据产品的生产过程来选择。(　　)

(12) 开式压力机机身前面及左右三向敞开,操作空间大。(　　)

(13) 螺旋传动主要由螺杆、螺母和机架组成。(　　)

(14) 每一道工序的装配都必须有基准零件或基准部件,它们是装配工作的基础。(　　)

(15) 嵌接也称槽接、镶接,可以看成搭接和平接的组合形式。(　　)

(16) 确定装配的验收方法,应根据产品结构特点和生产类型来选择,要尽可能选择先进的验收方法。(　　)

(17) 使用装配工艺装备的目的是保证装配工作的顺利进行,减轻工人的体力劳动和提高生产率,以及保证零部件的正确定位等。(　　)

(18) 松键连接所采用的键有普通平键、导向平键和半圆键三种。(　　)

(19) 所有曲柄压力机的工作原理都是相同的。(　　)

(20) 套接是将一端插入另一孔内,或是加上套管完成的黏接。(　　)

(21) 提高零件的表面质量,可以提高间隙配合的稳定性或过盈配合的连接强度。(　　)

(22) 一个工序必须包括两个或两个以上工步。(　　)

(23) 一个装配工序中可包括一个或几个装配工步。(　　)

(24) 移动式装配需要装配人员具有综合的技能。(　　)

(25) 圆锥孔轴承可以直接装在有锥度的轴颈上。(　　)

(26) 圆锥销装配时用铜锤打入后,锥销的大端可以稍微露出或平于被连接件表面。(　　)

(27) 在装配成组螺钉、螺栓、螺母时,顺序是从中间开始,向两边对称地一次拧紧。(　　)

(28) 黏结剂按照形态分类包括水溶型、水乳型、溶剂型以及各种固态型等。(　　)

(29) 直接进入产品组装的部件称为组件。(　　)

(30) 制定装配工艺卡片,大批量生产需一序一卡。(　　)

(31) 轴组装配是指将轴组装入箱体或机架中,只进行轴承固定的装配。(　　)

(32) 主轴在进给箱内上下移动时出现轻重现象时的排除方法之一是更换花键轴。(　　)

(33) 装配单元是指可以单独进行装配的零件。(　　)

(34) 装配工艺规程对提高装配质量和效益无益,只是组织生产的一个依据。(　　)

(35) 装配基准是组件中最大且与组件中多数零件有同样精度的零件。(　　)

(36) 总装配是将零件和部件结合成组件的过程。(　　)

参考答案

(1) √	(2) ×	(3) √	(4) ×	(5) √	(6) √	(7) ×
(8) √	(9) √	(10) ×	(11) √	(12) √	(13) √	(14) √
(15) √	(16) √	(17) √	(18) √	(19) √	(20) √	(21) √
(22) √	(23) √	(24) √	(25) √	(26) √	(27) √	(28) √
(29) ×	(30) √	(31) √	(32) ×	(33) ×	(34) ×	(35) ×
(36) √						

6.9 钳工中级考试理论相关知识

1. 单项选择题

(1) (　　)就是要求把自己职业范围内的工作做好。

A. 爱岗敬业　B. 奉献社会　C. 办事公道　D. 忠于职守

(2) (　　)生产是分批生产相同零件。

A. 单件　B. 成批　C. 大量　D. 以上都不对

(3) (　　)一般根据企业的设备情况、产品装配的难易程度来确定。

A. 产品质量　B. 产量　C. 工时定额　D. 工人数量

(4) (　　)用于起重机械中提升重物。

A. 起重链　B. 牵引链　C. 传动链　D. 动力链

(5) 不属于橡胶性能特点的是(　　)。

A. 高弹性　B. 优良的伸缩性　C. 良好的耐磨性　D. 导电性

(6) 工企对环境污染的防治不包括(　　)。

A. 防治固体废弃物污染　B. 开发防治污染新技术

C. 防治能量污染　D. 防治水体污染

(7) 合成化学工作者常喜欢将黏结剂按(　　)分类。

A. 形态　B. 应用方法

C. 应用对象　D. 黏料的化学成分

(8) 环境保护法的基本任务不包括(　　)。

A. 保护和改善环境　B. 合理利用自然资源

C. 维护生态平衡　D. 加快城市开发进度

(9) 环境保护法的基本原则不包括(　　)。

A. 预防为主，防治结合　B. 政府对环境质量负责

C. 开发者保护,污染者负责　　D. 环保和社会经济协调发展

(10) 敬业就是以一种严肃认真的态度对待工作,下列不符合敬业精神的是(　　)。

A. 工作勤奋努力　　B. 工作精益求精

C. 工作以自我为中心　　D. 工作尽心尽力

(11) 具有高度责任心不要求做到(　　)。

A. 方便群众,注重形象　　B. 责任心强,不辞辛苦

C. 尽职尽责　　D. 工作精益求精

(12) 具有高度责任心应做到(　　)。

A. 方便群众,注重形象　　B. 光明磊落,表里如一

C. 不徇私情,不谋私利　　D. 工作精益求精,尽职尽责

(13) 企业的质量方针不是(　　)。

A. 工艺规程的质量记录　　B. 每个职工必须贯彻的质量准则

C. 企业的质量宗旨　　D. 企业的质量方向

(14) (　　)生产是分批生产相同零件。

A. 单件　　B. 成批　　C. 大量　　D. 以上都不对

(15) 职业道德不鼓励从业者(　　)。

A. 通过诚实劳动改善个人生活　　B. 通过诚实劳动增加社会的财富

C. 通过诚实劳动促进国家建设　　D. 通过诚实劳动为个人服务

(16) 职业道德的内容包括(　　)。

A. 从业者的工作计划　　B. 职业道德行为规范

C. 从业人员享有的权利　　D. 从业者的工资收入

(17) 职业道德的实质内容是(　　)。

A. 改善个人生活　　B. 增加社会的财富

C. 树立全新的社会主义劳动态度　　D. 增强竞争意识

(18) 职业道德的实质内容是(　　)。

A. 树立新的世界观　　B. 树立新的就业观念

C. 增强竞争意识　　D. 树立全新的社会主义劳动态度

(19) 职业道德基本规范不包括(　　)。

A. 遵纪守法,廉洁奉公　　B. 服务群众,奉献社会

C. 诚实守信,办事公道　　D. 搞好与他人的关系

(20) 职业道德是(　　)。

A. 社会主义道德体系的重要组成部分

B. 保障从业者利益的前提

C. 劳动合同订立的基础

D. 劳动者的日常行为规则

(21) 职业道德体现了(　　)。

A. 从业人员对所从事职业的态度　　B. 从业者的工资收入

C. 从业人员享有的权利　　D. 从业者的工作计划

(22) 重型机械产品制造和新产品试制属于(　　)生产。

A. 单件　　B. 成批

C. 大量　　D. 以上都对

(23) 属于直接生产过程的是(　　)。

A. 工艺装备的制造　　B. 毛坯制造

C. 工件的运输和储存　　D. 动力供应

(24) 遵守法律法规不要求(　　)。

A. 遵守国家法律和政策　　B. 遵守安全操作规程

C. 加强劳动协作　　D. 遵守操作程序

参考答案

(1) A　(2) B　(3) C　(4) A　(5) D　(6) B　(7) D

(8) D　(9) C　(10) C　(11) A　(12) D　(13) A　(14) B

(15) D　(16) B　(17) C　(18) D　(19) D　(20) A　(21) A

(22) A　(23) B　(24) C

2. 判断题

(1) 爱岗敬业就是对从业人员工作态度的首要要求。(　　)

(2) 爱岗敬业就要工作勤奋努力,精益求精,尽职尽责。(　　)

(3) 从业者从事职业的态度是价值观、道德观的具体表现。(　　)

(4) 奉献社会是职业道德中的最高境界。(　　)

(5) 岗位的质量要求不包括工作内容、工艺规程、参数控制等。(　　)

(6) 工时定额只由企业的设备情况来确定。(　　)

(7) 环境保护法为国家执行环境监督管理职能提供法律咨询。(　　)

(8) 减压回路主要由减压阀组成。(　　)

(9) 具有高度的责任心要做到工作勤奋努力,精益求精,尽职尽责。(　　)

(10) 明确岗位工作的质量标准及不同班次之间对相应的质量问题的责任、处理方法和权限。(　　)

(11) 企业的质量方针是每个技术人员(一般工人除外)必须认真贯彻的质量准则。(　　)

(12) 生产类型的划分应考虑生产的产量、产品本身大小及结构的复杂性。(　　)

(13) 生产中可自行制定工艺流程和操作规程。(　　)

(14) 实行清污分流，工业废水尽量处理掉。 (　　)

(15) 遵守法纪，廉洁奉公是每个从业人员应具备的道德品质。 (　　)

参考答案

(1) √　(2) √　(3) √　(4) √　(5) ×　(6) ×　(7) ×

(8) √　(9) √　(10) √　(11) √　(12) √　(13) ×　(14) √

(15) √

CHAPTER 7

第7章

钳工中级考试实操试题精选与工艺分析

知识要点：钳工中级实操考证内容包括平面划线、錾削、锉削、锯削、钻孔、扩孔、铰孔、攻螺纹、刮削、研磨、复合工件的锉配等操作技能，还包括立式（卧式）齿轮轴的装配、车床刀架工作角度的调整等内容。每场考试，考生随机抽取考证题目，考试完毕，考评员会根据现场情况进行提问。本章选取钳工中级考证实操模拟试题，通过操作训练，提高综合操作技能。

技能目标：通过本章的强化训练，达到国家职业标准钳工中级水平。

学习建议：刻苦训练，细心练习；谨记上学如上班、上课如上岗。

7.1 考级强化训练1 制作盖板

1. 材料准备

材料准备如图7-1所示。

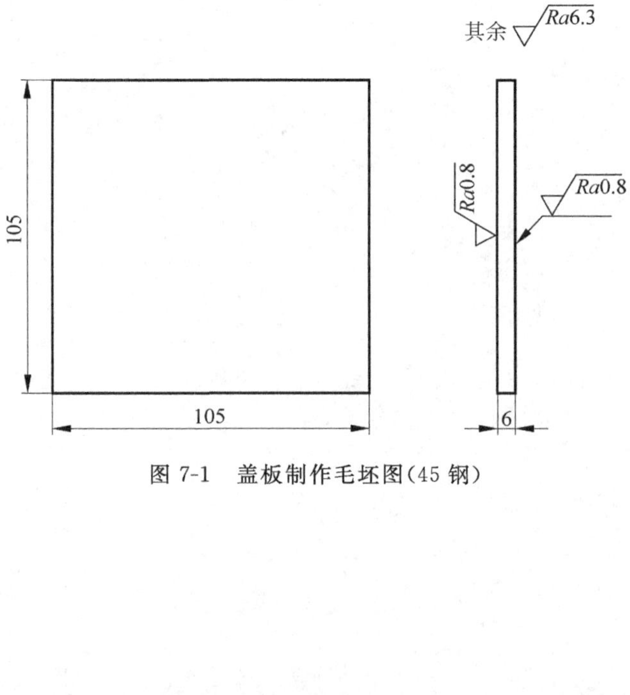

图7-1 盖板制作毛坯图（45钢）

2. 设备准备

设备准备如表 7-1 所示。

表 7-1　盖板制作设备清单一览表

序号	名　称	规　　格	序号	名　称	规　　格
1	划线平台	2000mm×1500mm	4	钳台	3000mm×2000mm
2	方箱	205mm×205mm×205mm	5	台虎钳	125mm
3	台式钻床	Z4112	6	砂轮机	S3SL-250

3. 工具、量具、刃具准备

工具、量具、刃具准备如表 7-2 所示。

表 7-2　盖板制作工具、量具、刃具清单一览表

名　称	规　格	精度（读数值）	数量	名　称	规　格	精度（读数值）	数量
游标高度尺	0～300mm	0.02mm	1	直柄麻花钻	ϕ4mm	—	1
游标卡尺	0～150mm	0.02mm	1		ϕ8mm	—	1
万能角度尺	0°～320°	2′	1	平锉	250mm	1 号纹	1
刀口尺	125mm	一级	1		200mm	2 号纹	1
90°角尺	100mm×63mm	一级	1		200mm	3 号纹	1
圆锉	150mm	2 号纹	1	方锉	200mm	2 号纹	1
	100mm	3 号纹	1		200mm	3 号纹	1
丝锥	M6	—	1	软钳口	—	—	1 副
钢直尺	0～150mm	0.5mm	1	样冲	—	—	1
手锤	—	—	1	锉刀刷	—	—	1
锯弓	—	—	1	划规	—	—	1
划针	—	—	1	铰杠	—	—	1

4. 训练图样与要求

(1) 考核要求

① 公差等级：锉削 IT8，钻孔 IT10，攻螺纹 7H。

② 形位公差：锉削平行度、垂直度 0.03mm，钻孔平行度、垂直度 0.04mm，攻螺纹位置度 ϕ0.20mm。

③ 表面粗糙度：锉削 Ra1.6μm，钻孔 Ra3.2μm，攻螺纹 Ra6.3μm。

④ 时间定额：240min。

(2) 图样及技术要求

图样及技术要求如图 7-2 所示。

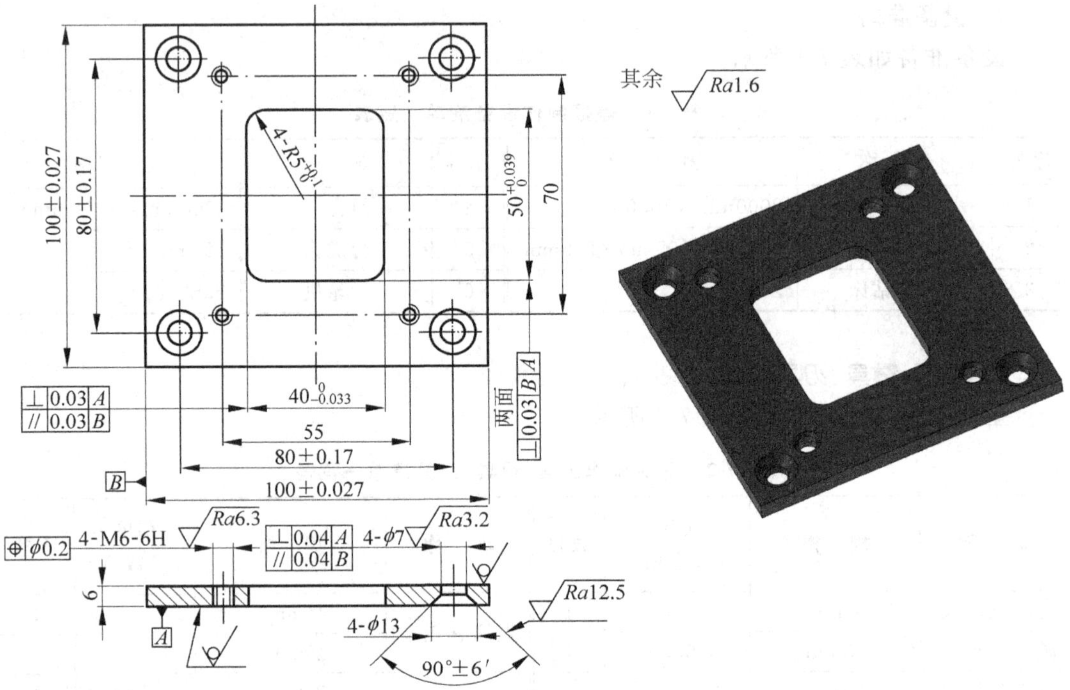

图 7-2　盖板制作训练图

5. 考核评分表

考核评分表如表 7-3 所示。

表 7-3　盖板制作评分表

姓名：＿＿＿＿＿＿　学号：＿＿＿＿＿＿　总成绩：＿＿＿＿＿＿

序号	考核内容	考核要求	配分	评分标准	检测结果	扣分	得分
1	锉削	$50^{+0.039}_{0}$ mm(2 处)	8	超差 0.01 扣 1 分			
2		$40^{0}_{-0.033}$ mm	8	超差 0.01 扣 1 分			
3		(100±0.027)mm	6	超差 0.01 扣 1 分			
4		(100±0.027)mm	6	超差 0.01 扣 1 分			
5		// 0.03 B	5	超差 0.01 扣 1 分			
6		⊥ 0.03 A	5	超差 0.01 扣 1 分			
7		⊥ 0.03 B A	5	超差 0.01 扣 1 分			
8		4-$R5^{+0.1}_{0}$	3	超差不得分			
9		表面粗糙度 $Ra1.6\mu m$	5	升高一级不得分			

续表

序号	考核内容	考核要求	配分	评分标准	检测结果	扣分	得分
10	钻孔	4-ϕ7	4	超差不得分			
11		4-ϕ13	4	超差不得分			
12		$90^\circ \pm 6'$	4	超差1′扣1分			
13		孔距(80±0.17)mm(2处)	4	超差一处扣1分			
14		表面粗糙度 $Ra3.2\mu m$	2	升高一级不得分			
15		// 0.04 B	3	超差0.01扣1分			
16		⊥ 0.04 A	3	超差0.01扣1分			
17	攻螺纹	4-M6-6H	6	超差不得分			
18		⌖ ϕ0.2	5	超差不得分			
19		表面粗糙度 $Ra6.3\mu m$	4	升高一级不得分			
合计			90				

6. 现场考核内容

现场考核内容如表7-4所示。

表7-4 盖板制作现场考核内容

序号	考核内容	考核要求	配分	评分标准
1	安全文明生产	① 正确执行国家有关安全技术操作规程 ② 正确执行企业有关文明生产规定	4	① 造成设备严重损坏及人员重伤以上事故，考核全程否定，即按0分处理 ② 其余违规，扣4分
2	设备使用	各种相关及辅助设备的使用符合设备使用有关规定	3	违规扣3分
3	工具、量具使用	各种工具、量具的使用符合有关规定	3	违规扣3分
备注	① 钳工操作考试应严格遵守《钳工安全操作规程》 ② 钳工装配操作考试，除遵守《钳工安全操作规程》外，还应严格遵守《装配钳工安全操作规程》 ③ 以上规程参见机械电子工业部质量安全司编《机械工人安全技术操作规程》			

7. 工艺介绍

(1) 图样分析

图样分析：盖板是一件尺寸精度及各面的平行度、垂直度要求都较高的工件。

考核重点：主要考核划线、锯削、锉削、钻孔和攻螺纹技能的综合运用。

制作难点：孔距精度、40×50方孔尺寸难以保证。

(2) 加工工艺步骤

加工工艺参考步骤如表7-5所示。

表 7-5　盖板制作步骤

工步号	工 步 内 容	图　　示
1	检查毛坯,加工两个互相垂直的基准面	—
2	按图样要求划线	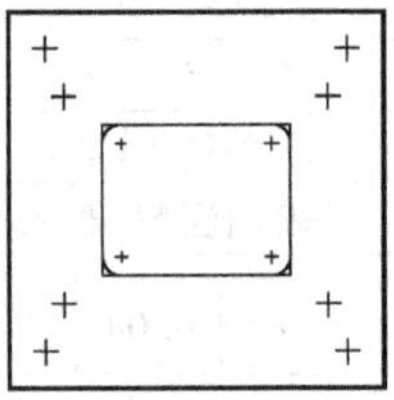
3	钻孔 4×ϕ7、4×ϕ13、4×ϕ5(M6 螺纹孔)、4×ϕ9.8(排料工艺孔)	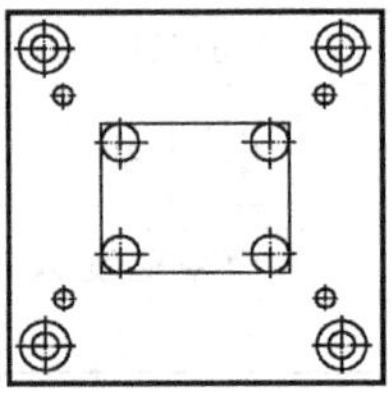
4	排料,用磨窄的锯条将 40×50 方孔的余料锯掉	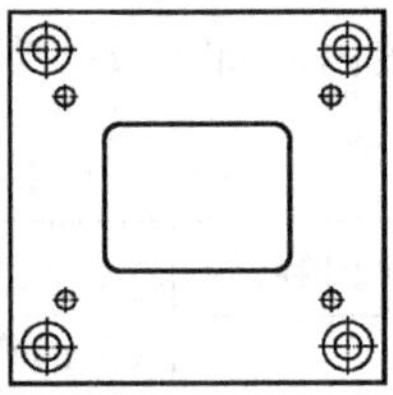
5	加工外轮廓尺寸 100±0.027(2 处)	—
6	分别加工方孔尺寸 $50^{+0.039}_{0}$ mm 和 $40^{0}_{-0.033}$ mm,保证尺寸精度,$R5$ 圆弧要圆滑过渡	—
7	攻 4×M6 螺纹	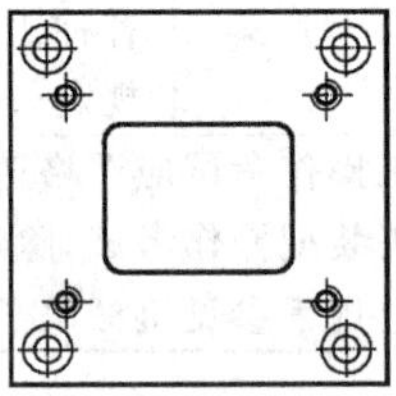
8	去毛刺,复检	—
9	收拾工具、量具,打扫卫生	—
10	提交工件	—

(3) 操作注意事项

① 锉削时不要用嘴吹切屑,以防切屑飞入眼内;也不要用手去清除切屑,以防切屑扎破手指和手掌,应该使用毛扫清扫。

② 钻孔时的安全知识：操作钻床时不可戴手套，女生须戴帽；工件须夹紧，孔将钻穿时要减少进给力；开动钻床前，应检查设备的完好性；钻孔时不可用手或用嘴吹来清除切屑；严禁在开车状态下装拆工件；清洁钻床或加注润滑油时须断电源。

③ 操作完毕后整理工作位置，清理干净砂轮机、台虎钳，整理好工具、量具、刃具，搞好场地卫生；做好工量刃具及设备的保养工作。

7.2　考级强化训练2　制作内外圆弧

1. 材料准备

材料准备如图7-3所示。

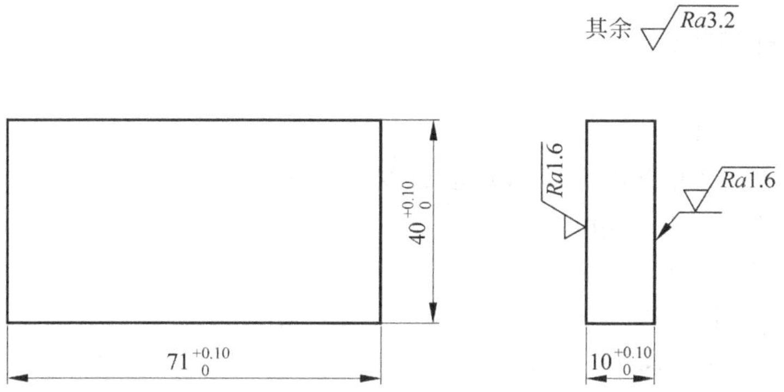

图7-3　内外圆弧制作毛坯图(Q235-A)

2. 设备准备

设备准备如表7-6所示。

表7-6　内外圆弧制作设备清单一览表

序号	名　称	规　　格	序号	名　称	规　　格
1	划线平台	2000mm×1500mm	4	钳台	3000mm×2000mm
2	方箱	205mm×205mm×205mm	5	台虎钳	125mm
3	台式钻床	Z4112	6	砂轮机	S3SL-250

3. 工具、量具、刃具准备

工具、量具、刃具准备如表7-7所示。

表7-7　内外圆弧制作工具、量具、刃具清单一览表

名　称	规　格	精度（读数值）	数量	名　称	规　格	精度（读数值）	数量
游标高度尺	0～300mm	0.02mm	1	样冲	—	—	1
游标卡尺	0～150mm	0.02mm	1	钢直尺	0～150mm	0.5mm	1

续表

名　称	规　格	精度（读数值）	数量	名　称	规　格	精度（读数值）	数量
90°角尺	100mm×63mm	一级	1	软钳口	—	—	1副
刀口尺	125mm	一级	1	锉刀刷	—	—	1
R规	7～14mm	—	1	半圆锉	200mm	2号纹	1
	14.5～25mm	—	1		200mm	3号纹	1
直柄麻花钻	ϕ6mm	—	1	手锤	—	—	1
平锉	300mm	1号纹	1	锯弓	—	—	1
	250mm	2号纹	1	划针	—	—	1
	200mm	3号纹	1	划规	—	—	1

4. 训练图样与要求

（1）考核要求

① 公差等级：IT7。

② 形位公差：面轮廓度 0.05mm，垂直度 0.04mm。

③ 表面粗糙度：$Ra1.6\mu$m。

④ 时间定额：240min。

（2）图样及技术要求

图样及技术要求如图 7-4 所示。

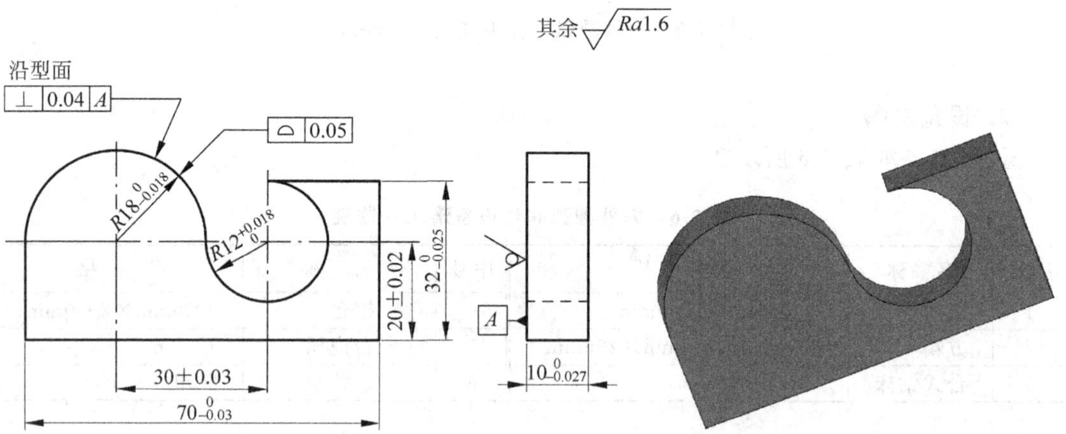

图 7-4　内外圆弧制作训练

5. 考核评分表

考核评分表如表 7-8 所示。

6. 现场考核内容

现场考核内容如表 7-9 所示。

表 7-8　内外圆弧制作评分表

姓名：＿＿＿＿＿＿＿＿　　学号：＿＿＿＿＿＿＿＿　　总成绩：＿＿＿＿＿＿＿＿

序号	考核内容	考核要求	配分	评分标准	检测结果	扣分	得分
1		$R18_{-0.018}^{\ 0}$ mm	12	超差 0.01 扣 1 分			
2		$R12_{\ 0}^{+0.018}$ mm	12	超差 0.01 扣 1 分			
3		(20±0.02)mm	5	超差 0.01 扣 1 分			
4		(30±0.03)mm	5	超差 0.01 扣 1 分			
5		$10_{-0.027}^{\ 0}$ mm	6	超差 0.01 扣 1 分			
6	锉削平面和曲面	$32_{-0.025}^{\ 0}$ mm	8	超差 0.01 扣 1 分			
7		$70_{-0.03}^{\ 0}$ mm	7	超差 0.01 扣 1 分			
8		⊥ | 0.04 | A	13	超差 0.01 扣 1 分			
9		⌓ | 0.05	12	超差 0.01 扣 1 分			
10		表面粗糙度 $Ra1.6\mu m$	10	各面升高一级不得分			
合　计			90				

表 7-9　内外圆弧制作现场考核内容

序号	考核内容	考核要求	配分	评分标准
1	安全文明生产	① 正确执行国家有关安全技术操作规程 ② 正确执行企业有关文明生产规定	4	① 造成设备严重损坏及人员重伤以上事故，考核全程否定，即按 0 分处理 ② 其余违规，扣 4 分
2	设备使用	各种相关及辅助设备的使用符合设备使用有关规定	3	违规扣 3 分
3	工具、量具使用	各种工具、量具的使用符合有关规定	3	违规扣 3 分
备注	① 钳工操作考试应严格遵守《钳工安全操作规程》 ② 钳工装配操作考试，除遵守《钳工安全操作规程》外，还应严格遵守《装配钳工安全操作规程》 ③ 以上规程参见机械电子工业部质量安全司编《机械工人安全技术操作规程》			

7. 工艺介绍

(1) 图样分析

图样分析：该工件是内外圆弧连接件，圆弧精度要求较高，圆弧连接面应过渡圆滑、自然。

考核重点：检验、考核加工者的锯削、锉削、圆弧加工等基本技能。

制作难点：中心距尺寸 30±0.03、20±0.02 难以达到图样要求。

(2) 加工工艺步骤

加工工艺参考步骤如表 7-10 所示。

表 7-10　内外圆弧制作步骤

工步号	工 步 内 容	图　　示
1	检查毛坯,加工两个互相垂直的基准面	—
2	按图样要求划线,加工尺寸 $70_{-0.03}^{\ 0}$	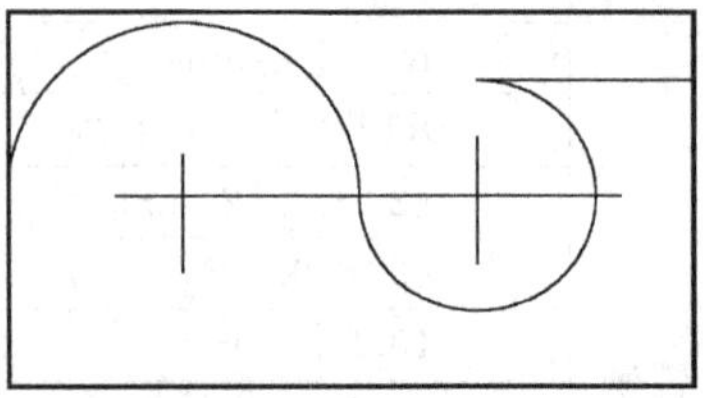
3	钻排料孔,并去除余料	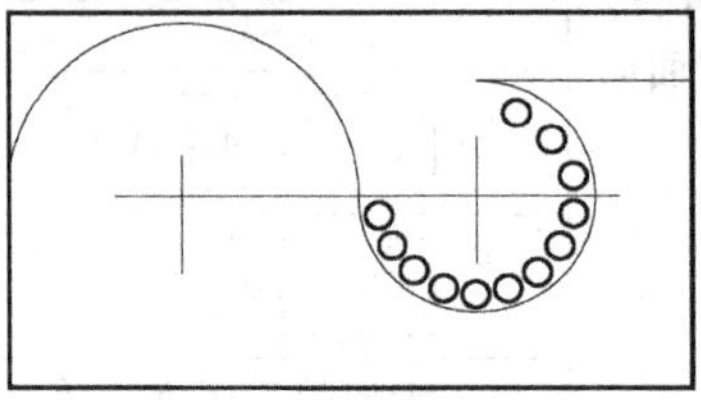
4	加工圆弧 $R12_{\ 0}^{+0.018}$,通过测量尺寸 A 和 B 来确定圆心位置;加工尺寸 $32_{-0.025}^{\ 0}$ mm	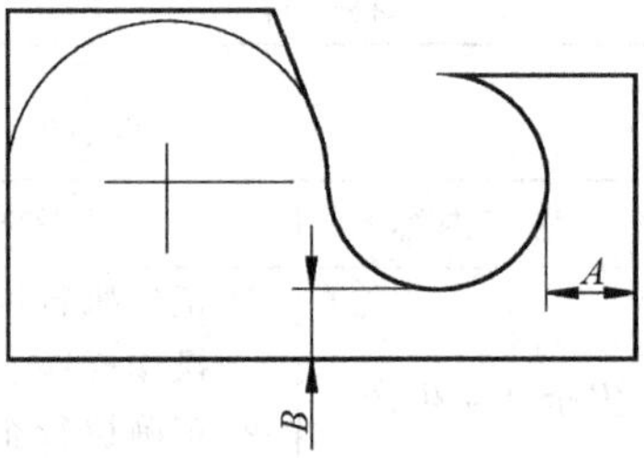
5	加工内弧尺寸 $R18_{-0.018}^{\ 0}$,用尺规测量圆弧轮廓度	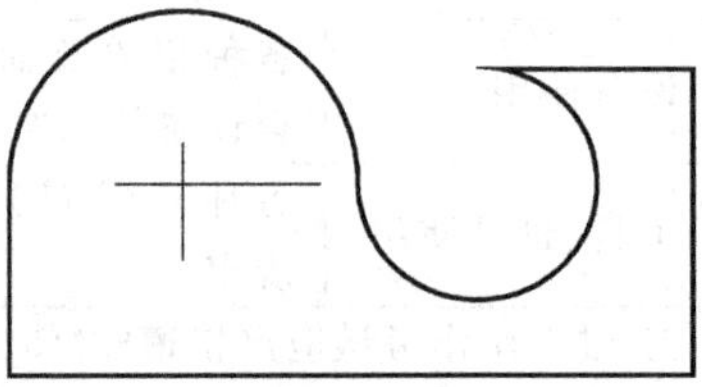
6	去毛刺,复检	—
7	收拾工具、量具,打扫卫生	—
8	提交工件	—

(3) 操作注意事项

① 先看清图样的各项技术要求。

② 对于 $R12$ 和 $R18$ 圆弧的面轮廓度,应严格控制基准点尺寸,并及时用 R 规检查型面。

③ 对于型面的垂直度,要控制锉削时锉刀前后不能摆动。

④ 操作完毕后整理工作位置,清理干净砂轮机、台虎钳,整理好工具、量具、刃具,搞好场地卫生;做好工量刃具及设备的保养工作。

7.3　考级强化训练3　制作燕尾弧样板副

1. 材料准备

材料准备如图 7-5 所示。

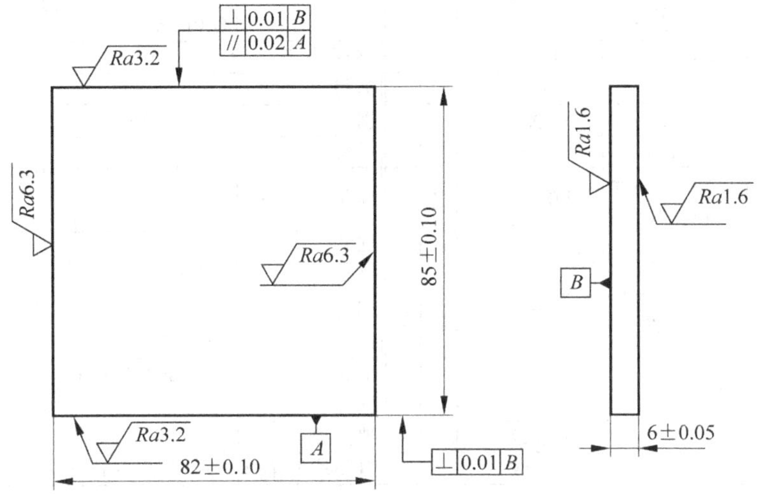

图 7-5　燕尾弧样板副制作毛坯图(45 钢)

2. 设备准备

设备准备如表 7-11 所示。

表 7-11　燕尾弧样板副制作设备清单一览表

序号	名　称	规　　格	序号	名　称	规　　格
1	划线平台	2000mm×1500mm	4	钳台	3000mm×2000mm
2	方箱	205mm×205mm×205mm	5	台虎钳	125mm
3	台式钻床	Z4112	6	砂轮机	S3SL-250

3. 工具、量具、刃具准备

工具、量具、刃具准备如表 7-12 所示。

表 7-12　燕尾弧样板副制作工具、量具、刃具清单一览表

名　称	规　格	精度（读数值）	数量	名　称	规　格	精度（读数值）	数量
游标高度尺	0～300mm	0.02mm	1	平锉	250mm	3 号纹	1
游标卡尺	0～150mm	0.02mm	1		150mm	4 号纹	1

续表

名　称	规　格	精度(读数值)	数量	名　称	规　格	精度(读数值)	数量
万能角度尺	0°～320°	2′	1	三角锉	150mm	1号纹	1
千分尺	0～25mm	0.01mm	1		150mm	3号纹	1
	25～50mm	0.01mm	1		150mm	4号纹	1
	50～75mm	0.01mm	1	半圆锉	150mm	1号纹	1
	75～100mm	0.01mm	1		150mm	3号纹	1
塞尺	0.02～0.5mm	—	1		200mm	4号纹	1
塞规	ϕ10mm	H7	1	整形锉	—	—	1套
刀口尺	125mm	一级	1	锯弓	—	—	1
90°角尺	100mm×63mm	一级	1	锯条	—	—	自定
R规	5～14.5mm	—	1	手锤	—	—	1
检验棒	ϕ10mm×20mm ϕ28mm×20mm	h6	各1	錾子	—	—	自定
V形架	—	—	1	划规	—	—	1
直柄麻花钻	ϕ2mm	—	1	样冲	—	—	1
	ϕ9.8mm	—	1	划针	—	—	1
	ϕ12mm	—	1	钢直尺	0～150mm	—	1
手用圆柱铰刀	ϕ10mm	H7	1	平板	280mm×330mm	二级	1
铰杠	—	—	1	软钳口	—	—	1副
平锉	300mm	1号纹	1	锉刀刷	—	—	1
	200mm	2号纹	1	自制外角样板	60°,边长20mm	—	1

4. 训练图样与要求

(1) 考核要求

① 公差等级：锉削IT8,铰孔IT7,锯削IT14。

② 形位公差：锯削0.35mm,铰孔对称度0.30mm。

③ 表面粗糙度：锉削 $Ra3.2\mu m$,铰孔 $Ra1.6\mu m$,锯削 $Ra12.5\mu m$。

④ 时间定额：300min。

⑤ 其他方面：平面配合间隙≤0.04mm,曲面配合间隙≤0.05mm,两侧错位量0.06mm。

(2) 图样及技术要求

图样及技术要求如图7-6所示。

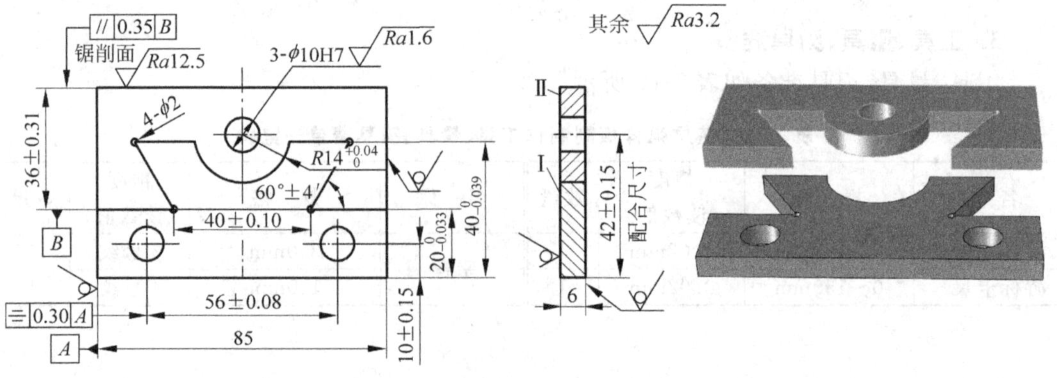

图7-6　燕尾弧样板副制作训练图

5. 考核评分表

考核评分表如表 7-13 所示。

表 7-13 燕尾弧样板副制作评分表

姓名：________ 学号：________ 总成绩：________

序号	考核内容	考核要求	配分	评分标准	检测结果	扣分	得分
1	锉配	$20_{-0.033}^{0}$ mm(2 处)	4	超差 0.01 扣 1 分			
2		$40_{-0.039}^{0}$ mm(2 处)	4	超差 0.01 扣 1 分			
3		(40±0.10)mm	6	超差 0.01 扣 1 分			
4		60°±4′(2 处)	4	超差 1′扣 1 分			
5		$R14_{0}^{+0.04}$ mm	2	超差不得分			
6		表面粗糙度 $Ra3.2\mu m$ (15 处)	10	升高一级不得分			
7		平面配合间隙≤0.04mm(6 处)	18	超差 0.01 扣 1 分			
8		曲面配合间隙≤0.05mm	4	超差 0.01 扣 1 分			
9		两侧错位量≤0.06mm	5	超差 0.01 扣 1 分			
10		(42±0.15)mm	3	超差 0.05 扣 1 分			
11	铰孔	3-ϕ10H7	3	超差不得分			
12		(56±0.08)mm	6	超差 0.02 扣 1 分			
13		表面粗糙度 $Ra1.6\mu m$ (3 处)	3	升高一级不得分			
14		⌯ | 0.30 | A	3	超差 0.05 扣 1 分			
15	锯削	(36±0.31)mm	10	超差 0.01 扣 1 分			
16		表面粗糙度 $Ra12.5\mu m$	5	升高一级不得分			
合计			90				

6. 现场考核内容

现场考核内容如表 7-14 所示。

表 7-14 燕尾弧样板副制作现场考核内容

序号	考核内容	考核要求	配分	评分标准
1	安全文明生产	① 正确执行国家有关安全技术操作规程 ② 正确执行企业有关文明生产规定	4	① 造成设备严重损坏及人员重伤以上事故，考核全程否定，即按 0 分处理 ② 其余违规，扣 4 分
2	设备使用	各种相关及辅助设备的使用符合设备使用有关规定	3	违规扣 3 分
3	工具、量具使用	各种工具、量具的使用符合有关规定	3	违规扣 3 分
备注	① 钳工操作考试应严格遵守《钳工安全操作规程》 ② 钳工装配操作考试，除遵守《钳工安全操作规程》外，还应严格遵守《装配钳工安全操作规程》 ③ 以上规程参见机械电子工业部质量安全司编《机械工人安全技术操作规程》			

7. 工艺介绍

(1) 图样分析

图样分析：燕尾弧样板副是一件配合精度要求较高的工件。

考核重点：考核锯削、锉削、锉配、铰孔等基本技能。

制作难点：在规定时间内完成工件的加工，并达到图样要求的配合间隙(平面配合间隙≤0.04mm，曲面配合间隙≤0.05mm)。

(2) 加工工艺步骤

加工工艺参考步骤如表7-15所示。

表7-15 燕尾弧样板副制作步骤

工步号	工步内容	图示
1	检查毛坯，加工两个互相垂直的基准面	—
2	按图样要求划线(含圆弧线)	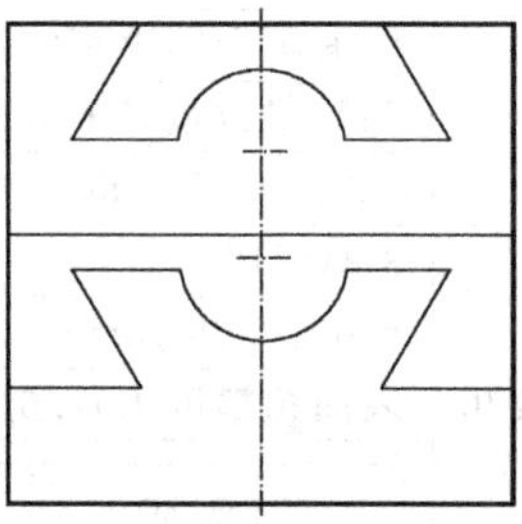
3	钻 $\phi3$ 工艺孔	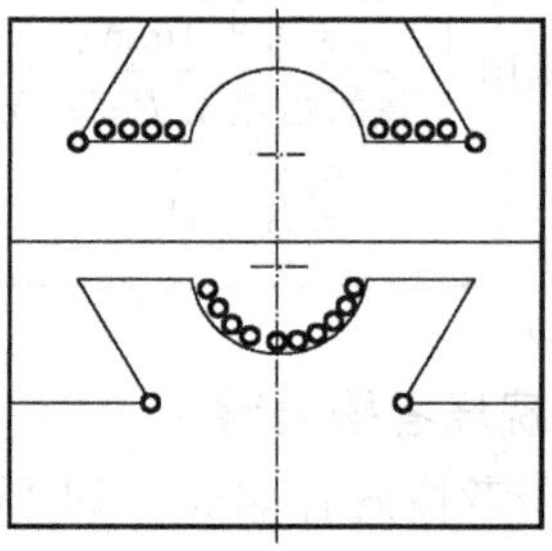
4	加工件Ⅰ尺寸 $40_{-0.039}^{0}$ mm	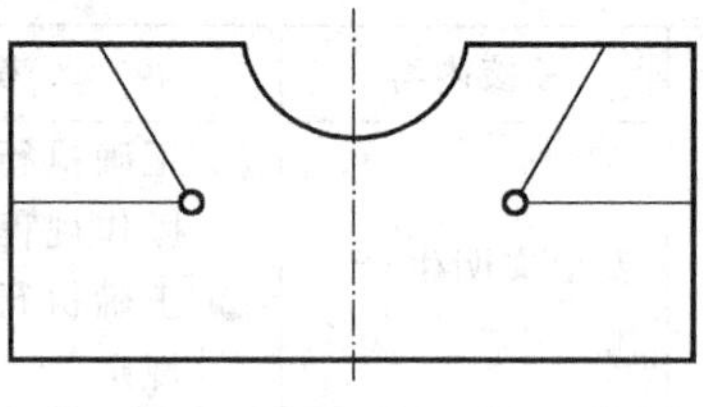
5	加工件Ⅰ尺寸 $20_{-0.033}^{0}$ mm 及60°斜边(留测量基准)，用 $\phi10$ 测量棒辅助测量(76.16mm)	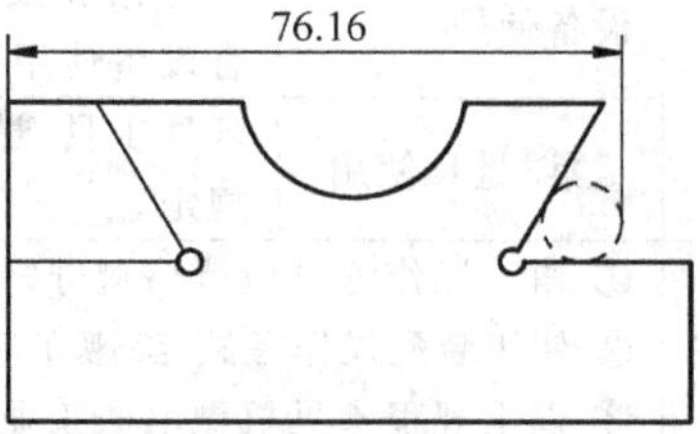

续表

工步号	工 步 内 容	图 示
6	加工件Ⅰ另一边尺寸 $20_{-0.033}^{0}$ mm 及 60°斜边，用 ϕ10 测量棒辅助测量(67.32mm)	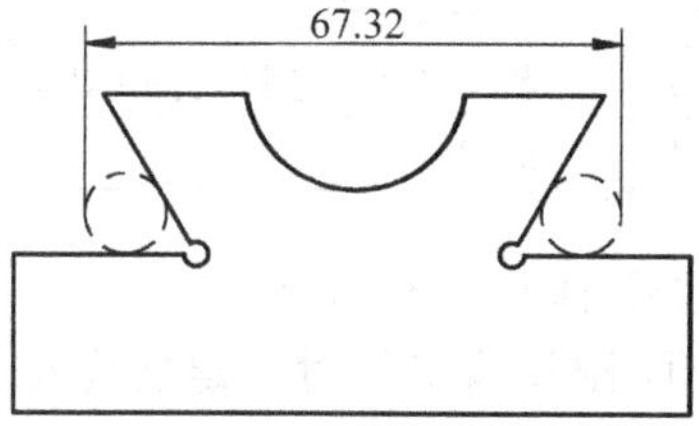
7	加工件Ⅰ圆弧 $R14_{0}^{+0.04}$ mm，用 ϕ28 的测量棒测量尺寸 $a=b$，以保证圆弧对称	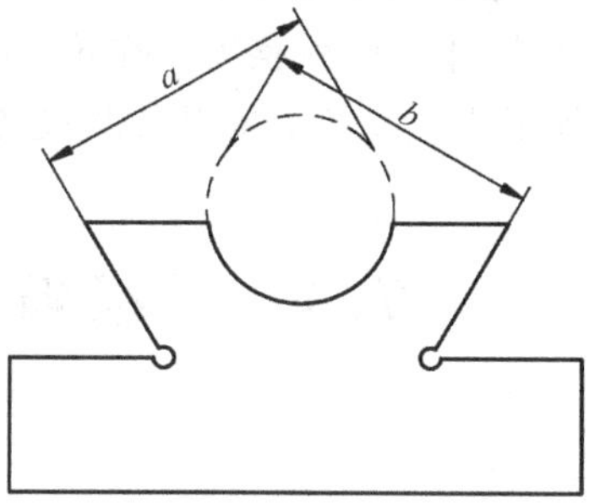
8	加工件Ⅱ，保证锯削面尺寸 36±0.31	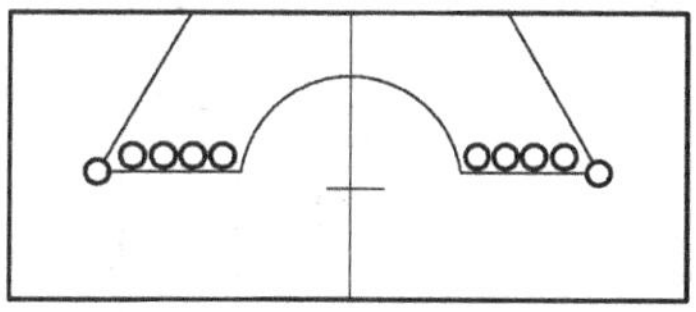
9	粗加工件Ⅱ，各面留余量 0.1～0.2mm	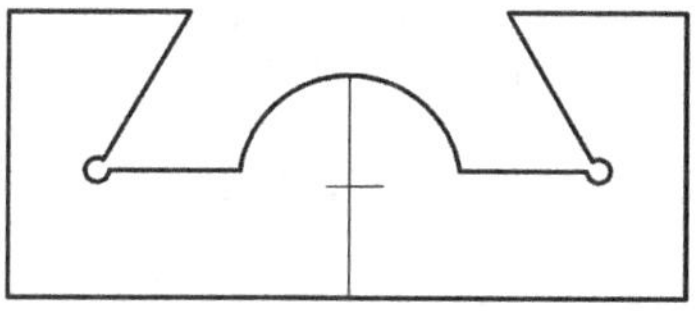
10	以件Ⅰ为基准修配件Ⅱ，配合间隙≤0.04	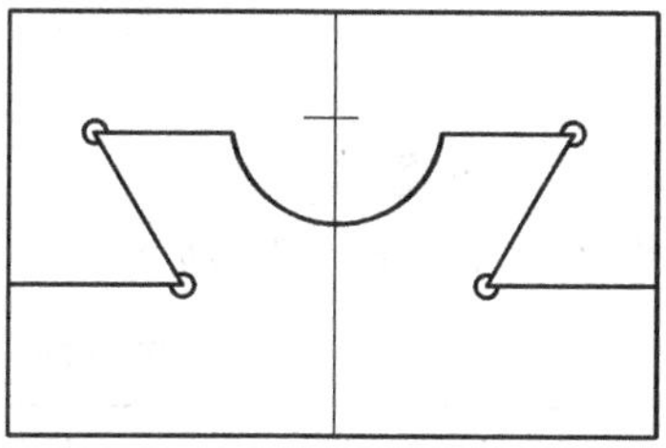
11	加工孔 3×ϕ10H7：钻孔 ϕ3→扩孔 ϕ9.8→铰孔 ϕ10H7	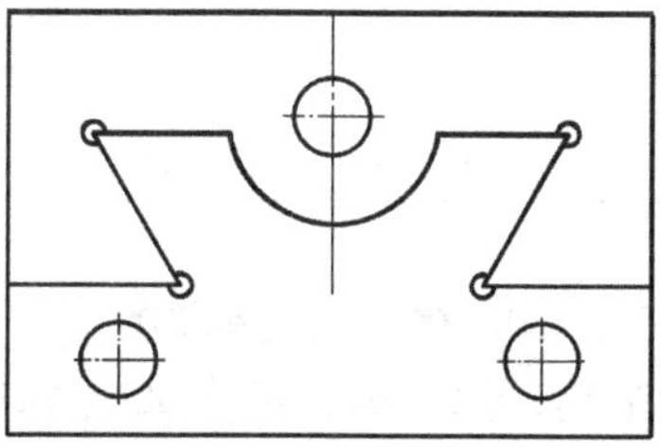

续表

工步号	工步内容	图示
12	去毛刺,复检	—
13	收拾工具、量具,打扫卫生	—
14	提交工件	—

(3) 操作注意事项

① 制作该工件时一定要先按图样要求的工艺尺寸做好件Ⅰ,再以件Ⅰ为基准修配件Ⅱ,从而达到考核要求。

② 操作完毕后整理工作位置,清理干净砂轮机、台虎钳,整理好工具、量具、刃具,搞好场地卫生;做好工量刃具及设备的保养工作。

7.4 考级强化训练4 制作平行直角块

1. 材料准备

材料准备如图7-7所示。

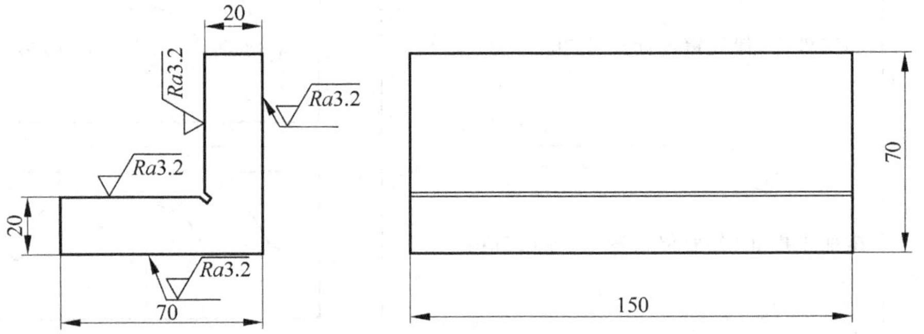

图7-7 平行直角块制作毛坯图(HT200)

2. 设备准备

设备准备如表7-16所示。

表7-16 平行直角块制作设备清单一览表

序号	名称	规格	序号	名称	规格
1	划线平台	2000mm×1500mm	4	钳台	3000mm×2000mm
2	方箱	205mm×205mm×205mm	5	台虎钳	125mm
3	台式钻床	Z4112	6	砂轮机	S3SL-250

3. 工具、量具、刃具准备

工具、量具、刃具准备如表7-17所示。

表 7-17 平行直角块制作工具、量具、刃具清单一览表

名 称	规 格	精度（读数值）	数量	名 称	规 格	精度（读数值）	数量
平板	300mm×200mm	0 级	1	粗平面刮刀	—	—	1
千分表头	0～1mm	0.001mm	1	细平面刮刀	—	—	1
磁刀表座	—	—	1	精平面刮刀	—	—	1
研磨板	50mm×100mm	0 级	1	涂色剂	红丹油	—	若干

4. 训练图样与要求

(1) 考核要求

① 形位公差：平行度 0.01mm，垂直度 0.02mm。

② 表面粗糙度：$Ra0.8\mu m$。

③ 时间定额：270min。

④ 其他方面：研点数 18 点/(25mm×25mm)。

(2) 图样及技术要求

图样及技术要求如图 7-8 所示。

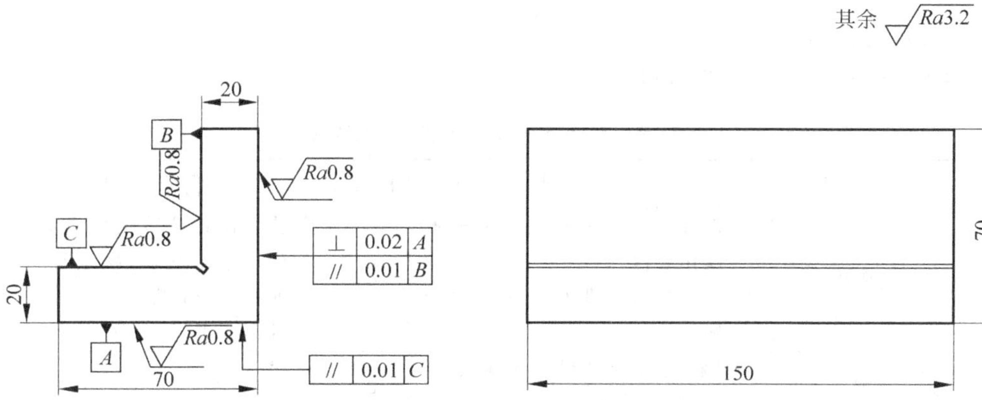

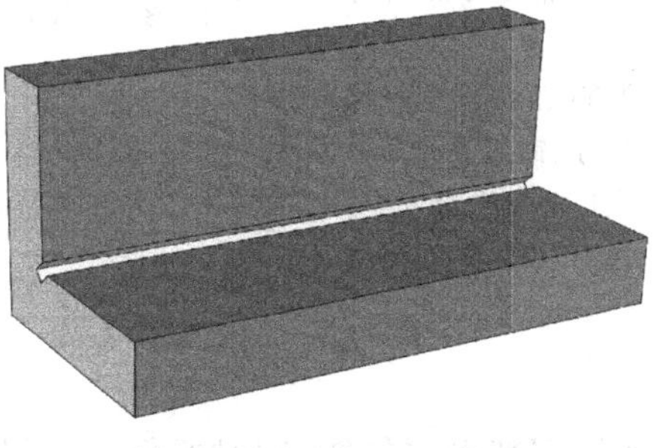

图 7-8 平行直角块考核图

5. 考核评分表

考核评分表如表 7-18 所示。

表 7-18 平行直角块制作评分表

姓名：________________ 学号：________________ 总成绩：________________

序号	考核内容	考核要求	配分	评分标准	检测结果	扣分	得分
1	刮削	⊥ 0.02 A	20	超差 0.01 扣 2 分			
2		// 0.01 B	20	超差 0.01 扣 2 分			
3		// 0.01 C	20	超差 0.01 扣 2 分			
4		研点数 18 点/(25mm×25mm)	20	6 点以下不得分 6～12 点得 10 分 13～17 点得 15 分 18 点以上得 20 分			
5		表面粗糙度 $Ra0.8\mu m$	10	升高一级不得分			
合计			90				

6. 现场考核内容

现场考核内容如表 7-19 所示。

表 7-19 平行直角块制作现场考核内容

序号	考核内容	考核要求	配分	评分标准
1	安全文明生产	① 正确执行国家有关安全技术操作规程 ② 正确执行企业有关文明生产规定	4	① 造成设备严重损坏及人员重伤以上事故，考核全程否定，即按 0 分处理 ② 其余违规，扣 4 分
2	设备使用	各种相关及辅助设备的使用符合设备使用有关规定	3	违规扣 3 分
3	工具、量具使用	各种工具、量具的使用符合有关规定	3	违规扣 3 分
备注	① 钳工操作考试应严格遵守《钳工安全操作规程》 ② 钳工装配操作考试，除遵守《钳工安全操作规程》外，还应严格遵守《装配钳工安全操作规程》 ③ 以上规程参见机械电子工业部质量安全司编《机械工人安全技术操作规程》			

7. 工艺介绍

(1) 图样分析

图样分析：本训练主要考核刮削操作技能，同时要保证刮削面的垂直度和平行度，要认真审阅图样及评分标准。

考核重点：刮削操作技能。

制作难点：各面的垂直度和平行度，以及刮削精度达到研点数为 18 点/(25mm×25mm)。

(2) 加工工艺步骤

加工工艺参考步骤如表 7-20 所示。

表 7-20 平行直角块制作步骤

工步号	工步内容	图示
1	去除工件的所有毛刺	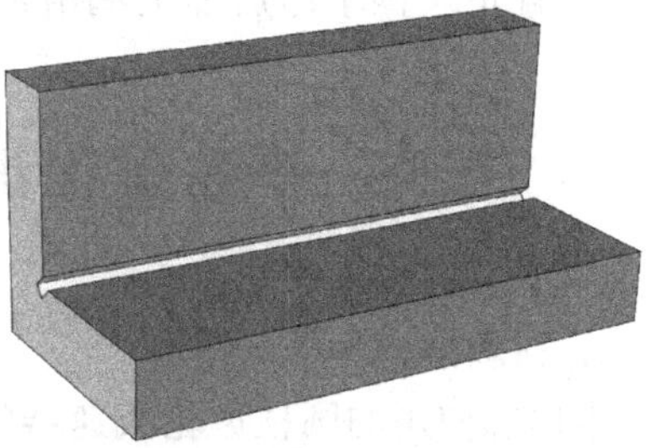
2	用千分尺测量工件，检查尺寸及平行度，用红丹油涂色检查刮削面	
3	用连续推刮法粗刮工件各表面，研点数达到 2～3 点/(25mm×25mm)或以上；用短刮法细刮工件各表面，研点数达到 12～15 点/(25mm×25mm)或以上	
4	用点刮法精刮工件各表面，研点数达到 18 点/(25mm×25mm)，平行度达到 0.01mm，垂直度达到 0.02mm	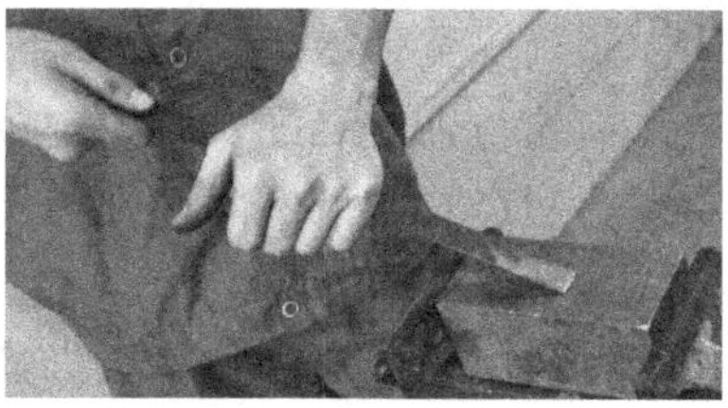
5	去毛刺，复检	—
6	收拾工具、量具，打扫卫生	—
7	提交工件	—

(3) 操作注意事项

① 该工件是利用刮削修整平行直角块达到图样要求的加工精度,因此刮削的精度和速度决定了该工件的精度。

② 操作完毕后整理工作位置,清理干净工作位、台虎钳,整理好工具、量具、刃具,搞好场地卫生;做好工具、量具、刃具及设备的保养工作。

③ 直角块擦干净后加上润滑油以防生锈。

7.5 考级强化训练5 拆装圆柱齿轮减速器

1. 材料准备

本训练使用的圆柱齿轮减速器的外形如图7-9所示,其拆装需要如下的工具、量具等。

① 常用工具:橡胶锤、手动拔销器、手锤、活动扳手、螺丝刀(一字和十字)、铜棒、内六角扳手、拉拔器、卡簧钳、套筒、锉刀(4号纹、5号纹)等。

② 常用量具:百分表及表座、外径千分尺、内径量表、塞尺(0.02～0.5mm)等。

③ 其他:工作灯、清洗液、油类、润滑脂、棉布等。

图7-9 圆柱齿轮减速器的外形

2. 训练图样与要求

(1) 考核要求

① 正确安装轴承。

② 齿轮与轴的装配及轴向定位准确。

③ 检测齿轮副齿侧间隙及其接触精度。

④ 按技术要求合箱装配。

⑤ 按照工艺规范和技术要求试运转。

⑥ 时间定额:360min。

(2) 训练图样

圆柱齿轮减速器的装配图如图7-10所示。

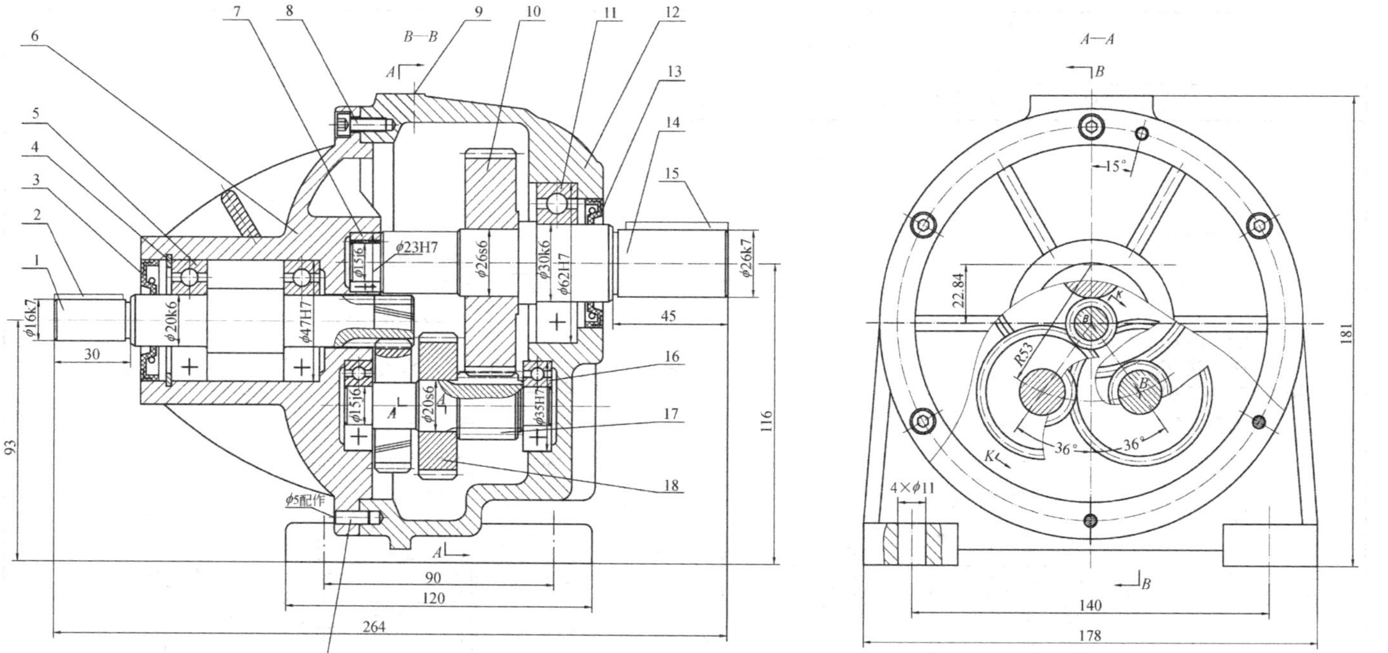

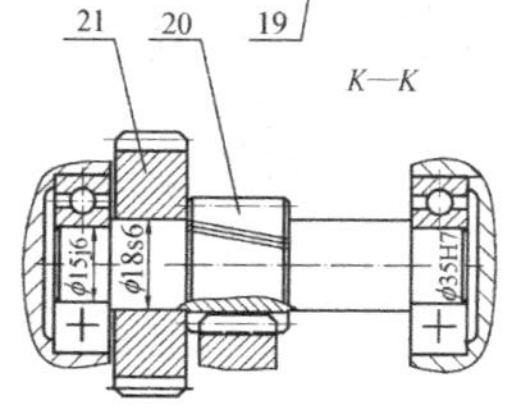

技术参数表

传动功率	400W		
输入转速	1400r/min		
传动比	1:25		
级别	第一级	第二级	第三级
模数	1.5	1.75	2
螺旋角	10°	10°	10°
齿数	11 32	13 30	11 42

技术要求

1. 在装配之前所有零件用煤油清洗干净；
2. 用红丹涂色法检验接触斑点；
3. 调整及固定轴承时应留有轴向间隙0.05~0.1mm。

序号	代号	名称	数量	材料	备注
21		中间齿轮	1	45	
20		中间齿轴	1	45	
19	GB/T 117	销φ5×14	1		
18		输出齿轮	1	45	
17		输出齿轴	1	45	
16	GB/T	圆球轴承6202	4	0	
15	GB/T 1096	键C8×7×40	1	0	
14		输出轴	1	45	
13		骨架油封φ30×φ50×7	1		
12		卧室箱体	1	HT200	
11	GB/T	圆球轴承6206	1		
10		输出齿轮	1	45	
9	GB/T	内六角油塞	1		
8	GB/T 70.1—2000	M5×4	6	0	
7	GB/T	液针轴承φ15/23/12	1		
6		轴输入盖	1	HT200	
5	GB/T	圆球轴承6204	2		
4	GB/T	孔用卡簧φ47	1		
3		骨架油封φ20×47×7	1	0	
2	GB/T 1096	键C5×5×27	1	0	
1		输入齿轴	1	45	

设计	曾联	2012.3.8	材料	45	广州市机电技师学院
校核			比例	1:1	双轴型齿轮减速机
审核			共 张 第 张		(图号)

图 7-10 圆柱齿轮减速器的装配图

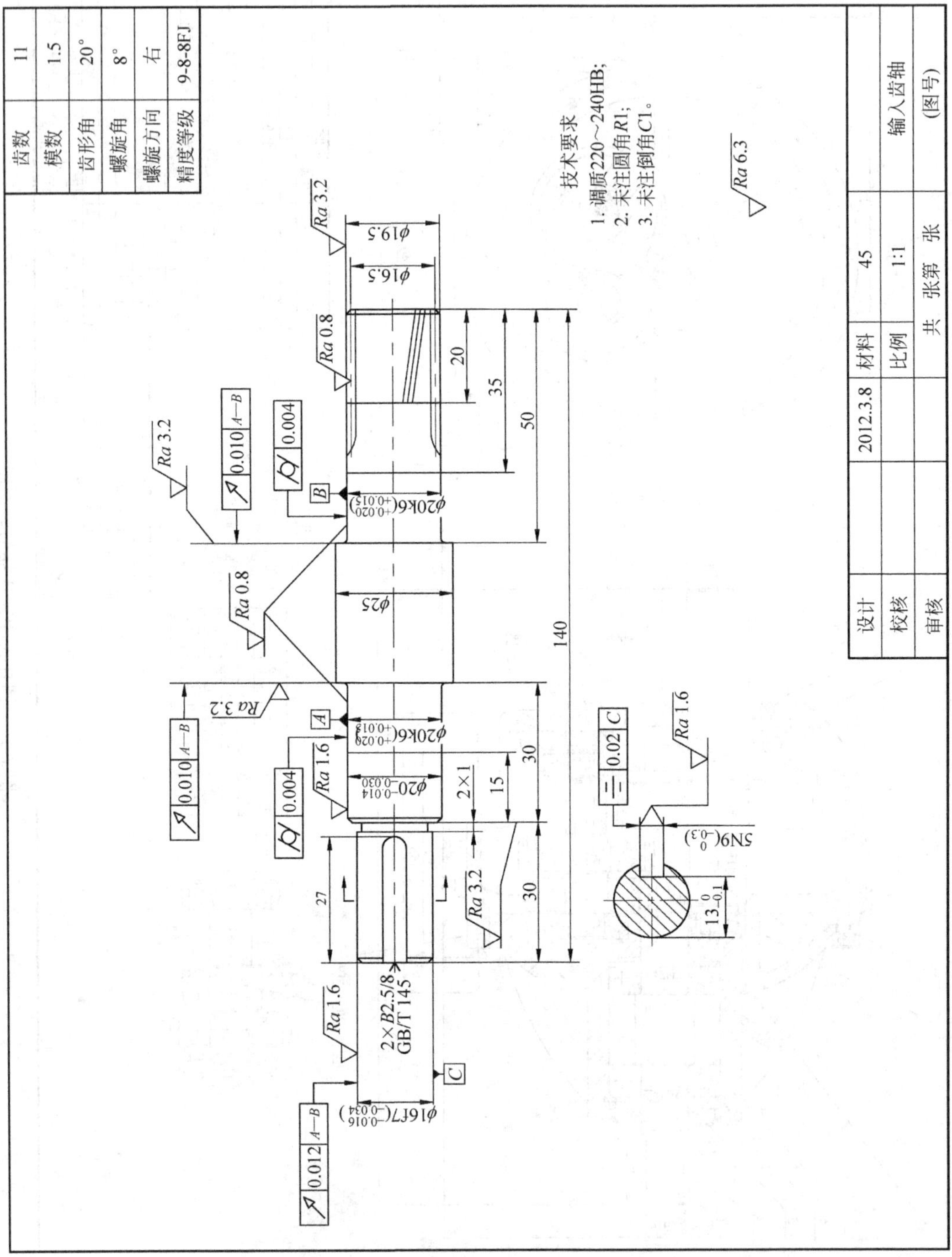
齿数 11
模数 1.5
齿形角 20°
螺旋角 8°
螺旋方向 右
精度等级 9-8-8FJ
技术要求
1. 调质220～240HB;
2. 未注圆角R1;
3. 未注倒角C1。
Ra 6.3
设计 2012.3.8 材料 45
校核 比例 1:1
审核 共 张第 张
输入齿轴
(图号)
φ19.5
φ16.5
φ25
φ20k6(+0.015 +0.002)
φ20−0.014 −0.030
φ16f7(−0.016 −0.034)
2×B2.5/8 GB/T 145
5N9(0 −0.03)
13 0 −0.1
Ra 0.8
Ra 1.6
Ra 3.2
0.010 A—B
0.012 A—B
0.004
0.02 C
20
35
50
140
30
15
2×1
27

图 7-10(续)

图 7-10(续)

3. 考核评分表

考核评分表如表 7-21 所示。

表 7-21 拆装圆柱齿轮减速器评分表

姓名：________ 学号：________ 总成绩：________

序号	考核内容		考核方法	配分	评分标准	检测结果	扣分	得分
1	主要项目	轴组	轴的精度保持在 0.030mm	4	轴的精度被破坏扣 4 分			
			轴承游隙的调整(按技术要求)	6	调整游隙不当扣 6 分			
			齿轮与轴和花键的配合 D11、H9	8	任何两者配合不正确扣 8 分			
			间隙调整与定位准确性 0.10～0.30mm	8	相配件的间隙调整不当扣 3 分,2 处以上调整不当扣 8 分			
		箱体总成	两齿轮标准中心距±0.18mm	5	中心距达不到图样要求扣 5 分			
			轮齿接触精度：沿齿高不低于 35%,沿齿长方向不低于 40%	10	单一方向不达标扣 5 分,高度和宽度方向均不达标扣 10 分			
			输入轴与输出轴平行度 0.03～0.05mm	5	不符合技术要求扣 5 分			
			箱体内的 45 号机油按规定加入(口述)	3	加错机油扣 2 分,机油液面高度不符合要求扣 1 分			
			减速器的剖分面、各接触面的密封性符合要求	4	箱体上、下剖面结合不好扣 4 分			
			总成后的运转平衡性符合要求	7	启动困难、空载阻力大扣 7 分			
			总成后的主要技术指标符合设计要求	15	主要技术指标不达标扣 15 分			
2	其他项目	准备	对轴、轴承、齿轮及相关标准件的精度、外观进行检查	5	未认真阅读图样和装配技术要求扣 2 分,对各部件不检查扣 3 分			
		装配规程	按装配工艺规程进行装配,并及时、合理调整间隙	5	未按工艺规程操作扣 2 分,间隙调整不合理扣 3 分			
		其他	清洁,无渗漏	5	不符合要求扣 5 分			
合计				90				

4. 现场考核内容

现场考核内容如表 7-22 所示。

表 7-22 拆装圆柱齿轮减速器现场考核内容

序号	考核内容	考核要求	配分	评分标准
1	安全文明生产	① 正确执行国家有关安全技术操作规程 ② 正确执行企业有关文明生产规定	4	① 造成设备严重损坏及人员重伤以上事故,考核全程否定,即按 0 分处理 ② 其余违规,扣 4 分
2	设备使用	各种相关及辅助设备的使用符合设备使用有关规定	3	违规扣 3 分
3	工具、量具使用	各种工具、量具的使用符合有关规定	3	违规扣 3 分
备注	① 钳工操作考试应严格遵守《钳工安全操作规程》 ② 钳工装配操作考试,除遵守《钳工安全操作规程》外,还应严格遵守《装配钳工安全操作规程》 ③ 以上规程参见机械电子工业部质量安全司编《机械工人安全技术操作规程》			

5. 工艺介绍

(1) 图样分析

箱体总成所占的分数比例最高,轴组、装配规程等也占了一定的分数比例。要熟记拆装顺序,并注意装配顺序与拆卸顺序是相反的。

(2) 拆装工艺

装配步骤应该遵循:阅读装配图及所有工艺文件→检查所有装配零件→按装配原则选定基准件后顺序组装→检查装配的正确性→加油试运转→调整、检测各项指标符合要求。

拆卸与装配圆柱齿轮减速器的步骤如表 7-23 和表 7-24 所示。

表 7-23 圆柱齿轮减速器的拆卸步骤

工步号	工步内容	图示
1	拧开放油螺栓,将润滑油放干净;用一字螺丝刀将轴键拆下来;用一字螺丝刀将输出轴(大轴)端油封拆卸下来(油封为损耗品,一般拆卸后要更换新油封)	

续表

工步号	工 步 内 容	图　　示
2	从外到内拆卸，用内六角扳手将端盖螺钉拆下；用 3 颗 M6 螺钉将端盖均匀顶出	
3	将减速器箱体分离，整齐摆放好减速器各部分零部件	
4	用拉拔器将轴承拉出	
5	用拔销器将输入轴、输出轴拔出	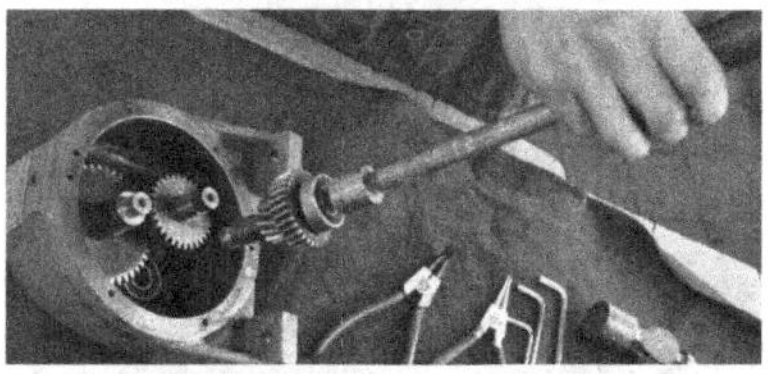
6	用敲击法将输出轴拆下	
7	用卡簧钳将前端盖的孔用卡簧拆下，把拆下的齿轮按顺序排好，放在一定的工作位上	

续表

工步号	工 步 内 容	图　　示
8	用敲击法将输入轴拆下	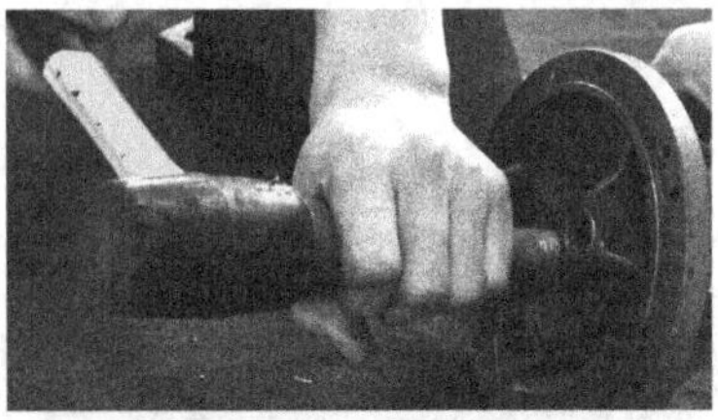
9	对拆卸下来的零件进行检查，清洗零件、箱体、前端盖、后端盖，并且去锈、去毛刺、去油污等	

表 7-24　圆柱齿轮减速器的装配步骤

工步号	工 步 内 容	图　　示
1	熟悉装配图，了解其结构及传动关系，明确装配技术要求；用煤油将零件擦洗干净；在轴承座上涂润滑油，用套筒将两个轴承装入箱体内	
2	将输出轴装入前端盖，并装上孔用卡簧	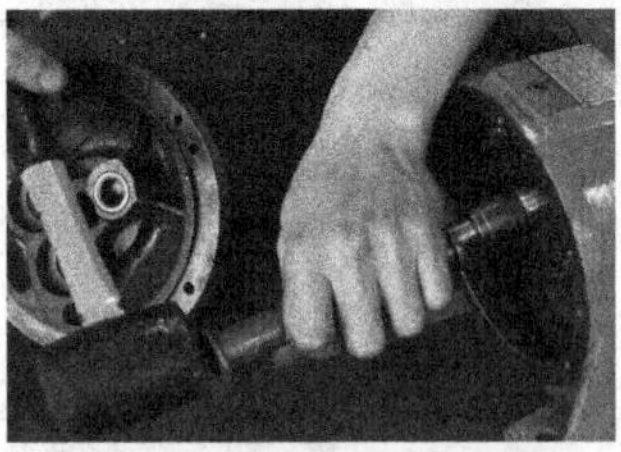
3	分别安装、调试两根中间齿轴，检验安装位置、齿轮啮合间隙、接触斑点及转动的灵活性；用手推拉输出轴及输入轴的窜动情况，一般应无窜动，如窜动大，要在轴承端加垫片；调整齿轮啮合间隙、接触斑点等	

续表

工步号	工 步 内 容	图　　示
4	用套筒将另外两个轴承装入箱体内，或用铜棒轻轻敲进	
5	将输入轴装入前端盖，并装上孔用卡簧	
6	装上前端盖，并（对称）拧紧端盖螺栓，安装新油封，安装键	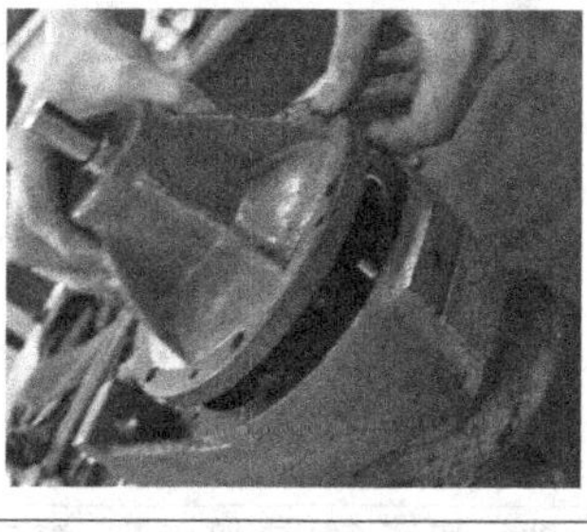
7	检查、加油、调试，摆放好工具	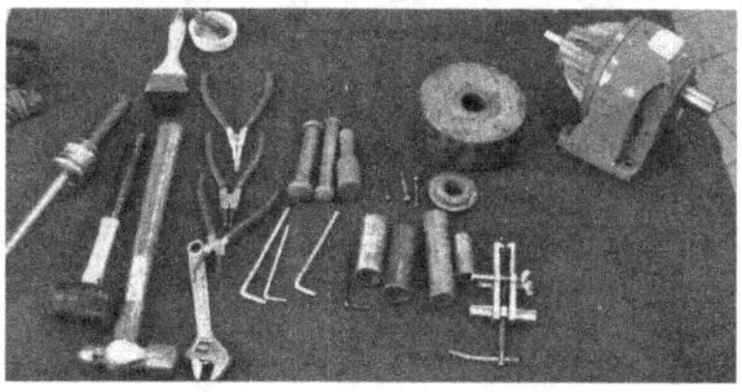

（3）操作注意事项

拆卸时的注意事项：

① 敲击前、后盖时要做上记号（以免错装），拆卸时用薄錾或螺丝刀把盖脱离箱体。

② 用铜棒敲出齿轴及齿轮，要记清输出轴与输入轴的关系。

③ 要分清拆卸下来的各齿轮的传动关系。

④ 认真检查在拆卸过程中有无损坏零部件，如有损坏要及时修复。

⑤ 把清洗、处理好的零件按顺序摆放好，记清数量，以利于安装。

装配时的注意事项：如装配后由于压得太紧，导致轴不能转动，那么就要在端盖上加垫片调整，调整后用手转动输入轴能转动并且能传动至输出轴，无卡阻现象即可。

其他注意事项：

① 认真检查工作场地是否有多余的零件，若有漏装应及时进行重新装配。

② 操作完毕后整理工作位置，清理干净工作场地，整理好工具、量具、刃具，搞好场地卫生；做好工量刃具及设备的保养工作。

③ 输入轴、输出轴擦干净后加上润滑油以防生锈，废油要倒在指定的容器内。

7.6 减速器拆装问答

对于立式减速器(40CVD-1/25-2200W)和圆柱齿轮减速器(28CHD-1/25-400W)，在拆装过程中常见的问答如表7-25所示。

表7-25 常见的减速器拆装问答

序号	问　题	知　识　点
1	拆装设备的型号、规格是什么	从减速器箱体铭牌可知，例如：立式减速器40CVD-1/25-2200W，圆柱齿轮减速器28CHD-1/25-400W
2	减速箱为何能减速，传动比是多少	① 根据转速的关系，小齿轮带动大齿轮，所以能实现减速 ② 立式减速器40CVD-1/25-2200W的传动比为1/25 ③ 圆柱齿轮减速器28CHD-1/25-400W的传动比为1/25
3	直齿圆柱齿轮和斜齿圆柱齿轮的传动有何区别	① 直齿容易产生冲击、震动和噪声 ② 斜齿接触面积大，传动平稳、噪声小、齿轮强度高，适于重负载
4	传动轴有弯曲变形怎样处理	① 矫正 ② 更换新轴
5	轴承坏了(保持架断裂、滚动体崩裂等)，怎么办	更换同型号轴承
6	轮齿部分磨损怎么办	① 修复，可根据实际情况用镶嵌、堆焊等方法 ② 更换同型号齿轮
7	常用的拆装工具名称	常用的拆装工具有手动拔销器、活动扳手、内六角扳手、拔轮器、尖嘴钳、紫铜棒、手锤、套筒等
8	装配前要做哪些检查	① 按图样要求检查各零件是否符合要求 ② 检查并且准备好工具 ③ 去毛刺
9	轴承外环与机座内孔松动会产生什么后果	轴及轴上零件产生径向跳动，从而产生噪声，严重时会损坏零件

续表

序号	问　　题	知　识　点
10	轴向窜动、径向跳动怎样测量	① 测量径向跳动：用百分表指向外径，转动轴，百分表摆动范围即径向跳动量 ② 测量轴向窜动：在端面中心孔放置一钢珠，用百分表指向钢珠，转动轴，百分表摆动范围即轴向窜动量
11	安装端盖螺钉如不对称紧固会有什么后果	① 端盖会产生倾斜，无法嵌入端盖 ② 会造成端盖产生变形
12	安装完毕加注什么油，加至哪个位置	符合本机组的机械油(N46)，加至视油镜中部，油液面最低是加到大齿轮分度圆半径的 1/3
13	齿轮副接触斑点如何测量，接触面积应该是多少	① 在主动轮上均匀涂上红丹油，使其在轻微制动下运转，从而在从动轮齿面上印出接触斑点 ② 接触面积沿齿高方向不少于 45%，沿齿宽方向不少于 60%

APPENDIX A

附录A

广州超软无纸化通用理论考试系统

本系统多用于技能大赛的理论考试，曾用于广东省车工、数控车铣工等工种的技能大赛理论考核。目前广州市职业技能鉴定中心采用的无纸化考核系统请见本系列教材之《钳工理论与实操(入门与初级考证)(第二版)》中的附录2。

一、概况

① 试题可用Excel文件导入，也可手动输入。

② 集练习、考核于一体。可自定义行为领域、鉴定范围、鉴定点、工种或等级进行人工、自动组卷。

③ 支持多种题型，如判断题、单选题、多选题、填空题、分析题等。

④ 试题内容具有多样性和灵活性，不但可以在试题中包含图片，还可在试题中包含数学符号、一段声音或视频(如英语听力题)，以及插入Excel表格、Excel图表和插入Windows系统中的任何对象等。

⑤ 同一场考试不同考生的试题顺序随机排序，可防止考生作弊。

⑥ 不同年级、不同科目的考试可同时进行，如一个班考语文，而另外一个班考政治，可以同时在一个考场进行考试，不用分批进行。

⑦ 简单易用的阅卷功能，使考生在平时的测验中清楚地知道自己本场考试出现的问题，知道哪道题做对了，哪道题做错了。

⑧ 灵活的试卷分析和成绩查询功能，可分析本题有哪些考生做对了，哪些考生做错了，也可对考试成绩进行分析统计。

⑨ 采用先进的考卷即时保存技术，答题数据不会因意外情况而丢失。

二、无纸化考试系统使用说明

① 内部网络已经连通，教师机、学生机都可以互相访问这个内部局域网。

② 教师机作为考试服务端，学生机为考试端。

③ 教师机软件安装：Windows XP、Windows Server 2000或Windows Server 2003操作系统；广州超软无纸化通用理论考试系统服务端。

④ 学生机软件安装：Windows XP、Windows Server 2000或Windows Server 2003操作系统；广州超软无纸化通用理论考试系统客户端。

三、服务端操作

双击“理论服务端”的图标后出现“用户登录”对话框，如图 A-1 所示。

输入密码“12345”，单击“确定”按钮登录，如图 A-2 和图 A-3 所示。

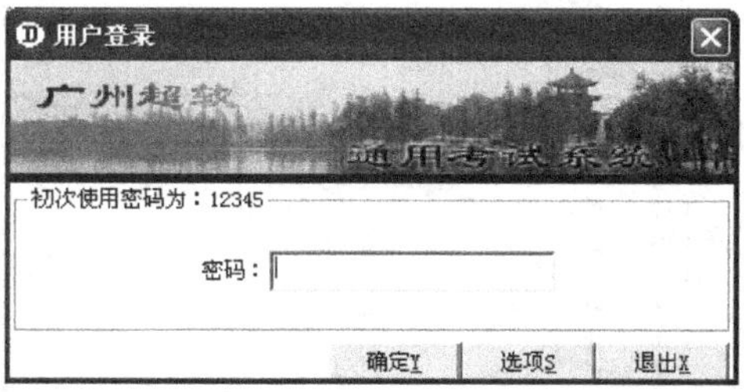

图 A-1　“用户登录”对话框

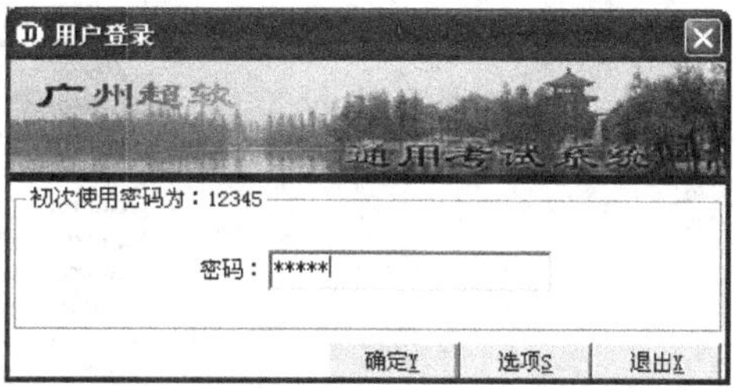

图 A-2　输入密码

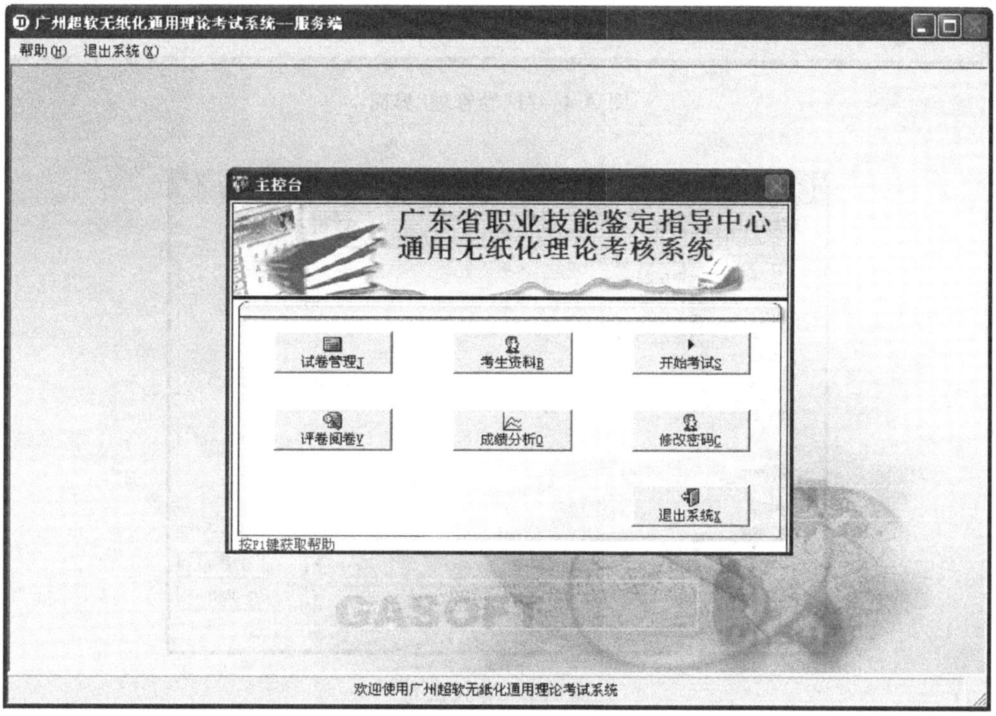

图 A-3　登录后的界面

1. 试卷管理

“试卷管理”界面主要用来导入已组好的试卷，每导入一份试卷就会自动成立一个针对此试卷的考场，如图 A-4 所示。

导入试卷：单击“试卷导入”按钮，系统就会提示是不是要导入试卷，单击“是”按钮后就会进入如图 A-5 所示的界面，在这个界面可以选择已组好的试卷进行导入。

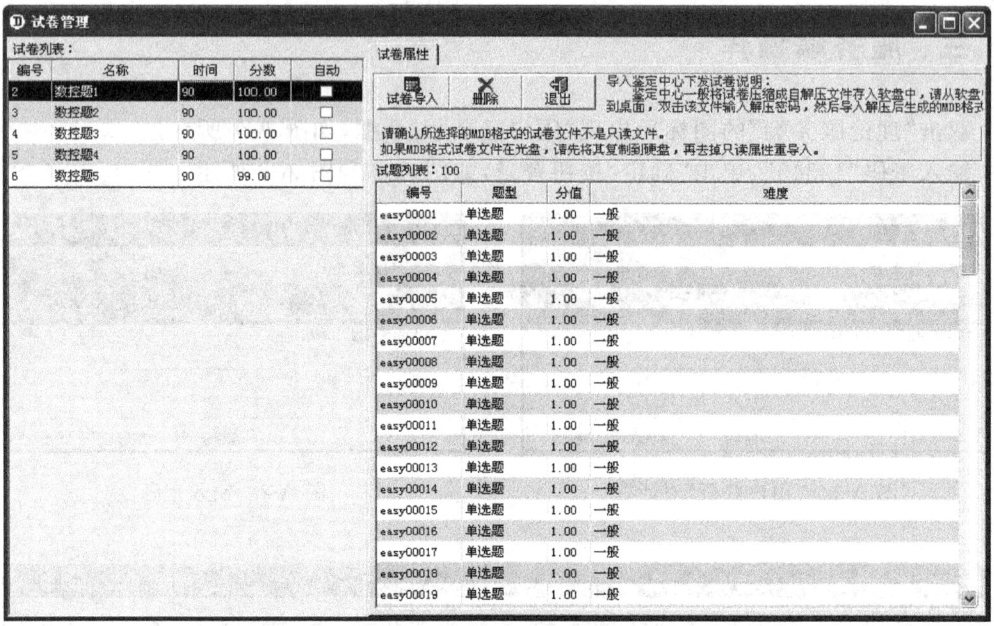

图 A-4 “试卷管理”界面

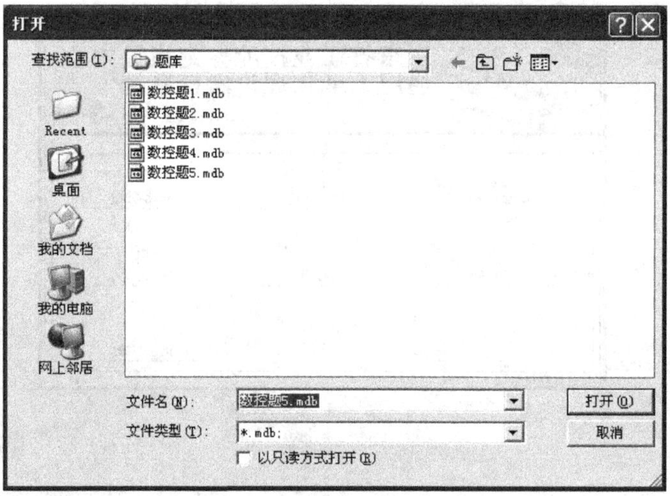

图 A-5 导入试卷

删除试卷：如图 A-4 所示，在“试题列表”列表框中选择要删除的试卷后，单击“删除”按钮即可。

2. 考生资料

“考生资料”的功能主要是导入考生的报名信息。单击“考生资料”按钮进入“报名管理”界面，如图 A-6 所示，在该界面可以添加或删除考生信息。添加考生信息的方法有单个输入和导入两种。

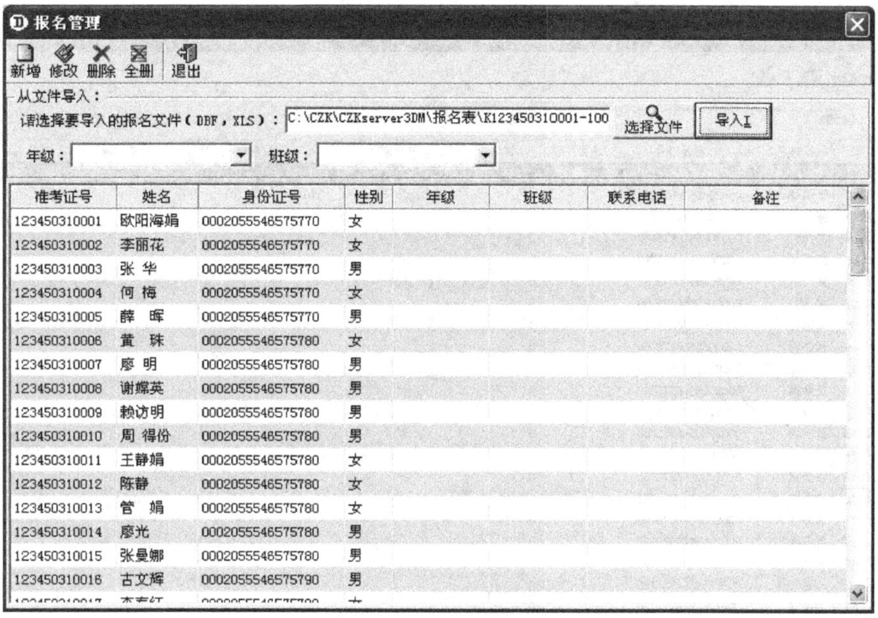

图 A-6 “报名管理”界面

（1）单个输入

① 单击“新增”按钮，弹出如图 A-7 所示的对话框。

② 在“维护考生信息”对话框中输入考生的相关信息，单击“确定”按钮，就成功添加了一个考生的信息。

（2）导入

① 如图 A-6 所示，单击“选择文件”按钮，在弹出的对话框中选择预先准备好的考生信息文件（文件格式为 DBF），然后单击“确定”按钮。

② 如图 A-6 所示，单击“导入”按钮，即可导入考生信息。

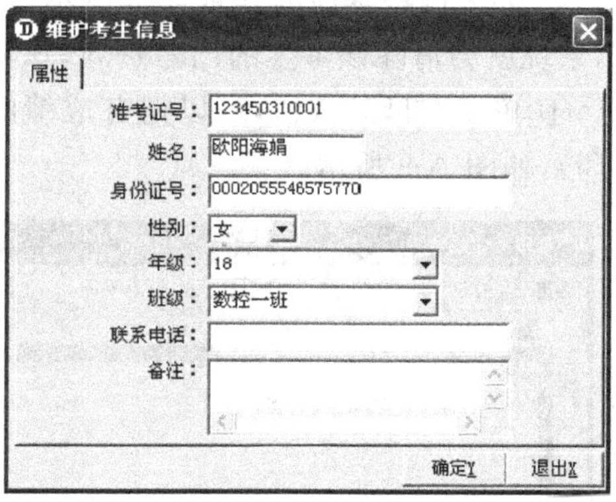

图 A-7 “维护考生信息”对话框

如果要修改考生信息，只要选中要修改的考生，再单击“修改”按钮就可以在弹出的对话框中进行修改。

3. 开始考试

“开始考试”的功能是监控考试的情况，如图 A-8 所示。

① 可以监控每个考场、每个考生的考试登录时间和开考时间、考试得分情况等。系统自动隔 6 秒钟刷新一次，也可以单击“刷新”按钮进行刷新。

② “清除”按钮用来清除所有考生的考试成绩。如果一个考生已经考了某场考试，那么只有清除该考生的考试成绩才可以进行其他考场的考试。

图 A-8 监控考试情况界面

③ 如果因特殊原因导致某考生不得不重考，就选中要重考的考生，再单击“重考”按钮，系统就会清除该考生的已考资料，该考生只要重新登录考场就可重考了。

④ 单击“打印”按钮，可以把有成绩的考生成绩打印出来(成绩为零的考生成绩不能打印)，如图 A-9 所示。

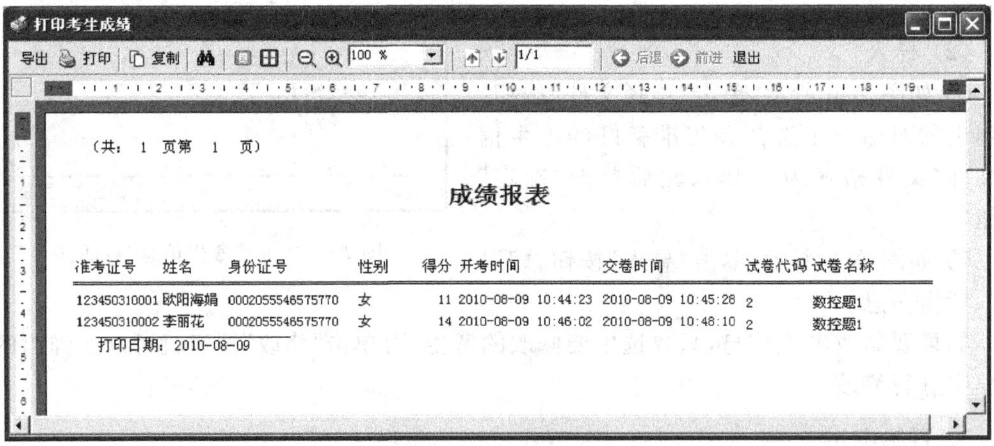

图 A-9 打印成绩界面

⑤ 单击图 A-9 中的“导出”按钮，就会弹出如图 A-10 所示的对话框，选择导出的格式和路径后，再单击“确定”按钮就可以将考生成绩导出。

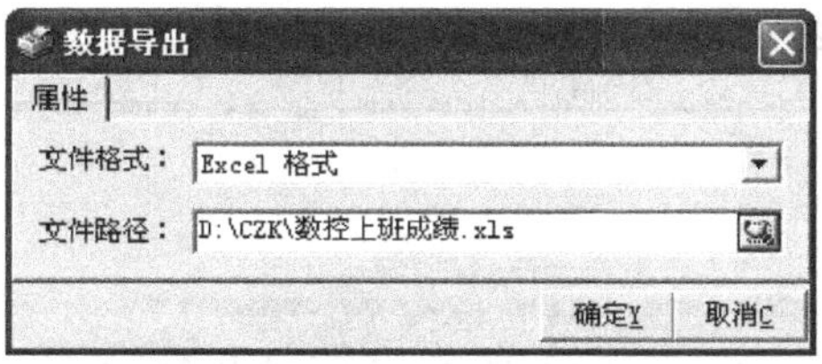

图 A-10　“数据导出”对话框

4. 查看试卷

查看试卷的界面如图 A-11 所示，在这里可以评阅和查看各个考生的考试详细情况。

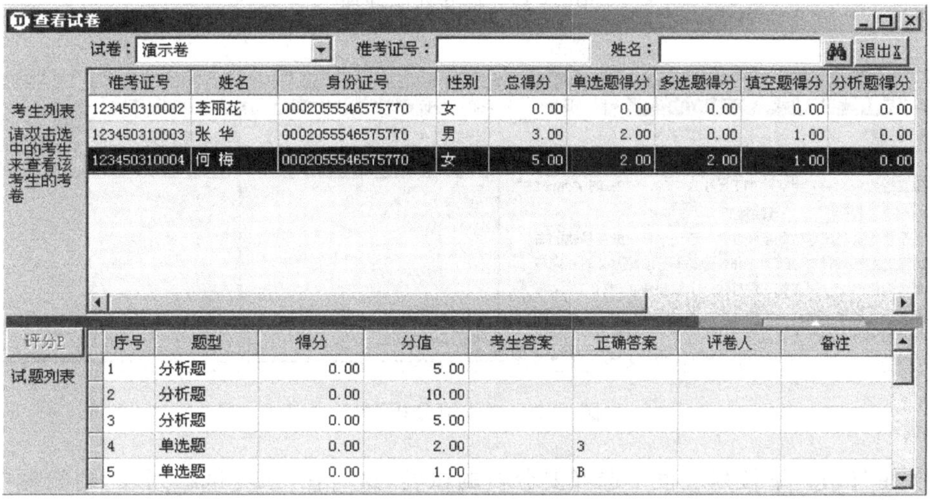

图 A-11　“查看试卷”界面

① 在“试卷”下拉列表框中选择要查看的学生所考的试卷，这时在“考生列表”列表框中会显示考过该试卷的所有考生。

② 如果考生太多，不方便在“考生列表”列表框中直接选择考生，可以通过考生的准考证号或姓名来查询。在“准考证号”文本框中输入考生的准考证号或在“姓名”文本框中输入考生的姓名，再单击“姓名”文本框右侧的望远镜图标就可以找出要查找的考生。

③ 在“考生列表”列表框中双击考生的名字，这时在“试题列表”列表框中就会显示该考生所考的试题(试题顺序和该考生考试时是一样的)及其得分情况等。

④ 如果想评阅“分析题”，可在“试题列表”列表框中双击要评阅的试题，就会弹出一个试卷评阅窗口，如图 A-12 所示，系统会显示“标准答案”和“考生答案”，以方便手动评分。如果想要查看其他题型的详细情况，也可以通过此方法进行查看。

5. 成绩分析

“成绩分析”界面如图 A-13 所示，此功能可帮助教师通过考试结果分析学生对各个知识点的掌握程度。

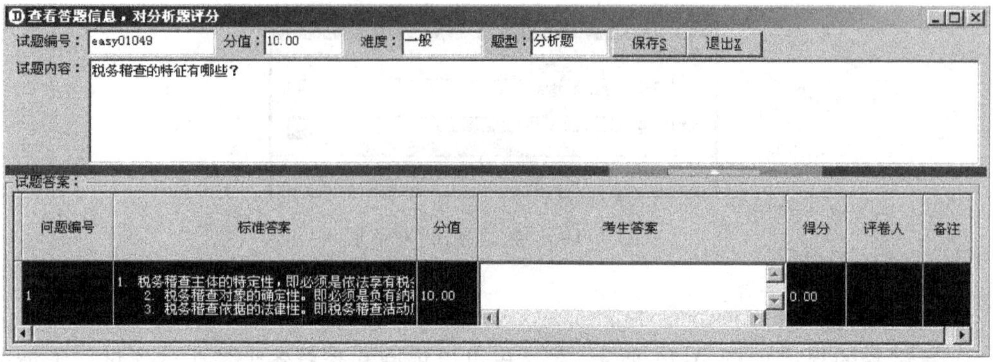

图 A-12 试卷评阅界面

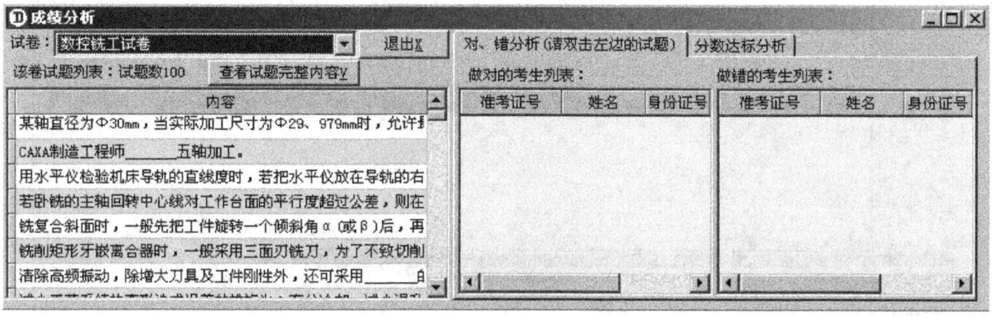

图 A-13 “成绩分析”界面

① 在“试卷”下拉列表框中选择要分析的试卷，这时在“该卷试题列表”列表框中会显示被选中试卷的所有试题。

② 在这里有“对、错分析”和“分数达标分析”两种分析方式。“对、错分析”是通过查看各题做对与做错的人数来分析考生对各个知识点的掌握程度。选好要分析的试卷和分析方式后，只要在“该卷试题列表”列表框中双击一道试题，就会显示出该题的分析结果，如图 A-14 所示。“分数达标分析”是通过查看学生的分数达标率来分析学生的总体水平，如图 A-15 所示。

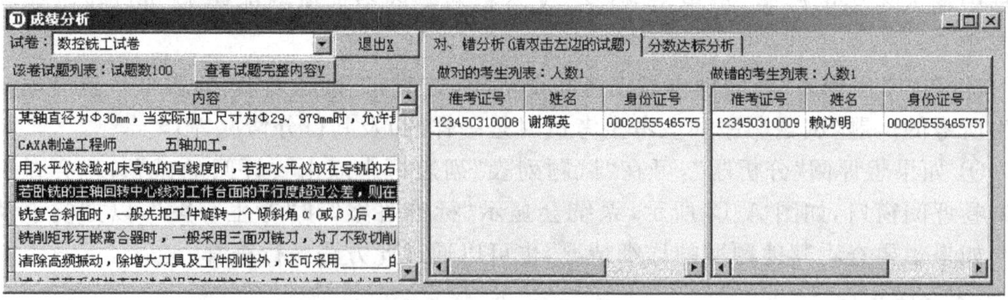

图 A-14 试题分析结果

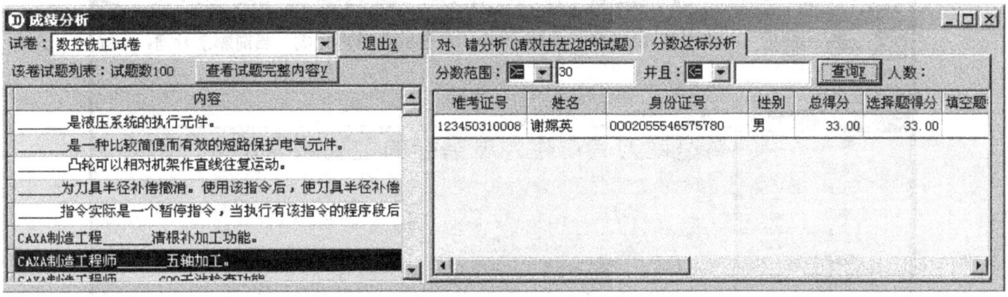

图 A-15　“成绩分析”界面

四、考试端(客户端)操作

考试时,双击“理论考试”图标后出现登录界面,在“服务器名”文本框中输入教师机的完整计算机名或者 IP 地址,如图 A-16 所示。

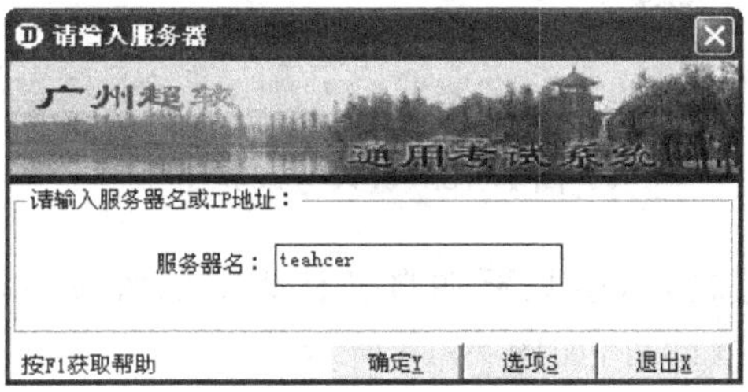

图 A-16　考试端登录界面

单击“确定”按钮后,出现如图 A-17 所示界面,在此选择需要考试的试卷并输入考生的准考证号。

图 A-17　选择试卷并输入准考证号

选择了要考的试卷并输入考生的准考证号后,系统会自动显示考生的姓名和身份证号。如图 A-18 所示是进入考试的界面,界面左侧是试题列表;界面右侧上半部分是试题内容,可在“字体大小”下拉列表框中设置试题的字体大小;界面右侧下半部分是答题区。

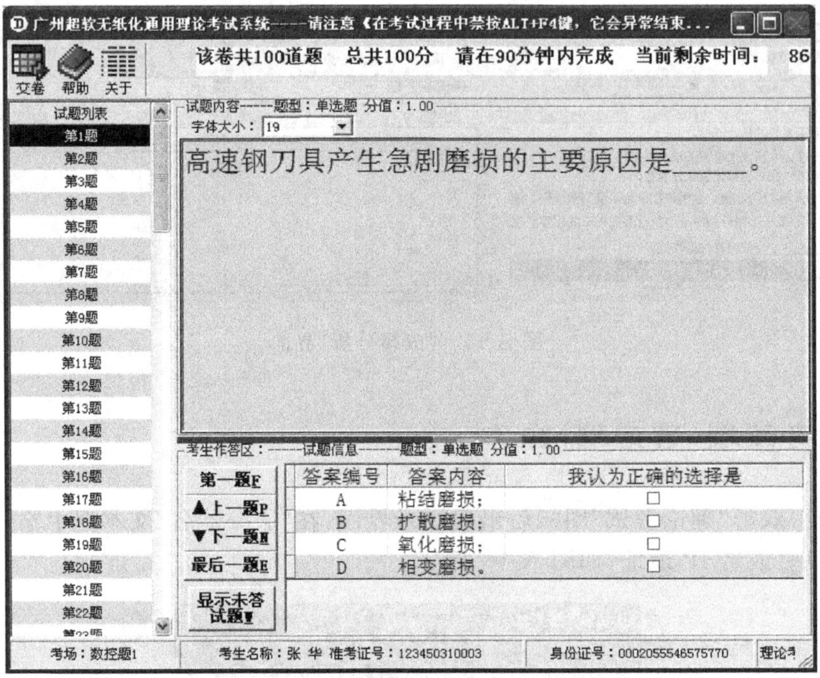

图 A-18 进入考试界面

如果是单选题和多选题，考生只要在自己认为对的答案右侧的“我认为正确的选择是”栏中选中相应的复选框即可，如图 A-19 所示。

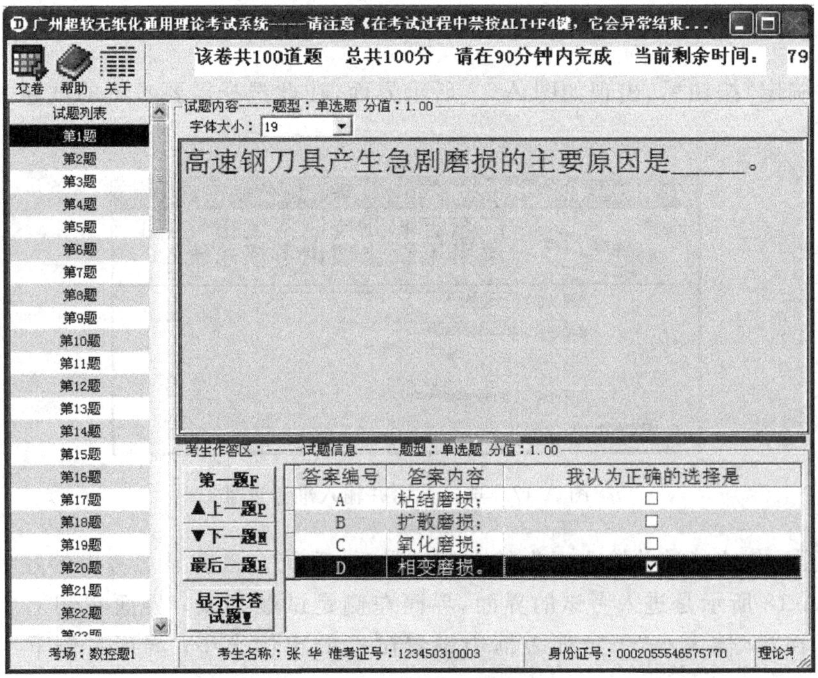

图 A-19 选择正确答案

单击答题区中的“显示未答试题”按钮，会显示考生的未答试题，以确保考生没有忘记回答试题，如图 A-20 所示。

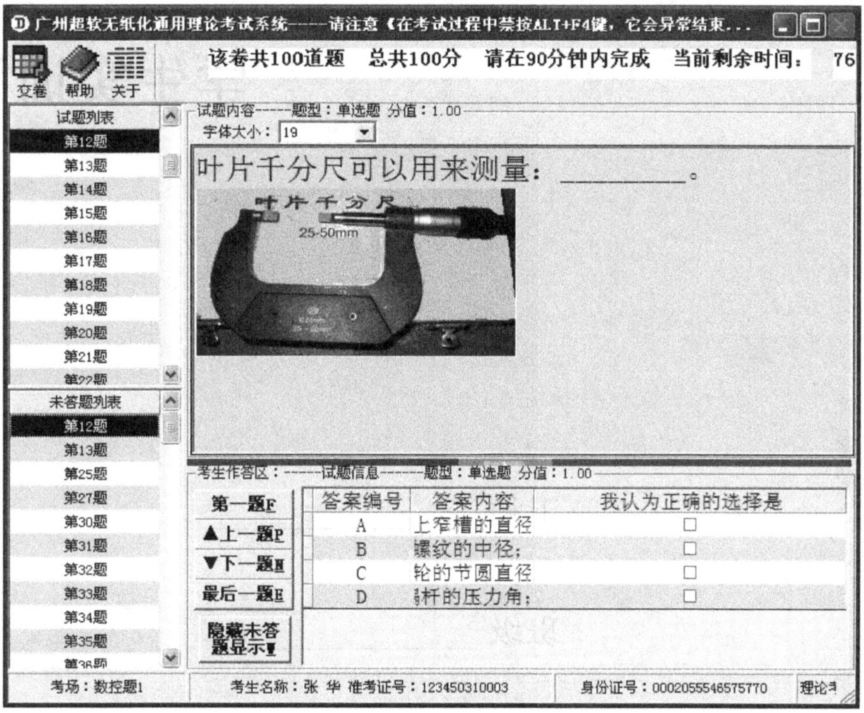

图 A-20　未答试题界面

完成所有试题后，单击“交卷”按钮，系统会当场算出考生的得分并记录下来，如图 A-21 所示，然后单击“确定”按钮即可退出系统。

图 A-21　考生得分

APPENDIX B

附录B

学生实训手册

工种____________________

班级____________________

学号____________________

姓名____________________

（注：本手册在所有实操内容结束并填写完整后交给指导教师）

实训周记

年　月　日　　　　　　　　　　第　周

实训任务			
实训过程记录			
收获与体会			
考核		指导教师签名	

参加设备保养记录

所有实训的学生均要在教师的指导下参加设备保养，每周一小保，每月一中保，每学期一大保。本项无记录，实训总评成绩记为零分。

月份	设备名称	保养内容	小组长签名
考核评分			

实 训 总 结

参考文献

[1] 张富建.钳工理论与实操(入门与初级考证)[M].2版.北京:清华大学出版社,2014.
[2] 劳动和社会保障部培训就业司,职业技能鉴定中心.钳工(中级)[M].2版.东营:中国石油大学出版社,2002.
[3] 劳动和社会保障部教材办公室.钳工工艺学[M].4版.北京:中国劳动社会保障出版社,2005.
[4] 蒋新军,张莉娟.装配钳工(中级)[M].郑州:河南科学技术出版社,2008.
[5] 徐洪义.装配钳工(中级)[M].北京:机械工业出版社,2008.
[6] 国家职业资格培训教材编审委员会.钳工(中级)[M].北京:机械工业出版社,2005.
[7] 尤祖源.钳工实习与考级[M].北京:高等教育出版社,2003.
[8] 林波,李兴虎.内燃机构造[M].北京:北京大学出版社,2008.
[9] 刘治伟.装配钳工工艺学[M].北京:机械工业出版社,2012.
[10] 赵志群.职业教育工学结合一体化课程开发指南[M].北京:清华大学出版社,2009.
[11] 吴全生.机修钳工(初级)[M].北京:机械工业出版社,2010.
[12] 人力资源和社会保障部教材办公室.车工工艺学[M].北京:中国劳动社会保障出版社,2010.
[13] 范家柱.零件测量与质量控制技术[M].北京:清华大学出版社,2009.

参考网站

[1] 百度文库.http://wenku.baidu.com.
[2] 学海网.http://www.xuehai.com/docs/198663.html.
[3] 新视听职教网.http://www.neword.com.cn.
[4] 道客巴巴.http://www.doc88.com.
[5] 煤矿安全生产网.http://www.mkaq.org.